John L. Phillips, Jr.

Statistisch gesehen
Grundlegende Ideen der Statistik leicht erklärt

Aus dem Amerikanischen
von Sabine Rochlitz

Springer Basel AG

Die Originalausgabe erschien unter dem Titel «How to think about statistics» bei W. H. Freeman and Company, New York und Oxford.
© 1996 W. H. Freeman and Company (revised edition). All rights reserved.

Die Deutsche Bibliothek – CIP Einheitsaufnahme

Phillips, John L.:
Statistisch gesehen : Grundlegende Ideen der Statistik
leicht erklärt / John L. Phillips, Jr. Aus dem Amerikan. von
Sabine Rochlitz.
   Einheitssacht.: How to think about statistics <dt.>
   ISBN 978-3-7643-2912-9   ISBN 978-3-0348-6091-8 (eBook)
   DOI 10.1007/978-3-0348-6091-8

Das Werk ist urheberrechtlich geschützt. Die dadurch begründeten Rechte, insbesondere die der Übersetzung, des Nachdrucks, des Vortrags, der Entnahme von Abbildungen und Tabellen, der Funksendung, der Mikroverfilmung oder der Vervielfältigung auf anderen Wegen und der Speicherung in Datenverarbeitungsanlagen, bleiben, auch bei nur auszugsweiser Verwertung, vorbehalten. Eine Vervielfältigung dieses Werkes oder von Teilen dieses Werkes ist auch im Einzelfall nur in den Grenzen der gesetzlichen Bestimmungen des Urheberrechtsgesetzes in der jeweils geltenden Fassung zulässig. Sie ist grundsätzlich vergütungspflichtig. Zuwiderhandlungen unterliegen den Strafbestimmungen des Urheberrechts.

© 1997 Springer Basel AG
Ursprünglich erschienen bei Birkhäuser Verlag, Basel 1997

Umschlaggestaltung: Micha Lotrovsky, Therwil
Gedruckt auf säurefreiem Papier, hergestellt aus chlorfrei gebleichtem Zellstoff. TCF ∞

ISBN 978-3-7643-2912-9

9 8 7 6 5 4 3 2 1

Inhalt

Vorwort ix

1 Einführung

Die Aufgabe 1
Die Grundbegriffe 2
Beschreibung von Daten versus Schlußfolgerung
auf die Population 5
Angst vor Mathe? 5

2 Häufigkeitsverteilungen

Normalverteilungen 13
Häufigkeitsverteilungen nach Klassenbildung und die
Bedeutung von «Meßwert» 17
Schiefe Verteilungen 22
Andere Verteilungsmuster 22
Zusammenfassung 24

3 Lagemaße

Der Mittelwert (μ und $\bar{X}$) 25
Der Median 28
Der Modus 30
Zusammenfassung 31
Anwendungsbeispiele 32

4 Streuungsmaße

Die Standardabweichung (σ und S) 35
Der Quartilsabstand (QA) 40
Die Variationsbreite 42
Zusammenfassung 43
Anwendungsbeispiele 45

5 Die Interpretation einzelner Meßergebnisse

Standardisierte Werte: Die z-Skala 49
Andere standardisierte Werte 51
Zentile (oder Perzentile) 52

Alters- und Schuljahrgangsnormen	56
Zusammenfassung	56
Anwendungsbeispiele	57

6 Korrelation

Der Rangkorrelationskoeffizient (ρ)	60
Der Produktmoment-Korrelationskoeffizient (r)	62
Auswirkung einer Unterteilung der Population	71
Standardisierte Werte bei der Korrelation	72
Eine Korrelationsmatrix	76
Erwartungswerttabellen und die Genauigkeit der Vorhersage	78
Reliabilität (Zuverlässigkeit) und Validität (Gültigkeit)	81
Zusammenfassung	85
Anwendungsbeispiele	86

7 Von der Beschreibung zur statistischen Inferenz: Ein Übergang

Die Beschreibung von Verteilungen mit Hilfe von $\bar{X}$ und μ und die Schätzung von μ aus $\bar{X}$	89
Die Beschreibung von Verteilungen mit Hilfe von S und σ und die Schätzung von σ aus S	90
Zusammenfassung	93

8 Die Genauigkeit der statistischen Inferenz

Standardfehler	95
Vertrauensintervalle und Verläßlichkeitsniveaus	98
Die Auswirkung von n auf den Standardfehler	101
Zwei Arten von Reliabilität	103
Zusammenfassung	104
Anwendungsbeispiele	105

9 Die Signifikanz eines Unterschieds zwischen zwei Mittelwerten

Ein Beispiel	107
Signifikanztest: der z-Wert	109
Signifikanztest: der t-Wert	114
Signifikanzniveaus (Irrtumswahrscheinlichkeiten)	116
Ein verbreitetes Mißverständnis	117
Ein- und zweiseitiger Test	117
Statistische versus praktische Signifikanz	118

Inhalt vii

Zusammenfassung 119
Anwendungsbeispiele 120

10 Mehr über das Prüfen von Hypothesen

Vergleich zweier Häufigkeiten: Chi-Quadrat 124
Vergleiche von mehr als zwei Mittelwerten: Die Varianzanalyse 126
Zusammenfassung 140
Anwendungsbeispiele 140

11 Korrelation, Kausalität und Effektgröße

Korrelationsuntersuchungen versus experimentelle Studien 146
Stetige versus diskrete Variablen und Maßeinteilungen 148
Korrelation als ein Index der Kausalität 152
Zusammenfassung 157
Anwendungsbeispiele 158

12 Zusammenfassung 159

Verzeichnis der Symbole 161
Anmerkungen 163
Lösungen zu den Anwendungsbeispielen 171
Index 189

Vorwort

Bei einer Lehrveranstaltung über pädagogische Psychologie stellte ich einmal fest, daß meine Studenten einige der von mir behandelten Konzepte nicht verstanden, weil sie keine Ahnung von Statistik hatten. In ihrem Lehrplan war Statistik einfach nicht vorgesehen. So beschloß ich, zwei Wochen meines Kurses den erforderlichen Grundlagen in Statistik zu widmen und schrieb zu diesem Zweck ein kleines Büchlein.

Nach der Veröffentlichung von *Statistisch gesehen* begannen auch andere damit zu arbeiten, und ich sah, daß die von meinen Studenten geforderten Kenntnisse auch von den Studenten in anderen Kursen benötigt wurden. Und zwar nicht nur in meiner eigenen Disziplin Psychologie, sondern in den Gesellschaftswissenschaften ganz allgemein und ebenso in allen möglichen verwandten beruflichen Fachrichtungen wie Wirtschaft, Pädagogik oder Sozialarbeit.

Jede Industriegesellschaft wird ständig mit quantitativen Aussagen konfrontiert. Einige Aussagen sind einfach und direkt, andere erfordern einen relativ komplizierten Denkprozeß. Wer in der Lage ist, in statistischen Begriffen zu denken, kann mit beiden Arten von Information etwas anfangen.

Schulgebrauch

Dieses Buch läßt sich auf zwei Arten benutzen: zum einen als Ergänzung zu einem Seminar oder einer Übung, die zwar einiges an Statistik verlangt, sich aber nicht darauf konzentriert. Zum anderen im Selbststudium, etwa als Vorbereitung auf einen Kurs in Statistik. Wie ich – und auch meine Kollegen – festgestellt haben, gibt es Studenten, die einen solchen Kurs abschließen, ohne sich jemals mit den Prinzipien der Statistik geistig beschäftigt zu haben. Viele Studenten lernen, wie man die geforderten Berechnungen anstellt, haben aber keinen blassen Schimmer davon, was eigentlich ihr Sinn ist. Obwohl in den Kursen über statistische Methoden auch die dahintersteckende Logik erklärt wird, geschieht das doch meistens nur am Rande. Das vorliegende Buch widmet sich deshalb den Prinzipien des statistischen Denkens und nicht der Art und Weise, wie man Daten konkret handhabt. Wenn man vorhat, einen Kurs über Statistik zu belegen, sollte man am besten dieses Buch durcharbeiten, noch bevor man mit der Lektüre der Kursunterlagen beginnt. Die Terminologie in den einzelnen Büchern zum Thema ist unterschiedlich, was aber kein Problem darstellt, sobald man die Grundprinzipien, die in diesem Buch erläutert werden, verstanden hat. (Beim *Lernen* könnte das allerdings noch etwas verwirrend sein.) Mein Rat ist deshalb, dieses Buch durchzuarbeiten, bevor man mit einem anderen beginnt. Wenn das nicht geht, sollte man es so schnell wie möglich nach Kursbeginn zu Ende lesen. So oder so wird man merken, daß der Kurs mit diesem relativ kleinen zusätzlichen Aufwand leichter fällt und daß man mehr von ihm hat.

Hausgebrauch

Wenn Sie in der Wirtschaft tätig sind, als Arzt oder Jurist arbeiten, werden Sie wahrscheinlich häufig mit quantitativen Aussagen konfrontiert. Wenn Statistik nicht auf Ihrem Lehrplan stand und Sie weder Zeit, Lust noch Gelegenheit haben, einen Kurs zu besuchen, und wenn Sie statistische Aussagen nur bewerten (aber nicht produzieren) müssen, dann kann Ihnen *Statistisch gesehen* den benötigten Hintergrund liefern. Aber nicht nur Ökonomen und Akademiker kommen mit statistischen Angaben in Berührung und wollen die richtigen Schlüsse daraus ziehen. Auch als Verbraucher in einer Gesellschaft mit freier Marktwirtschaft können Ihre Finanzen von der Beurteilung statistischer Daten beeinflußt werden. Und als Normalbürger – egal welchen Beruf Sie ausüben – kommt Ihnen die richtige Bewertung statistischer Angaben zustatten, wenn Sie sich eine Meinung zu wichtigen politischen und wirtschaftlichen Fragen bilden wollen.

Stellen Sie sich einmal vor, der Gesetzgeber Ihres Landes würde derzeit die Frage diskutieren, ob der Staat die Gehälter der Beamten erhöhen soll, um mit der Privatwirtschaft um Fachkräfte konkurrieren zu können. Die Gruppe der Pfennigfuchser im Parlament führt das Durchschnittsgehalt der Beamten an, das schon recht hoch ist, während die Gruppe der Spendablen sagt, die Zahlen seien irreführend. Wie das? Die beiden Interessengruppen sind sich einig, daß die zugrundegelegten Daten, aus denen der Durchschnitt errechnet wurde, korrekt sind; und ein Durchschnitt ist schließlich ein Durchschnitt, oder etwa nicht? Genauso ist es eben nicht, denn unterschiedliche Fragestellungen erfordern jeweils andere Durchschnittsberechnungen. Warum, wird man in Kapitel 3 sehen.

Oder betrachten Sie diese Werbung für eine bestimmte Automarke: «Eine Umfrage hat ergeben, daß im Vergleich zu Besitzern von anderen Automarken derselben Klasse 31 Prozent mehr Besitzer von Cadmobilen bei ihrem nächsten Autokauf wieder die gleiche Marke wählen würden.» Die Erhebung wurde tatsächlich durchgeführt und hatte auch dieses Resultat. Könnten die Schlußfolgerungen dennoch irreführend sein? Nach Kapitel 8 werden Sie in der Lage sein zu zeigen, wie diese Werbung täuscht, wenn man nicht statistisch denken kann.

Bei den angeführten Beispielen waren die Ausgangsdaten tatsächlich nicht falsch; irreführend waren jedoch die daraus gezogenen Schlüsse. In diesem Buch geht es vor allem um Schlußfolgerungen aufgrund von Meßdaten. Bei quantitativen Aussagen gibt es aber noch eine weitere Fehlerquelle, nämlich die Daten selbst. Hier gibt es schier unbegrenzte Möglichkeiten, aber eine soll hier genügen, um die ganze Bandbreite zu beleuchten: Schlußfolgerungen, die auf Daten vom Hörensagen beruhen, sind mit Vorsicht zu genießen, egal welche statistischen Verfahren angewendet wurden. (Die Kapitel 6 und 11 behandeln das Problem der Validität.) Manche dieser Daten sind weniger vertrauenswürdig als andere: Die Großtaten von Golfern und Anglern etwa sind verdächtig, wenn sie die betreffenden Personen selbst berichten, und in die Erlebnisberichte kleiner Kinder spielt wahrscheinlich die Phantasie großzügig mit hinein. Statistisches Denken kann nicht vor *allen* möglichen falschen Schlüssen bewahren; wie die Computerfachleute sa-

Dank   xi

gen: «garbage in, garbage out» («wenn der Input nichts taugt, ist auch der Output nichts wert»).

Aber auch wenn die Daten selbst einwandfrei sind, gibt es viele Fallen, und es ist nicht immer einfach, die richtigen Schlüsse zu ziehen. Beim Entdecken dieser Fallstricke kann Denken in statistischen Kategorien extrem nützlich sein.

Rechenbeispiele

Wie bereits gesagt, ist in diesem Buch die der Statistik innewohnende Logik wichtiger als komplizierte Berechnungen; für die meisten Leser bleibt das Rechnen wohl besser einem Kurs über statistische Methoden vorbehalten. Andere verfolgen jedoch gerne jeden Gedankenschritt mit konkreten Zahlen. Deshalb habe ich einige Rechenbeispiele aufgeführt. Jede Berechnung mit der dazugehörigen Beschreibung befindet sich in einem gesonderten Kasten nahe dem entsprechenden Text. Sie können also entweder das Rechenbeispiel mitvollziehen oder es überspringen, ganz wie Sie wollen.

Anwendungsbeispiele

Die statistische Logik ist schon an sich sehr faszinierend. Die meisten Leute wollen jedoch diese Logik *anwenden*, um Probleme zu lösen, die Lösungen anderer nachzuvollziehen und um diese, wenn nötig, zu kritisieren. Am Ende der meisten Kapitel ist deshalb die Möglichkeit gegeben, diese Fähigkeiten zu testen. (Die Lösungsvorschläge befinden sich am Schluß des Buches.) Dabei können Sie auch feststellen, wie gut Sie die im Hauptteil dargestellten logischen Prinzipien begriffen haben. Wenn Sie ein Prinzip nicht anwenden können, haben Sie es vielleicht nicht richtig verstanden.

Dank

Dr. Mark Snow und Dr. Steven Thurber schulde ich Dank für ihre tatkräftige Unterstützung. Unsere angeregten Diskussionen haben viel zu diesem Buch beigetragen. Dr. Snow und Dr. Thurber lehren an der Boise State University, Dr. Snow als Professor und Lehrstuhlinhaber für Psychologie.

Diese persönlichen Gespräche waren zwar mit den vom Verlag hinzugezogenen Fachleuten nicht möglich, doch Catherine Renner, Ph.D, Barbara E. Reynolds vom Cardinal Stritch College und Kay B. Somers vom Moravian College gaben mir durch ihre Kommentare viele wichtige Hinweise.

John L. Phillips, Jr.
August 1995

1 Einführung

Vielleicht beschäftigen Sie sich mit Statistik, weil Sie es müssen, und nicht, weil Sie es wollen. In diesem Fall weiß ich, wie Sie sich fühlen. Vor vielen Jahren erging es mir genauso. Wenn ich Statistik hätte umgehen können, hätte ich es wahrscheinlich getan. Meine Einstellung änderte sich jedoch, als ich anfing, mich damit zu befassen, denn ich entdeckte eine neue Art zu denken, die mich ausgesprochen faszinierte.

Aber Ihre Aufgabe ist vielleicht noch schwieriger, als meine es war. Sie brauchen zwar nicht so viel zu rechnen wie ich damals, aber Sie stehen im Begriff, in sehr kurzer Zeit (und möglicherweise allein) so viel über die Grundlagen der Statistik zu lernen wie ich nach zwei ganzen Semestern mit einem ausgezeichneten Lehrer.

Die Aufgabe

Ihre bedauernswerte Lage, aber auch Ihre Erfolgsaussichten lassen sich durch die Erfahrungen eines Studenten gut beschreiben, den ich gebeten hatte, einen Vorläufer dieses Buches zu beurteilen:

> Es war das schwierigste Buch, das ich je gelesen habe. Es war mir völlig fremd, weil ich keinerlei Hintergrundwissen in diesen Dingen hatte, von denen da die Rede war. ... Wenn ich es verstehen wollte, mußte ich das Buch Kapitel für Kapitel durcharbeiten. Dies tat ich, und zu meiner Überraschung folgte es tatsächlich einem sehr regelmäßigen Schema. Es legte wirklich das dar, was der Autor seinen Worten nach darlegen wollte. Wenn man Kapitel 1 verstanden hat, so kann man die Logik von Kapitel 2 begreifen usw. Ich denke, daß ich in relativ kurzer Zeit eine Menge über statistische Meßverfahren gelernt habe.

Dieses Zitat gibt auch wichtige Hinweise, wie man das Buch benutzen soll. Ich möchte nur noch hinzufügen, daß es, selbst wenn Sie das Vorhergehende verstanden haben und etwas Neues durcharbeiten, ab und zu sinnvoll ist, zum früheren Stoff zurückzukehren und über seine Beziehung zum gerade Behandelten nachzudenken. Ich habe mich bemüht, Ihnen dabei mit häufigen Querverweisen zu helfen. (Vielleicht halten Sie dafür einige Lesezeichen bereit.) Wenn Sie mit dem Buch fertig sind, müßten Sie eine hierarchische Struktur im Kopf haben, wobei jeder neue Begriff mit einem oder mehreren der vorher behandelten Begriffe im Zusammenhang steht.

Eine solche Struktur im Kopf zu haben ist allein schon sehr befriedigend, aber es gibt noch eine Reihe anderer Gründe, warum man die Mühe auf sich nehmen sollte. Es ist richtig, daß die Kenntnis statistischer Prinzipien beim Erfassen von

Wirtschaftsdaten, bei der Durchführung politischer Meinungsumfragen und soziologischer Verhaltensstudien, bei archäologischen Ausgrabungen oder beim Unterrichten von Kindern nicht von entscheidender Bedeutung ist. Aber oft drücken Leute, die sich mit Wirtschaft, Politik, Soziologie, Anthropologie, Archäologie oder Pädagogik befassen (um nur einige zu nennen), ihre Ergebnisse in statistischen Begriffen aus. Wenn Sie einmal einen der vielen Berufe ergreifen wollen, in denen statistische Studien gebraucht werden, müssen Sie diese Studien richtig lesen können. Einen wahren Profi erkennt man daran, daß er stets die Entwicklungen auf dem eigenen Gebiet im Auge behält. Dieses Buch wird Ihnen dabei helfen, die Augen offen zu halten.

Die Grundbegriffe

Um die Bedeutung einer Datenerfassung in den Sozialwissenschaften zu verstehen, muß man mindestens zwei Dinge darüber wissen. Erstens muß man in der Lage sein, die Verfahren, mit denen man zu den Daten gekommen ist, zu beschreiben, und zweitens muß man die Daten mit anderen, die auf dieselbe Weise gewonnen wurden, vergleichen können.

Dieses Buch beschäftigt sich in erster Linie mit letzterem. Statistik befaßt sich mit Meßreihen und analysiert, wie oft ein bestimmter Meßwert bei n-maliger Möglichkeit seines Vorkommens tatsächlich beobachtet wird. Die Gesamtheit der Zahlen, die die Häufigkeit angeben, bildet die *Häufigkeitsverteilung*.

Diese Verteilung kann graphisch abgebildet werden, und für den Anfang werde ich diese Art der Darstellung wählen. Da dies jedoch recht mühsam ist, hat man sich andere Methoden ausgedacht, um mit Hilfe von Zahlen zu ungefähr demselben Ergebnis zu kommen. Der größte Vorteil von Zahlen gegenüber Diagrammen ist der, daß man Zahlen in einer Weise handhaben kann, wie es mit Diagrammen nicht möglich ist.

Stellen Sie sich vor, daß Sie (aus nur Ihrem Psychoanalytiker bekannten Gründen) gerade einen Kieselhaufen auf den Rasen vor Ihrem Haus haben kippen lassen und daß Sie mir (aus ähnlichen Gründen) das Ergebnis per Telefon beschreiben wollen. Dafür werden Sie mir mindestens drei Dinge über den Haufen erzählen müssen: 1. seine allgemeine *Form*, das heißt, ob er wie ein Kegel, wie ein Pfannkuchen oder wie Ihr Garagendach aussieht; 2. seine *Lage*, das heißt, wie weit und in welcher Richtung ist er von einem mir bekannten Bezugspunkt entfernt; und 3. seine *Streuung*: Wie weit ist er auseinandergezogen – wenn er zum Beispiel wie ein Kegel aussieht, ist er ein steilwandiger Kegel mit einer kleinen Grundfläche oder ist er eher flach und bedeckt den größten Teil des Rasens?

Dieser Kieselhaufen ist einer *Häufigkeitsverteilung* von Meßwerten vergleichbar, und man braucht dieselben Informationen, um beide adäquat zu beschreiben. Bezüglich der *Form* gibt es bestimmte Begriffe, die jedem, der damit zu tun hat, etwas sagen – Begriffe wie «normal», «symmetrisch», «rechtsschief» und «zweigipflig». Was die *Lage* betrifft, ist das Verfahren so ziemlich das gleiche wie für den

Die Grundbegriffe 3

Kieselhaufen: Es wird eine Richtung bestimmt und ein Bezugspunkt gewählt, von dem aus der Abstand zum Zentrum der Verteilung gemessen wird. Das Ergebnis ist ein *Lagemaß*. Um schließlich Aussagen über das Ausmaß der *Streuung* zu machen, wird ein neuer Bezugspunkt gewählt – nämlich das Zentrum der Verteilung –, und die benötigte Information kann der durchschnittliche Abstand der einzelnen Mitglieder (zum Beispiel der einzelnen Kieselsteine) zu diesem Mittelpunkt sein. Die Entfernung ist ein *Streuungsmaß*.

Aber die Beschreibung nur einer Verteilung ist oft nicht genug. Häufig interessiert man sich für *zwei* Verteilungen und für den Zusammenhang, der zwischen ihnen besteht. Betrachten Sie eine einzelne Variable, etwa den «IQ in der Gesamtbevölkerung», und einige andere Variablen, die sich damit in Beziehung setzen lassen: Familieneinkommen, Zugang zum Gesundheitssystem, soziale und wirtschaftliche Stellung, Rasse oder Wohnort. Andere interessante Beziehungen ließen sich zwischen den Intelligenzquotienten verschiedener Untergruppen der Gesamtbevölkerung untersuchen: zwischen Eltern und Kindern, zwischen eineiigen und zwischen zweieiigen Zwillingen, zwischen anderen Geschwistern und zwischen nichtverwandten Kindern. Dies sind nur einige der Beziehungen, die mir gerade in den Sinn kommen. Weitere würden Ihnen einfallen, wenn Sie eine Untersuchung über Intelligenz und die Faktoren, die mit ihr in wechselseitiger Beziehung stehen, anstellen würden, und immer bräuchten Sie ein Verfahren, um anderen Ihre Ergebnisse mitzuteilen. Kurz, Sie brauchen ein Maß für die *Korrelation*.

Egal, ob Sie eine Reihe von Meßwerten mit einer anderen in Beziehung setzen wollen oder nicht, auf jeden Fall möchten Sie angeben können, was jeder einzelne Meßwert bedeutet. Wenn Sie zum Beispiel als Lehrer mein Kind einen Test haben schreiben lassen und ich Sie frage, wie gut es abgeschnitten hat, können Sie mir ausweichend antworten, seine Punktzahl sei «hoch» oder «niedrig», und reden dann über etwas anderes. Aber wenn ich wissen möchte, wie hoch, so stecken Sie in Schwierigkeiten. Vielleicht antworten Sie, daß mein Kind 90 Prozent der Fragen richtig beantwortet hat. Sie glauben, daß Sie nun aus dem Schneider sind, aber ich bohre weiter: «Wie schwierig ist dieser Test? Neunzig Prozent sind bei schwierigen Fragen sehr beeindruckend, aber nicht, wenn die meisten anderen Kinder über 95 erzielt haben!»

Unser Gespräch drehte sich bisher ausschließlich um die *Interpretation einzelner Meßergebnisse*, und Sie stimmen sicherlich mit mir überein, daß alle meine Fragen angebracht waren. Ohne Antwort auf diese und andere Fragen kann man die Bedeutung eines Meßwertes nicht wirklich kennen.

Andererseits darf man Meßwerte – sei es von einzelnen oder von Gruppen – nicht überinterpretieren. Wenn Sie zum Beispiel eine *Zufallsstichprobe*[1]) von 50

---

1) Eine Zufallsstichprobe ist eine Stichprobe, bei der 1. jedes Mitglied der Population die gleiche Chance hat, in die Stichprobe aufgenommen zu werden, und 2. jede Auswahl unabhängig von allen anderen getroffen worden ist. – In diesem Buch gibt es zwei Arten von Anmerkungen, die verschieden gekennzeichnet werden. Fußnoten werden durch Zahlen bezeichnet; andere Anmerkungen, die am Ende des Buches erscheinen, werden durch Buchstaben angezeigt. Die Fußnoten

zehnjährigen Jungen auswerten sollen, können Sie dann auf einfache Weise einen Durchschnitt der Stichprobe berechnen, der repräsentativ ist für die Gesamtheit (*Population*) aller zehnjährigen Jungen? Wie weit könnte der errechnete Durchschnitt von einer anderen Stichprobe derselben Population hiervon abweichen? Solche Fragen haben etwas mit der Genauigkeit der *Schlußfolgerung* (*statistische Inferenz*) und damit der *Zuverlässigkeit* (*Reliabilität*) zu tun, und es gibt Methoden, auf diese Fragen eine Antwort zu bekommen.

Setzen wir einmal voraus, daß Sie mit dem Problem der Genauigkeit umgehen können. Denken Sie nun über die folgende Frage nach: Bei einer weiteren Analyse ihrer Stichprobe der zehnjährigen Jungen bemerken Sie einen deutlichen Unterschied zwischen dem Gewicht der Jungen, die in der einen Region des Landes leben, und dem der Jungen, die in einer anderen Region leben. Sie vermuten, daß der Unterschied mit der Ernährung zusammenhängt, und führen diese Hypothese weiter, indem Sie ein bestimmtes Vitamin, das in dem einen Gebiet besser zur Verfügung zu stehen scheint, verantwortlich machen. Ein möglicher Test Ihrer Hypothese bestünde darin, zwei Stichproben von männlichen Säuglingen zu ziehen, die in dem Gebiet leben, das mit dem fraglichen Vitamin unterversorgt ist, dann dieses Vitamin der Ernährung der einen Gruppe zuzufügen und nach Ablauf von 9 Jahren die Mitglieder beider Gruppen noch einmal zu wiegen. Nehmen wir an, es gäbe einen Unterschied zwischen beiden. Ist er so groß, daß Sie einigermaßen sicher sein können, daß er kein Zufall ist – daß eine Wiederholung der Studie nicht vielleicht keinen Unterschied oder einen Unterschied in die andere Richtung aufweist? Mit anderen Worten, wie *signifikant* ist der von Ihnen festgestellte Unterschied? Auch hier gibt es Methoden, solche Fragen zu beantworten.

In den folgenden Kapiteln wird jede dieser Fragen weiterentwickelt, und zwar genauso wie eben. Falls Sie Mathematiker mit Universitätsdiplom – oder frustrierter Buchhalter – sind, ist dieses Buch nichts für Sie. Es soll schlicht die dem statistischen Denken zugrundeliegende *Logik* vermitteln, und zwar mit einem absoluten Minimum an Zahlen und Rechenbeispielen. Sie werden merken, daß die Logik in vieler Hinsicht dem gesunden Menschenverstand entspricht. Der Hauptunterschied besteht darin, daß die hier dargestellte Logik streng systematisch ist und ihre einzelnen Teile, wie bei jedem anderen System, voneinander abhängig sind. Somit kann das Buch nicht stückweise gelesen werden; die Anordnung der Kapitel ist genau durchdacht. Nachdem Sie das Buch durchgearbeitet haben, wird es Ihnen als Nachschlagewerk gute Dienste leisten. Entsprechend wurde es aufgebaut.

---

auf derselben Seite dienen der Ergänzung des gerade besprochenen Stoffs und sind wichtig für ein volles Verständnis des Texts. Sie können einen Begriff durch eine Einschränkung bzw. Erweiterung näher erläutern oder Querverweise liefern, die nicht unbedingt nötig, aber doch ganz hilfreich sind. Auf jeden Fall sollen die Fußnoten dem besseren Verständnis dienen. Sie sollten also bei den Fußnoten folgendermaßen vorgehen: 1. *Ignorieren* Sie sie, wenn Sie einen Text das erste Mal durchgehen, und 2. lesen Sie sie beim zweiten Mal *sorgfältig*. In jedem Kapitel gibt es einige Fußnoten. Die Anmerkungen am Schluß des Buches sind mehr technischer Art und gehen über den Rahmen des Textes hinaus. Beachten Sie diese erst, wenn Sie das entsprechende Kapitel durchgearbeitet haben.

Beschreibung von Daten versus Schlußfolgerung auf die Population

Ein in Statistik bewanderter Leser hätte im vorangehenden Teil an einer bestimmten Stelle einen Bruch bemerkt. Alle Äußerungen vor diesem Punkt galten der Beschreibung einer Datenmenge – ihrer Form, ihrem Durchschnittswert, ihrer Streuung und ihrer Beziehung zu anderen Datenmengen. Aber als wir anfingen, über eine Stichprobe aus einer Grundgesamtheit (Population) zu sprechen und anhand der Ergebnisse der Stichprobe auf Eigenschaften dieser Population zu schließen, gingen wir einen Schritt weiter, nämlich von der reinen Beschreibung zur verallgemeinernden Schlußfolgerung (Inferenz).

Dieser Schritt ist so wichtig, daß ich ihm ein ganzes Kapitel gewidmet habe. Kapitel 7 trägt die Überschrift: «Von der Beschreibung zur statistischen Inferenz: Ein Übergang».

Angst vor Mathe?

Viele Menschen, die intelligent sind und mit anderen Aufgaben gut fertigwerden, erstarren vor Angst, wenn sie mit irgendeinem mathematischen Problem konfrontiert werden, das über das Niveau der Grundrechenarten hinausgeht. Gehören Sie nicht zu dieser Gruppe, dann überspringen Sie einfach diesen Abschnitt und fahren mit Kapitel 2 fort. Wenn Sie jedoch zu denen gehören, die an Mathephobie leiden, dann werde ich jedenfalls nicht versuchen, Sie davon zu befreien. Kein Buch wird das wohl leisten können. Was ich in diesem Abschnitt aber tun *kann*, ist zu zeigen, daß der Inhalt dieses Buches Ihnen keine Angst einzujagen braucht, da die hier benötigte Mathematik kaum über die vier Grundrechenarten Addition, Subtraktion, Multiplikation und Division hinausgeht. Mit «kaum» meine ich 1. Formeln, 2. ein bißchen Rechnen, das komplizierter als die vier Grundrechenarten ist, und 3. die graphische Darstellung von Daten.

Da Ihnen die meisten Begriffe dieser drei Kategorien bekannt sind bzw. es einmal waren, ist der Rest dieses Abschnitts in der Hauptsache eine sehr kurze Wiederholung. Der einzige für Sie eventuell neue Begriff (die Häufigkeitsverteilung) ist vielleicht der leichteste von allen; trotzdem wird er, da er neu ist, separat in Kapitel 2 behandelt.

Formeln

Vielleicht verstehen Sie unter Formeln Rechenhilfen: Sie setzen eine Zahl ein, folgen den Regeln der Algebra, und schon haben Sie die Lösung. Zwar können Formeln auf diese Weise sehr nützlich sein, aber der Schwerpunkt in diesem Buch liegt auf den *Ideen* – den logischen Strukturen –, die hinter dem Rechnen stehen.

Aus diesem Grund sind die einzigen Formeln in diesem Buch definierender Art. (Eine *Definitionsformel* ist eine Gleichung, die einen Begriff mathematisch definiert.) *Berechnungsformeln* kommen selbst da nicht vor, wo es etwas zu rechnen gibt. Denn die Berechnungen sind nur dazu da, die Begriffe zu veranschaulichen, und die Begriffe sind durch die Definitionsformeln erklärt.

Wenn Sie also eine neue Formel sehen, versuchen Sie herauszufinden, was sie bedeutet; suchen Sie, welche Beziehungen sie herstellt. Für unsere Zwecke braucht diese Angabe im allgemeinen nicht sehr genau zu sein; man könnte zum Beispiel von einem Term in einer Gleichung sagen, daß er «größer» oder «kleiner» als ein anderer sei anstatt «3,14mal größer» oder «$\frac{1}{3,14}$» so groß. Oder man stellt fest, daß der eine Term größer wird, wenn der andere kleiner wird. Für unsere Zwecke ist dies oft die wichtigste Beobachtung, die man machen kann. In der Gleichung

$$v = \frac{s}{t}$$

ist v die Geschwindigkeit, s die Strecke und t die Zeit. Sie besagt, daß man v durch Dividieren des Zählers (s) durch den Nenner (t) des Ausdrucks s/t findet. Ein Körper, der einen langen Weg in einer gegebenen Zeit zurücklegt, bewegt sich schneller als einer, der in derselben Zeit einen kurzen Weg zurücklegt. Andererseits bewegt sich ein Körper, der für eine bestimmte Strecke eine lange Zeit benötigt, *weniger* schnell als einer, der für die gleiche Strecke wenig Zeit braucht. Die beiden Seiten einer Gleichung sind per Definition identisch. Gibt es also auf der einen Seite eine Änderung, muß sich auch die andere Seite ändern, und zwar so, daß das Gleichgewicht gewahrt bleibt. Also hat ein Vergrößern des Zählers auf der rechten Seite ein Vergrößern des linken Terms zur Folge, während ein *Vergrößern* des Nenners den linken Term *verkleinert*. Das Verständnis solch grundlegender Beziehungen ist eigentlich alles, was Sie brauchen.

Wenn Sie wissen wollen, wie man eine Formel, die man auf diese Weise analysiert hat, bei der Behandlung von Daten anwendet, so schauen Sie im «Kasten» nach, den Sie beim Text, in dem die Formel eingeführt wird, finden. Wenn Sie noch einen Schritt weiter gehen wollen, ziehen Sie am besten ein Buch über statistische Methoden zu Rate. Aber das Rechnen steht für uns nicht im Vordergrund; es ist nur eine weitere Möglichkeit, einen Begriff zu veranschaulichen. Wichtiger als das richtige Ausrechnen ist es, das Prinzip zu verstehen.

Rechnen
Was das höhere Rechnen betrifft, werden für das Verständnis der in diesem Buch vorgestellten Begriffe drei Grundbegriffe ausreichen: 1. das Quadrat, 2. die Quadratwurzel und 3. negative Zahlen. Falls Sie wirklich an Mathephobie leiden, aber mit diesen Begriffen keinerlei Schwierigkeiten haben, so überspringen Sie den Rest dieses Teilabschnitts.

Angst vor Mathe?

Das *Quadrat* einer gegebenen Zahl ist diese Zahl mit sich selbst multipliziert. Wenn Sie 3 quadrieren, so multiplizieren Sie 3 mit sich selbst; das Ergebnis ist 9.[2]

$$3^2 = 3 \text{ mal } 3 = 3(3) = 9$$
$$10^2 = 10 \text{ mal } 10 = 10(10) = 100$$
$$100^2 = 100 \text{ mal } 100 = 100(100) = 10000$$

Die *Quadratwurzel* einer gegebenen Zahl ist die Zahl, die mit sich selbst multipliziert die gegebene Zahl ergibt. Nachdem Sie eine Zahl quadriert haben (z.B. $3^2 = 9$), gelangen sie durch das Ziehen der Quadratwurzel aus dem Ergebnis ($\sqrt{9} = 3$) wieder zu Ihrem Ausgangspunkt, nämlich 3, zurück.

$$3^2 = 3(3) = 9, \text{ so daß } \sqrt{9} = 3$$
$$10^2 = 10(10) = 100, \text{ so daß } \sqrt{100} = 10$$
$$100^2 = 100(100), \text{ so daß } \sqrt{10000} = 100$$

Umgekehrt gelangen Sie, wenn Sie die Wurzel aus einer Zahl (z.B. $\sqrt{9} = 3$) gezogen haben, durch Quadrieren des Ergebnisses zu Ihrem Ausgangswert (9) zurück.

$$\sqrt{9} = 3, \text{ so daß } 3^2 = 3(3) = 9$$
$$\sqrt{100} = 10, \text{ so daß } 10^2 = 10(10) = 100$$
$$\sqrt{10000} = 100, \text{ so daß } 100^2 = 100(100) = 10000$$

Allgemein ausgedrückt: Da die Operationen des Quadrierens und Wurzelziehens genau umgekehrt proportional zueinander sind, ergibt das Quadrat der Quadratwurzel immer den Ausgangswert:

$$(\sqrt{x})^2 = (\sqrt{x})(\sqrt{x}) = x$$

Ähnlich ergibt das Ziehen der Wurzel aus dem Quadrat einer Zahl ebenfalls die Zahl, mit der Sie begonnen haben:[3]

$$\sqrt{x^2} = \sqrt{xx} = x$$

Mit anderen Worten: *das Quadrat von $\sqrt{x}$ ist x, und die Wurzel aus x^2 ist ebenfalls x.*

---

2) Das wohl gebräuchlichste Multiplikationszeichen ist ein ×, das zwischen die zu multiplizierenden Werte gesetzt wird. Wenn × jedoch auch stellvertretend für einen Wert steht, kann seine Verwendung als Operationszeichen (Multiplikationszeichen) verwirren. Eine Möglichkeit, dies zu vermeiden, besteht darin, die Multiplikation mit Klammern anzuzeigen – das heißt, jeder Wert, der in den Klammern eingeschlossen ist, wird mit dem Wert multipliziert, der unmittelbar an die Klammer angrenzt. Also ist $2(2) = 2 \times 2 = 4$, und $4(3 + 17 + 5) = 4(25) = 100$. Ebenso bedeutet $(2)2$ dasselbe wie $2(2)$ und $(3 + 17 + 5)4$ dasselbe wie $4(3 + 17 + 5)$.

3) Wenn die Terme, aus denen ein Ausdruck besteht, *Buchstaben* statt Zahlen sind, so wird die Multiplikation durch einfaches Nebeneinanderstellen der Terme angezeigt: xx bedeutet «x mal x», xy bedeutet «x mal y», ab bedeutet «a mal b» und so weiter.

Eine *negative* Zahl hat ein umgekehrtes Vorzeichen wie eine positive Zahl. Wenn man eine solche Zahl zu einer positiven Zahl mit dem gleichen Betrag addiert, ist das Ergebnis 0. Wenn man sich in Abbildung 1.1 die waagrechte Linie (die *X*-Achse) als einen Waagebalken, der auf der 0 aufliegt, vorstellt, sieht man, daß eine -2 (eine negative 2) eine $+2$ (eine positive 2) ausgleicht, daß eine -3 eine $+3$ ausgleicht und so weiter. Wenn man die Seite im Uhrzeigersinn um 90 Grad dreht, so gilt das gleiche für die andere Achse (die *Y*-Achse).

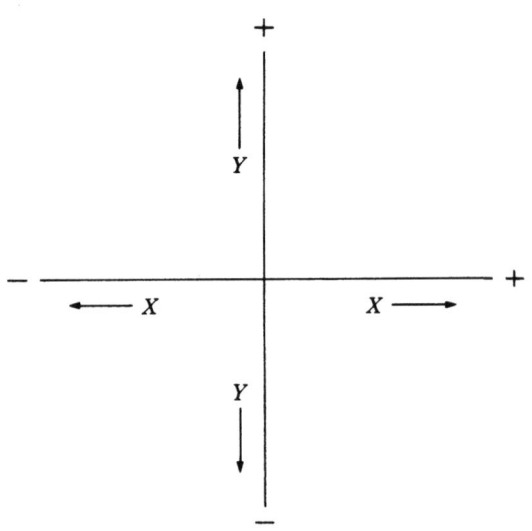

Abb. 1.1 Zwei Meßwerte lassen sich in einem Koordinatensystem durch einen einzelnen Punkt darstellen. Wenn beide Meßwerte 0 sind, liegt dieser Punkt genau am Schnittpunkt der beiden Achsen in der Mitte des Graphen.

Wenn unter den darzustellenden Meßwerten keine negativen Zahlen sind – was häufig der Fall ist –, besteht das Diagramm nur aus dem oberen rechten Quadranten der Abbildung 1.1. (Das ist der Teil über der horizontalen Linie rechts von der vertikalen Linie.) Aber wenn bei den Meßwerten negative Zahlen auftreten, braucht man zur graphischen Darstellung aller Daten eine Fläche (ein Koordinatensystem) wie in Abbildung 1.1.

Graphen
Abbildung 1.1 ist die Grundlage für den Rest dieses Kapitels, der den *Graphen* gewidmet ist. Gehen Sie zunächst die folgenden Beschreibungen rasch durch und kehren Sie dann noch einmal hierher zurück, wenn Sie das Kapitel beendet haben.

Angst vor Mathe?

Es kommen in diesem Buch zwei Arten von Graphen vor:
1. Wenn man die Beziehung zwischen zwei Größen (Variablen[4])) graphisch darstellt, gibt die horizontale Achse (X) Veränderungen in der einen der beiden Größen, die vertikale Achse (Y) Veränderungen in der anderen Größe an. Dies ist die klassische Bedeutung des Ausdrucks *Graph*.
2. Wenn man auf der einen Koordinate X viele Objekte mißt, kann man die Anzahl der Objekte bei verschiedenen Werten von X als einen Stab oder Balken an jedem dieser Punkte darstellen. In diesem Fall gibt Y die Höhe des Stabes bzw. Balkens an jedem dieser Punkte an. Dies nennt man eine *Häufigkeitsverteilung* (siehe Kapitel 2).

Einige Mathematiker verwenden den Begriff *Graph* nur für die erste dieser beiden Darstellungsarten, aber wir werden ihn im weiteren (und üblicheren) Sinne gebrauchen und beide Arten als Graph bezeichnen.

Ein Beispiel für die erstgenannte Art von Graph ist ein Graph, der die Beziehung zwischen X, der Lufttemperatur in einem Raum, und Y, der Feuchtigkeitsmenge, die die Luft aufnehmen kann, darstellt – das heißt, wieviel Wasser läßt sich maximal hinzufügen, bevor es anfängt zu kondensieren. Die Kurve sieht ungefähr so aus wie in Abbildung 1.2. Abbildung 1.3 zeigt, wie die Leistung eines Proban-

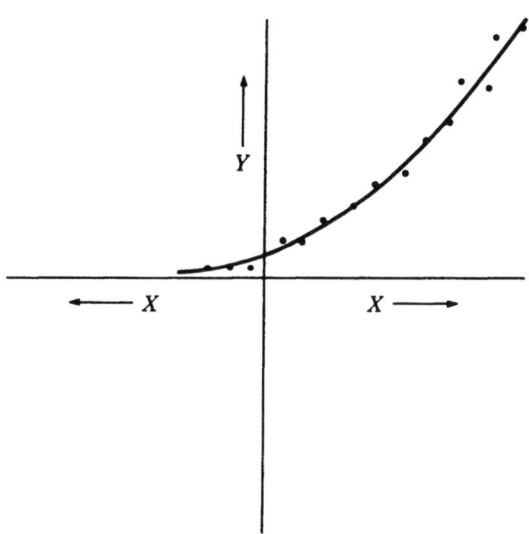

Abb. 1.2 Der Graph zeigt den Zusammenhang zwischen der Temperatur eines Luftvolumens (X) und der in ihr löslichen Wassermenge (Y). Der Nullpunkt auf der X-Achse entspricht dem Gefrierpunkt des Wassers.

---

4) Eine Variable ist eine Größe, die unter veränderlichen Bedingungen veränderliche Werte annehmen kann.

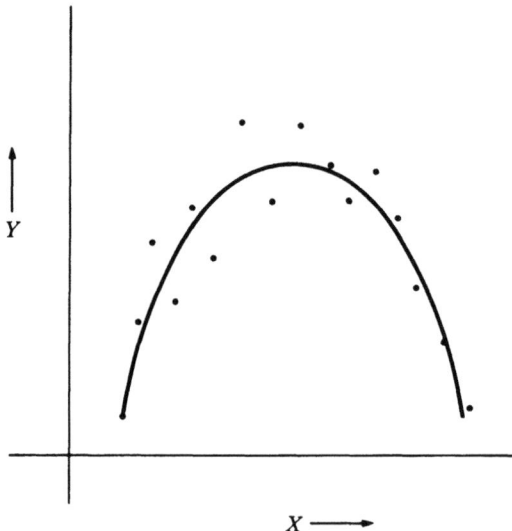

Abb. 1.3 Der Graph zeigt den Zusammenhang zwischen Motivation (X) und Leistung (Y). Auf keiner der beiden Achsen gibt es negative Meßwerte, und der Graph nimmt nur einen Quadranten des in Abbildung 1.1 dargestellten Koordinatensystems ein.

den mit dem Grad seiner Motiviertheit variiert; an keiner der beiden Achsen ist der Wert Null. Ein Punkt stellt jeweils einen Meßwert dar, und die eingezeichnete einfache Kurve gibt diese Werte näherungsweise wieder.

Die zweite Art von Graph ist, wie gesagt, die Häufigkeitsverteilung. Sie ist Thema des nächsten Kapitels.

Aber bevor wir die erste Art von Graph abschließen, möchte ich davor warnen, voreilige Schlüsse aus dem Lesen von Graphen *jeglicher* Art zu ziehen. Die beiden Pfeile in Abbildung 1.3 bezeichnen die Richtungen, in denen die beiden Variablen, X und Y, *größer* werden. Es kann jedoch vorkommen, daß bessere Werte durch die kleinere Zahl auf dem Graphen dargestellt werden. Wenn zum Beispiel die Variable auf der Y-Achse die *Geschicklichkeit beim Golfspielen* repräsentiert, bedeuten die kleineren Zahlen (Schläge pro 18 Löcher) ein größeres Können als die höheren Zahlen. In einem solchen Fall kann man die bessere Leistung durch eine fallende statt durch eine steigende Kurve ausdrücken. (Die «Kurve» *könnte* auch eine Gerade sein.) Wäre die X-Variable beispielsweise die *Menge an Training* (in Stunden gemessen), würde der Graph ungefähr wie in Abbildung 1.4 aussehen. Der Zusammenhang zwischen X und Y ist positiv, ist aber durch die Art, wie man Y mißt, scheinbar negativ.

Dazu gibt es eine Alternative. Damit die Richtung der Veränderung auf dem *Graphen* diejenige der *Y-Variablen* (in diesem Fall das Können beim Golfspiel) widerspiegelt, kann man die Zahlen auf der Y-Achse umkehren. Abbildung 1.5

Angst vor Mathe?

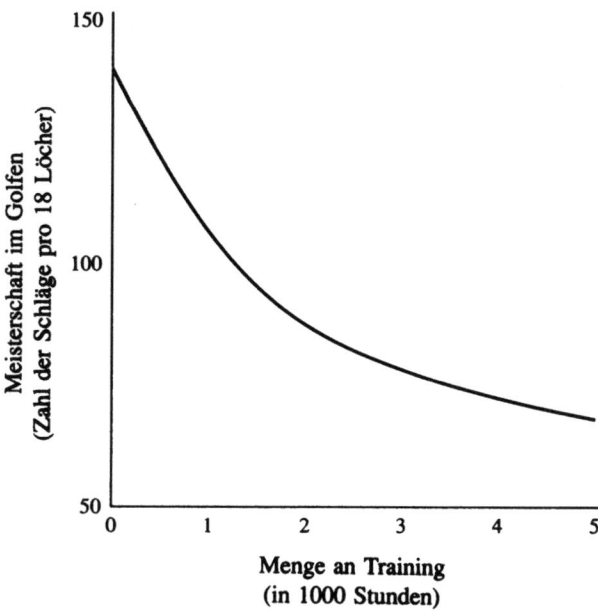

Abb. 1.4 Der Graph zeigt den Zusammenhang zwischen Trainingszeit (X) und Meisterschaft im Golfen (Y).

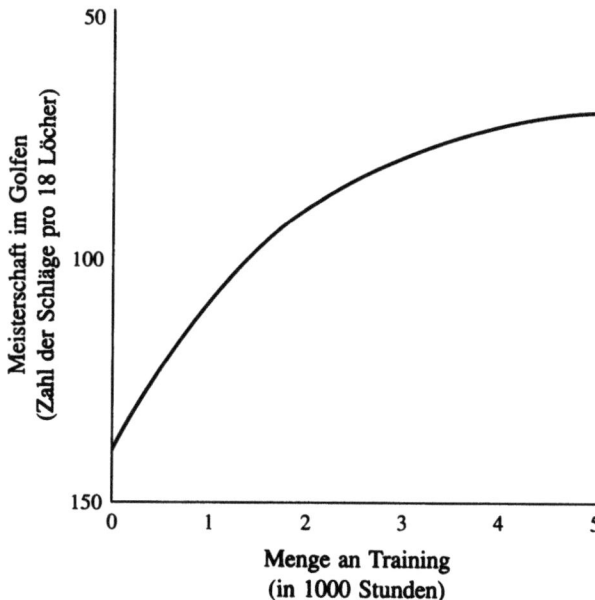

Abb. 1.5 Der Graph zeigt den Zusammenhang zwischen Trainingsstunden (X) und Meisterschaft im Golfen (Y). Um das Können bei zunehmendem Training statt in einer fallenden in einer steigenden Kurve darzustellen, mußte man die Zahl der Schläge umgekehrt anordnen.

zeigt, wie das bei den Golf-Daten funktioniert. Abbildung 2.11 auf Seite 23 zeigt ein ähnliches Verfahren bei Daten zur *Häufigkeit*. Dort sind es die Zahlen der X-Achse, die umgekehrt angeordnet wurden.

Über die Art der Darstellung gibt es keine verbindliche Vereinbarung. Manche Autoren mögen keinen Graphen, der auf den ersten Blick einen Zusammenhang impliziert, der das genaue Gegenteil von dem ist, was man aussagen will. Andere setzen voraus, daß sich jeder Leser beide Achsen eines Graphen sorgfältig anschaut, bevor er irgendeinen Zusammenhang ableitet. Geben Sie sich also nicht mit dem ersten Eindruck zufrieden. Er könnte Sie zu falschen Schlußfolgerungen verleiten.

2 Häufigkeitsverteilungen

An der Central University werden die Studienanfänger jedes Jahr einem Eignungstest unterzogen. Nach Auswertung der Tests bekommt jeder Neuling eine kleine Karte mit seiner Punktzahl in die Hand gedrückt und muß sich dann in das Football-Stadion begeben.

An der Seitenlinie des Footballfeldes steht eine Universitätsangestellte mit einem Mikrophon in der Hand. Sie deutet auf den Raum zwischen dem westlichen Tor und der benachbarten 5-Yard-Linie und sagt, daß jeder mit einer Punktzahl unter 5 auf das Feld kommen und sich in die Mitte dieses Raumes stellen solle. Keiner rührt sich, deshalb geht sie 5 Yards weiter nach Osten, wo sich die nächste Linie befindet, und wiederholt die Anweisung für dieses Feld. Nach einer langen Pause schleicht sich ein armes Würmchen dorthin; er ist der einzige im *Klassenintervall* (in der *Klasse*) 5 bis 9. Ein nächster Aufruf (10 bis 14) ergibt 2 Studenten, ein vierter (15 bis 19) 4, ein fünfter (20 bis 24) 13 Studenten und so weiter,[1]) wobei die Häufigkeiten bei den mittleren Punktzahlen ansteigen und danach wieder abnehmen. Abbildung 2.1 zeigt eine Luftaufnahme des Feldes, nachdem alle Studenten ihre Plätze eingenommen haben. Zu beachten ist, daß alle Studenten, deren Punktzahl in einem gegebenen Intervall liegt (z.B. 15–19), in der Mitte dieses Intervalls (z.B. vier Studenten bei 17) eingetragen sind. Für viele Zwecke kann man all diese Punktzahlen gleich (d.h. als 17) behandeln. Ich werde noch darauf zurückkommen.

Normalverteilungen

Central University hat zwar dafür kein Geld, aber wenn unsere Angestellte ein Seil hätte, das lang genug wäre, um von der Seitenlinie um die gesamte Klasse herum und wieder zurück zur Seitenlinie zu reichen, würde das Seil eine sogenannte *Glockenkurve* bilden. Die Kurve heißt so nach ihrem glockenförmigen Aussehen, das man leicht in Abbildung 2.1 erkennen kann. Eine Glockenkurve umgibt eine *Normalverteilung*. Bei der hier gemeinten «Norm» handelt es sich um eine mathematische Idealisierung, der man durch tatsächliche Messungen, wie im Falle der Studienanfänger der Central University, häufig recht nahekommt. Sie ist ein *mathematisches Modell von Zufallswerten*. Die Glockenkurve wird nach dem Mathematiker Carl Friedrich Gauß auch *Gauß-Kurve* genannt.

Wenn nun unsere Angestellte, anstatt das Seil lose in einer glatten Kurve herumzulegen, den jeweils am Ende einer Reihe stehenden Studenten anweisen würde, das Seil festzuhalten und straff zu ziehen, würde das Seil ein sogenanntes

---

1) Eine Klasse ist die Menge sämtlicher Meßwerte, die innerhalb festgelegter Grenzen liegen. Im Abschnitt über «Häufigkeitsverteilungen nach Klassenbildung» werden Sie sehen, daß die *genauen Klassenintervalle* hier von 4,5 bis 9,5, von 9,5 bis 14,5, von 14,5 bis 19,5 usw. gehen, bis zum höchsten Intervall, das noch Punktzahlen enthält: von 64,5 bis 69,5.

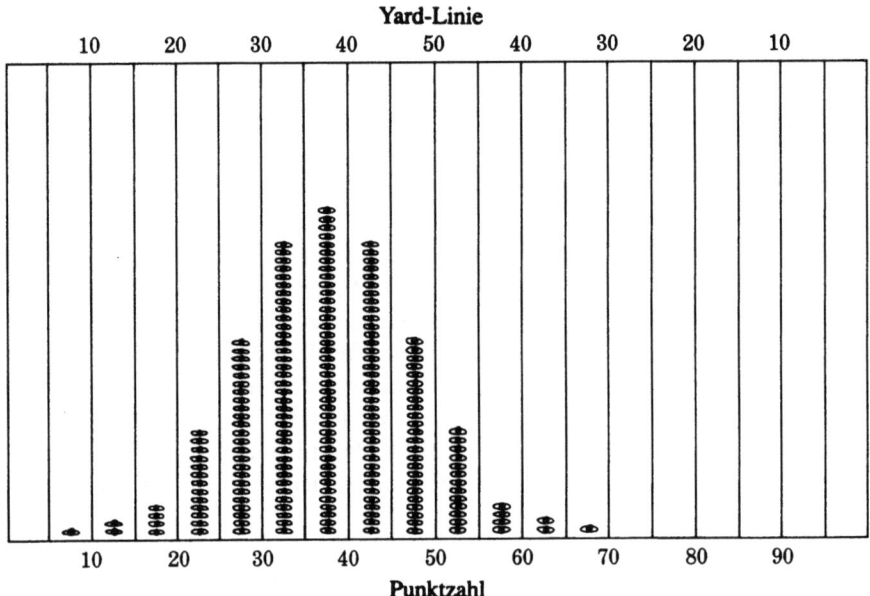

Abb. 2.1 Studenten, die sich nach ihren Testergebnissen in Reihen auf einem Footballfeld aufgestellt haben – eine Häufigkeitsverteilung.

Häufigkeitspolygon mit Winkeln und geraden Linien bilden. Alternativ kann man auch jede der Reihen mit einem Rechteck umgeben. Das Bild, das man nun erhält, ist eine Folge von Rechtecken, die alle die Breite des Klassenintervalls haben und eine Länge, die von der Anzahl der Studenten in diesem Intervall bestimmt wird – zum Beispiel 2 im Intervall von 10 bis 14, 4 im Intervall von 15 bis 19 und so weiter. Diese Folge von Rechtecken nennt man *Histogramm* oder *Blockdiagramm*.

Immer wenn man Meßwerte der Größe nach ordnet und eine Häufigkeit für jede Größe angibt, erhält man eine Häufigkeitsverteilung. Die *Kurve*, das *Häufigkeitspolygon* und das *Histogramm* stellen drei Möglichkeiten dar, eine Häufigkeitsverteilung graphisch abzubilden (siehe die Abbildungen 2.2 bis 2.4).

Komplexe Größen tendieren zu einer Normalverteilung. Eignungstests beispielsweise, bei denen das Gemessene durch viele Faktoren – erbliche wie umweltbedingte – bestimmt wird, zeigen diese Tendenz. Einige dieser Faktoren beeinflussen die Punktzahl des einzelnen nach oben, andere nach unten. Bei einigen wenigen überwiegen die positiven Faktoren sehr deutlich; ihre Punktzahlen liegen am oberen (rechten) *Verteilungsende*. Bei wenigen anderen sind es die negativen Faktoren; ihre Punktzahlen bilden das untere Verteilungsende. Die Mehrheit der Punktzahlen steht jedoch für ausgewogenere Kombinationen von Einflußgrößen; sie bilden die große Fläche in der Mitte der Verteilung.

Normalverteilungen 15

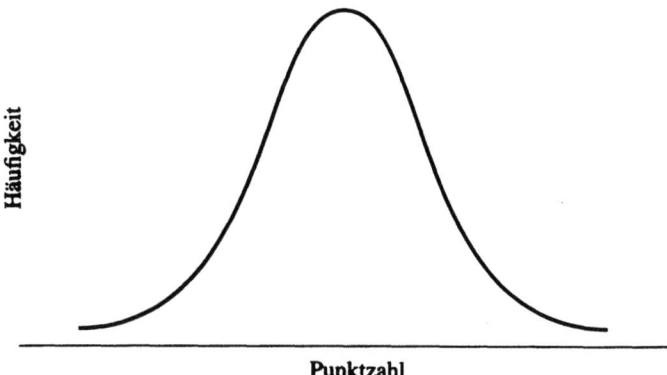

Abb. 2.2   Glockenkurve der Daten von Abbildung 2.1.

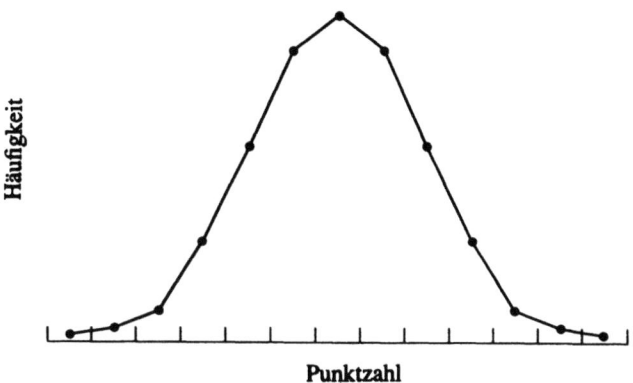

Abb. 2.3   Häufigkeitspolygon der Daten von Abbildung 2.1.

In der Regel kann man davon ausgehen, daß jede Kombination von Einflußgrößen zufällig ist, und es leuchtet ein, daß die Wahrscheinlichkeit, daß zum Beispiel von 100 bestimmenden Faktoren in einem Individuum alle positiv (oder alle negativ) sind, sehr viel kleiner ist als die Wahrscheinlichkeit, daß positive und negative Faktoren ungefähr gleich verteilt sind. Wenn Ihnen das *doch* nicht sofort einleuchtet, werfen Sie einfach drei Münzen acht Mal und halten die Zahl der «Köpfe» bei jedem Wurf fest (0, 1, 2 und 3 sind alle möglich).[2] Ihre Verteilung müßte etwa wie in Abbildung 2.5 aussehen (obwohl bei einer so kleinen Zahl von Beobachtungsdaten Ihre Verteilung erheblich von meiner abweichen könnte).

---

2)   Bei diesem Beispiel entsprechen die drei Münzen drei Merkmalen (anstatt den 100 im Beispiel eben). Die acht Würfe entsprechen acht Studenten (anstatt den 200 Studienanfängern, die den Eignungstest ablegten).

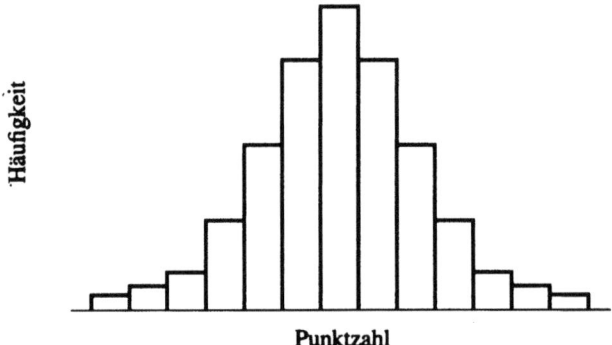

Abb. 2.4 Histogramm der Daten von Abbildung 2.1.

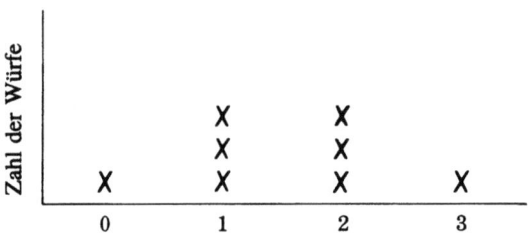

Abb. 2.5 Verteilung bei 8 Würfen von drei Münzen.

«Nur Kopf» (Zahlenwert 3) kommt nicht oft zufällig vor, genausowenig wie «nur Zahl» (Zahlenwert 0). Die mittleren Werte sind viel häufiger.

Haben Sie eigentlich, wenn Sie sich Abbildung 2.5 anschauen, den Eindruck, daß die Verteilung der Münzwürfe bei mehr Einflußgrößen und häufigeren Würfen der «Normalverteilung» der Studenten von Central University recht nahekommen würde? Wenn ja, liegen Sie richtig; je größer die Zahl ist, desto stärker nähert sich die wirkliche Verteilung dem mathematischen Modell der sogenannten Glockenkurve an.

Während Sie diese Beispiele noch vor Augen haben, können wir sie nicht nur zur Erläuterung der für viele Verteilungen typischen Normalität benutzen, sondern auch zur Erklärung von etwas, das bereits in Kapitel 1 erwähnt wurde: Manchmal können wir *alle* Objekte (in meinem Beruf meist Menschen), die wir messen *möchten*, messen; manchmal nicht. Die Gesamtheit dieser Meßobjekte nennt man die interessierende *Population* (oder *Grundgesamtheit*). Die untersuchte Teilmenge der Population ist eine sogenannte *Stichprobe*.

Das Symbol für die Größe einer Stichprobe ist *n*; für die *Größe* der Population ist es *N*. Im Falle der Studienanfänger von CU ist *n* 200, wenn man die Ergebnisse dieser Untersuchung auf Personen außerhalb dieser Gruppe übertragen will. Wenn man *nicht* verallgemeinern will, ist diese bestimmte Gruppe die interessierende Population, und *N* ist 200. *Wenn* man aber aus dieser Gruppe allgemeine Schlüsse zieht – zum Beispiel auf Studienanfänger generell –, ist es unmöglich, die gesamte Population zu zählen oder zu messen. Daher muß alles, was man über diese Population aussagt, aus dem, was man über die Stichprobe weiß, rückgeschlossen werden.

Das andere Beispiel ist das Münzexperiment. Dort ist *n* 8, man schließt auf *alle* Münzwürfe, und wieder ist *N* unbekannt wie auch alles übrige der Population. Das heißt, man kann nicht *alle* Münzwürfe beobachten und beschreiben; man kann nur auf Merkmale dieser Population anhand der *tatsächlich* beobachteten Merkmale der Stichprobe *schließen*. Obwohl der Schwerpunkt in diesem Kapitel auf der Beschreibung (Deskription) und nicht auf der Verallgemeinerung von Daten (Inferenz) liegt, erwähne ich die Inferenz hier, weil dieser Abschnitt Normalverteilungen behandelt und die meisten der statistischen Inferenzen in diesem Buch von Normalverteilungen ausgehen.

Häufigkeitsverteilungen nach Klassenbildung und die Bedeutung von «Meßwert»

«Meßwert» kann *Punkt* auf einer Skala bedeuten. Aber das ist eine Idealisierung. In der Praxis erhält man bei einem Meßvorgang einen Beobachtungswert, der innerhalb eines gewissen Intervalls liegt; danach behandelt man den beobachteten Wert, als ob er genau in der *Mitte* dieses Intervalles (der *Klassenmitte*) liegt, selbst wenn er das nicht tut. Wie Sie vielleicht schon vermuten, sind die Grenzen eines Intervalls genau gleich weit von seiner eigenen Klassenmitte und der seiner benachbarten Intervalle entfernt: Die Grenze zwischen 5 und 4 liegt bei 4,5, und die Grenze zwischen 5 und 6 bei 5,5. Also erstreckt sich das Intervall «5» zwischen 4,5 und 5,5. Die Angabe 9 bedeutet, daß die Intervallgrenzen bei 8,5 und 9,5 liegen, und so weiter.

Um mit Messungen mathematisch umgehen zu können, behandelt man sie als Punkte auf einer Skala. Aber merken Sie sich, daß diese Punkte die *Klassenmitten* bezeichnen. Ein Grund dafür, daß man sie sich als Intervalle statt als Punkte vorstellen soll, liegt darin, daß viele – wahrscheinlich die meisten – der gemessenen Variablen *stetig* und nicht *diskret* sind. Zeit vergeht kontinuierlich; die Zahlen auf Ihrer Digitaluhr ändern sich abrupt. (Zeit ist eine stetige Variable; das Messen der Zeit auf der Uhr nicht.) Die Fahrgeschwindigkeit verändert sich übergangslos («stetig»), die Zahl der Strafzettel wegen Geschwindigkeitsüberschreitung nimmt in «diskreten» Einheiten zu. Auch Eignung ist ein stetiges Merkmal, während Punktzahlen von Eignungstests diskret sind wie die Zahlen auf einer Digitaluhr.

Ich werde später noch auf stetige und diskrete Variablen zurückkommen. Im Moment ist alles, was Sie wissen müssen, daß bei vielen Anwendungen ein angegebener Wert nicht einen *Punkt* auf einer Skala von diskreten Einheiten wiedergibt, sondern ein *Intervall* auf einer kontinuierlichen Skala, und daß er trotzdem so behandelt wird, als ob er genau in der Mitte dieses Intervalles läge.

Die einfachste und gleichzeitig genaueste Häufigkeitsverteilung erhält man, indem man – ohne Intervalle zu bilden – jeden gemessenen Wert auflistet und dann zählt, wie oft ein jeder tatsächlich auftritt. Aber das ist so, als wolle man Hügelland erkunden, indem man über Stock und Stein wandert: Man bekommt ein Höchstmaß an Informationen, aber sie sind nicht genügend geordnet, um die Art von Muster und Strukturen zu bilden, wie man sie von einem Flugzeug aus leicht erkennt.

Die aus den Studienanfängern von Central University gewonnenen Daten (Abbildung 2.1) wurden in Klassenintervalle eingeteilt. Um zu sehen, wie anders die Anordnung hätte aussehen können, wenn die Ergebnisse *nicht* «gruppiert» worden wären, vergleichen Sie bitte Abbildung 2.1 mit Abbildung 2.6 und Abbildung 2.7A mit Abbildung 2.7B. Abbildung 2.6 zeigt die ungruppierten Ergebnisse von allen 200 Studenten. In Abbildung 2.7A habe ich einen Ausschnitt von Abbildung 2.3 (dem Häufigkeitspolygon, das der Verteilung in Abbildung 2.1 entspricht) vergrößert, um hervorzuheben, wie viele Einzelheiten im Gegensatz dazu die ungruppierte Anordnung (Abbildung 2.7B) wiedergibt.

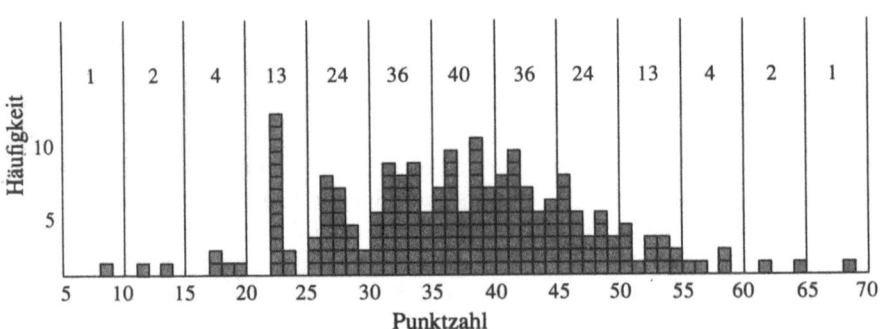

Abb. 2.6   Ungruppierte Ergebnisse, aus denen Abbildung 2.1 erstellt wurde.

Wenn Sie die Studenten zählen, deren Ergebnisse in den jeweiligen Klassenintervallen von Abbildung 2.7A aufgeführt sind, werden Sie nur einen im Klassenintervall 5 bis 9 finden. Im Intervall 10 bis 14 sind es zwei, in der Kategorie 15 bis 19 vier, zwischen 20 und 24 dreizehn, zwischen 25 und 29 vierundzwanzig. Zu beachten ist, daß die entsprechenden Intervalle von Abbildung 2.7B genau dieselben Ergebnisse enthalten. Der einzige Unterschied besteht darin, daß in Abbildung 2.7A die Ergebnisse «gruppiert» wurden – das heißt, *alle* Ergebnisse innerhalb

Häufigkeitsverteilungen nach Klassenbildung

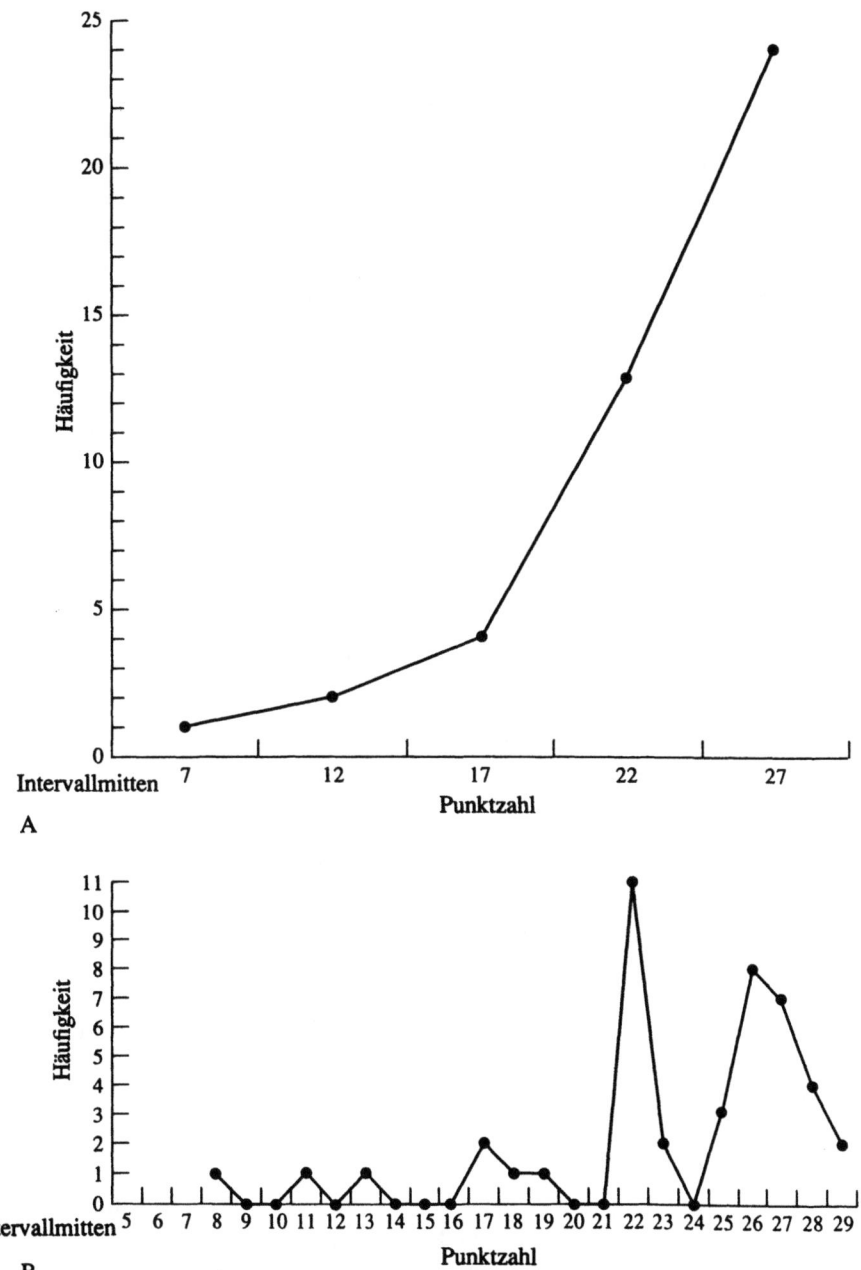

Abb. 2.7 (A): Vergrößerung des linken Verteilungsendes des in Abbildung 2.3 dargestellten Häufigkeitspolygons, das der Verteilung von Abbildung 2.1 entspricht.
(B) Dieselben Testergebnisse wie in Abbildung 2.7A, jedoch ohne Gruppierung.

eines Intervalls wurden in die Intervallmitte verschoben –, während Abbildung 2.7B die *genaue* Punktzahl angibt. Wie man sieht, verschleiert diese zusätzliche Information den allgemeinen Trend der Daten.

Sie haben in Abbildung 2.7B vielleicht auch bemerkt, daß alle Punkt*zahlen* rechts der entsprechenden *Linien* aufgeführt sind, die ein Klassenintervall vom nächsten trennen. Die Punktzahlen sind genau um die Hälfte einer Einheit nach rechts verschoben. Das ist eine Verfeinerung im Vergleich zu Abbildung 2.1, denn ich habe ja von Anfang an das niedrigste Intervall als «Punktzahlen von 5 bis 9», das nächste «von 10 bis 14» und so weiter definiert. Bei dieser Definition müssen die beiden Grenzen eines jeden Intervalls 1. unterhalb seiner niedrigsten und 2. über seiner höchsten Punktzahl liegen.

Zum Beispiel liegt eine Punktzahl von 10 im Intervall «von 10 bis 14» und *nicht* auf der Linie zwischen den Intervallen «von 5 bis 9» und «von 10 bis 14»; also liegt die «10-Yard-Linie» in Abbildung 2.1 *unter* der Punktzahl von 10. Diese Linie liegt genau zwischen der höchsten Punktzahl des niedrigeren Intervalls (in diesem Fall 9) und der niedrigsten Punktzahl in dem höheren Intervall (in diesem Fall 10). Die Linie befindet sich also in Wirklichkeit bei 9,5. Entsprechend wird jede Punktzahl 10 *über* der unteren Grenze eines Intervalls eingetragen, das sich von 9,5 bis 14,5 erstreckt, und alle anderen Intervalle werden in der gleichen Weise behandelt (z.B. 4,5 bis 9,5 ... 14,5 bis 19,5 ... 64,5 bis 69,5). Dies sind die genauen Klassenintervalle, die ich auf der ersten Seite dieses Kapitels angekündigt habe.

Abbildung 2.8 zeigt fünf Beispiele für den Unterschied zwischen den Randwerten und den genauen Grenzen eines Klassenintervalls. Die Randwerte stehen über, die genauen Grenzen unter der Grundlinie.

In diesem Diagramm wird (durch einen kleinen Pfeil) auch die *Mitte* eines jeden Intervalls angegeben. Beachten Sie, daß die einzigen Intervallmitten, die ganze Zahlen sind (41, 42), in den beiden Intervallen (B und C) liegen, deren Klassenbreite 3 bzw. 5 Einheiten beträgt; 3 und 5 sind ungerade Zahlen. Jedes Intervall, das sich über eine *gerade* Zahl von Einheiten erstreckt (2 in A, 10 in D, 20 in E), hat eine Mitte, die genau *zwischen zwei* Meßwerten (40 und 41, 44 und 45 bzw. 49 und 50) liegt. Die Mitte zwischen diesen drei Meßwertpaaren ist 40,5, 44,5 bzw. 49,5; keine davon ist eine ganze Zahl. Bei genauer Betrachtung von Abbildung 2.8 sollte Ihnen klarwerden, warum das so ist. (Um die Sache zu vereinfachen, vergleichen Sie nur A und B, wo die Klassenbreite nur zwei bzw. drei Einheiten beträgt.)

Diese Ausführungen über die Klassenmitte sind deshalb wichtig, weil man nach der Gruppierung von Daten in Klassenintervallen die Meßwerte in einem jeden Intervall so behandelt, als lägen sie alle genau in der Mitte dieses Intervalls. Wenn Sie zum Beispiel mit einer Verteilung von 30 Meßwerten arbeiten, die in die Klassenintervalle von Abbildung 2.8A gruppiert wurden, werden Sie im folgenden mit 30 Werten, von denen keiner eine ganze Zahl ist, rechnen. Dieselben 30 Meßwerte auf der Skala von Abbildung 2.8B eingetragen, ergeben 30 ganze

Häufigkeitsverteilungen nach Klassenbildung

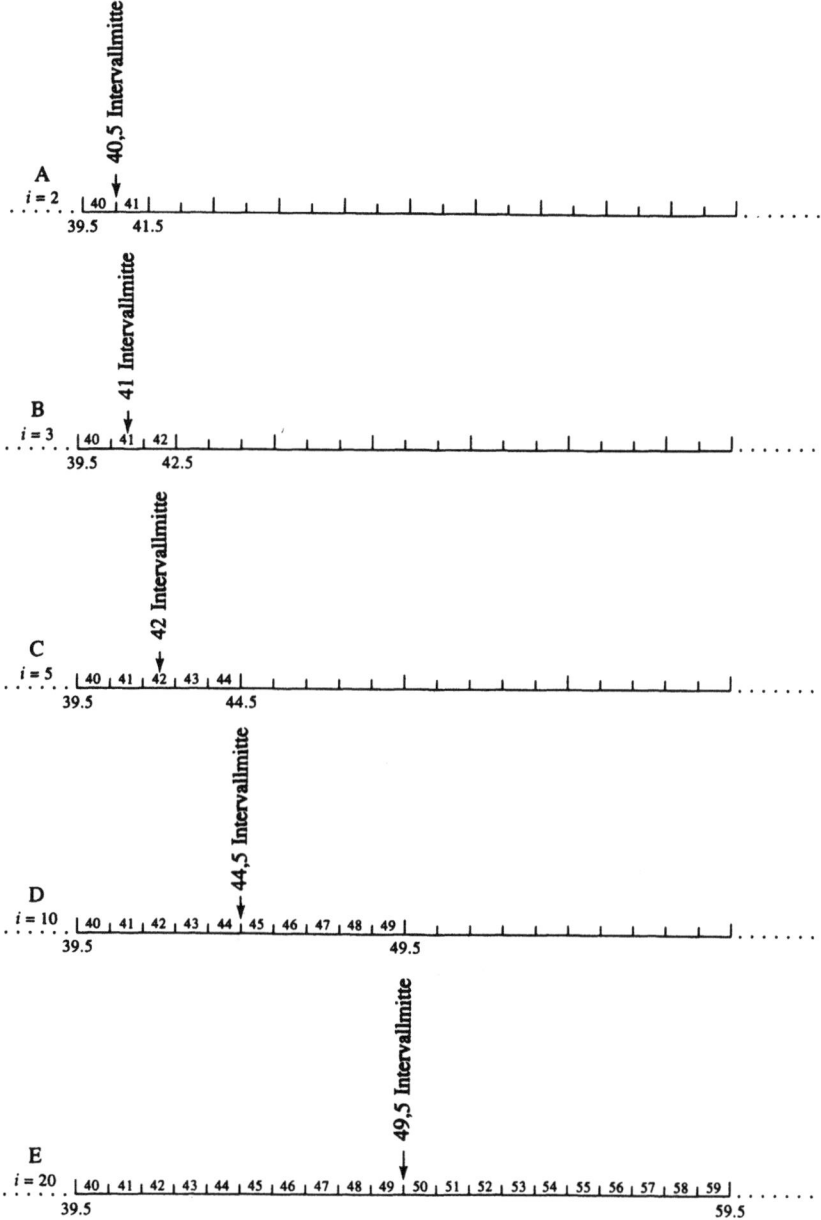

Abb. 2.8 Klassenintervalle mit der Klassenbreite von 2, 3, 5, 10 und 20. Die Zahlen von links nach rechts über jeder Grundlinie sind die Meßwerte. Die Randwerte der Intervalle sind (von oben nach unten): 40 und 41, 40 und 42, 40 und 44, 40 und 49, 40 und 59. Die entsprechenden genauen Intervalle sind 39,5 – 41,5, 39,5 – 42,5, 39,5 – 44,5, 39,5 – 49,5 und 39,5 – 59,5. Die Intervallmitten sind 40,5, 41, 42, 44,5 und 49,5.

Zahlen, die Sie in allen möglichen Berechnungen verwenden können. Da sich ganze Zahlen im allgemeinen leichter handhaben lassen und Intervalle, die sich über ungerade Zahlen von Einheiten erstrecken, eine ganze Zahl als Mitte haben, zieht man diese Intervalle solchen mit einer geraden Zahl an Einheiten häufig vor.[3])

Schiefe Verteilungen

Wenn ein Verteilungsende übermäßig lang ist, spricht man von einer *schiefen Verteilung*. Wenn die Überlänge sich nach unten (das heißt gegen die niedrigeren Werte) richtet, erhält man eine sogenannte *linksschiefe* Verteilung. Wenn Ihr Lehrer in diesem Kurs Sie einen besonders leichten Test machen läßt, dürfte die Verteilung Ihrer Noten etwa wie Abbildung 2.9 aussehen, die eine linksschiefe Verteilung zeigt.

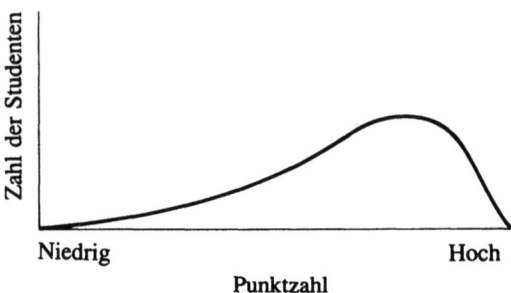

Abb. 2.9 Linksschiefe Verteilung.

Wenn das obere Verteilungsende ähnlich verlängert ist, spricht man von einer *rechtsschiefen* Verteilung. Ein schwieriger Test würde eher eine Verteilung wie in Abbildung 2.10 ergeben, da nur einige Begabte (oder Fleißige) sehr weit von der niedrigsten Punktzahl abweichen.

Andere Verteilungsmuster

Es sind noch andere Verteilungen möglich. Wenn wir Anpassungsverhalten, etwa von Autofahrern an einer belebten Kreuzung, untersuchen würden, könnten wir eine *J-Kurve* erhalten wie in Abbildung 2.11. Das gleiche gälte für die Punkt-

---

3) Wegen des Dezimalsystems ist andererseits eine Intervallgröße von 10 sehr praktisch, besonders beim Zusammenzählen. Deshalb ist ein Intervall von 10 oder einem Vielfachen davon dann einer Überlegung wert (obwohl es keine ganze Zahl als Mitte hat), wenn es eine günstige Anzahl von Klassenintervallen (zwischen 10 und 20) ergibt und wenn man so viele Meßwerte hat, daß eine Vereinfachung beim Zusammenzählen von Belang ist.

Andere Verteilungsmuster 23

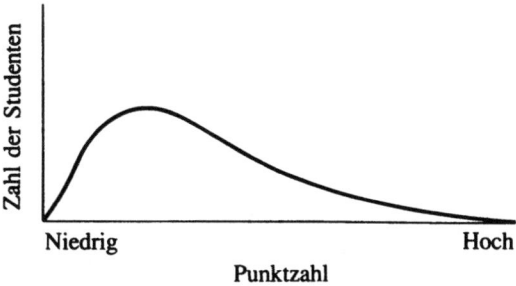

Abb. 2.10 Rechtsschiefe Verteilung.Indrechtsschiefe Verteilung

verteilung in einem extrem leichten Test (so leicht, daß die meisten Leute die volle Punktzahl erhalten) oder in einem extrem schwierigen (so schwierig, daß die meisten Ergebnisse Null sind). (Vergleiche auch die Ausführungen zu «Schiefe Verteilungen».)

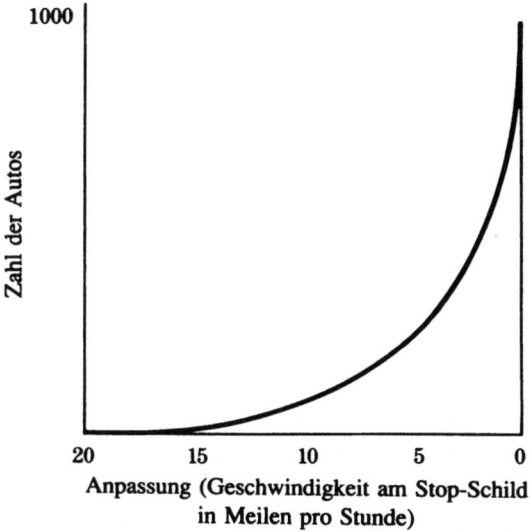

Abb. 2.11 J-Kurve von Anpassungsverhalten.

Ein völlig anderes Muster ergibt sich, wenn wir die Körpergröße von Menschen untersuchen, weil es zwei Arten von Menschen gibt, nämlich männliche und weibliche. Wir würden daher eine *zweigipflige* Verteilung erhalten wie in Abbildung 2.12. Auch wenn Ihr Lehrer einen kleinen Test über Kapitel 9 dieses Buches ansetzen würde, wenn erst die Hälfte der Klasse das Kapitel gelesen hätte, würden Sie eine zweigipflige Verteilung erhalten. (Beachten Sie in Abbildung 2.12

die anscheinend ganz symmetrische Verteilung; eine zweigipflige Verteilung kann jedoch auch asymmetrisch sein, wie das hier ganz sicher der Fall wäre, wenn sie zum Beispiel doppelt so viele Frauen wie Männer umfaßte.)

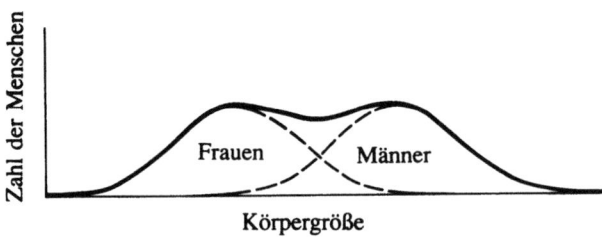

Abb. 2.12 Zweigipflige Verteilung von Menschen auf einer Größenskala.

Die J-förmige Verteilung ist statistisch schwer zu handhaben, und eine zweigipflige Verteilung läßt sich in die beiden Normalverteilungen auseinandernehmen, die teilweise darin verborgen sind. Daher interessieren uns diese Verteilungsmuster hier nicht weiter.

Zusammenfassung

Viele Häufigkeitsverteilungen in den Sozialwissenschaften sind annähernd normal; das heißt, bei einer normalen Verteilung gibt es ein paar sehr niedrige und ein paar sehr hohe Werte, aber die große Masse tendiert zur Mitte hin. Das liegt daran, daß die Wahrscheinlichkeit, daß alle für ein Merkmal bestimmenden Faktoren in dieselbe Richtung weisen, praktisch gleich Null und eine ausgewogene Kombination von Einflußgrößen viel wahrscheinlicher ist. Obwohl es auch andere Kurvenverläufe gibt (wie gesagt rechtsschiefe, linksschiefe, zweigipflige und J-Kurve), wird sich unser Hauptaugenmerk auf die Normalverteilung richten, da sie der in der Verhaltensforschung und in medizinischen Studien am häufigsten vorkommenden Verteilung am ehesten entspricht. Außerdem ist sie das Verteilungsmuster, für das die bekanntesten statistischen Verfahren entwickelt wurden. Wir werden einige dieser Verfahren in den nächsten Kapiteln kennenlernen.

Es gibt viele Möglichkeiten, Daten zu ordnen und darzustellen. Die eine besteht darin, Häufigkeiten zu «gruppieren» – individuelle Beobachtungswerte zu Klassenintervallen zusammenzufassen. Das Gruppieren hat sowohl Vor- als auch Nachteile. Ein Nachteil ist der Verlust von Informationen, wenn man unterschiedliche Meßwerte ohne Rücksicht auf den genauen Wert der Mitte eines gegebenen Klassenintervalls zuordnet. Eine positive Folge ist das Aufdecken zugrundeliegender Strukturen, da sich durch das Gruppieren viele zufällige Abweichungen gegenseitig aufheben. Wenn man eine große Zahl von Beobachtungen zu ordnen hat, besteht ein weiterer Vorteil des Gruppierens darin, daß sich damit leichter rechnen läßt.

3 Lagemaße

Irgendwann in Ihrer Schulzeit wurden Sie mit dem Begriff *Durchschnitt* bekanntgemacht, und Sie haben ihn vielleicht seither in dem Glauben benutzt, es gäbe davon nur eine Art. In Wirklichkeit gibt es aber mehrere Typen von Durchschnitt, von denen hier die drei geläufigsten beschrieben werden: der Mittelwert (auch arithmetisches Mittel oder Durchschnitt), der Median (oder Zentralwert) und der Modus (auch Modalwert oder Dichtemittel).

Der Mittelwert (μ und $\bar{X}$)

Der Durchschnitt, den Sie in der Schule kennengelernt haben, war der *Mittelwert*. Dieser ist nicht, wie Ihnen weisgemacht wurde, *der* Durchschnitt, aber er ist so beschaffen, daß er sich am besten für viele Fragestellungen eignet. Immer wenn die Häufigkeitsverteilung einigermaßen symmetrisch ist und man einen Taschenrechner zur Hand hat, ist der Mittelwert (das arithmetische Mittel) die bevorzugte statistische Maßzahl. Seine Berechnung braucht Zeit, da man alle Werte zusammenzählen muß, bevor man die Summe durch N (die Anzahl der addierten Werte) teilen kann – und manchmal muß man Tausende von Werten zusammenzählen. Wenn die gesamte Zielpopulation zur Verfügung steht, lautet die Formel für den Mittelwert

$$\mu = \frac{\sum X}{N} \tag{3.1}$$

wobei μ der Mittelwert der Population, $\sum$ das Zeichen für «Summe» ist und X sich auf die beobachteten *Rohdaten* bezieht.[1] Der Ausdruck $\sum X$ (lies «die Summe von X») ist daher die Summe aller Rohdaten in der Verteilung. N ist die Größe der Population.

Wenn man die Gesamtpopulation *nicht* untersuchen kann, bilden die Werte, die man *hat*, eine Stichprobe, und die Formel für *ihren* Mittelwert lautet

$$\bar{X} = \frac{\sum X}{n} \tag{3.2}$$

wobei $\bar{X}$ der Mittelwert einer Stichprobe und n der Umfang dieser Stichprobe ist. Zu beachten ist, daß *die mathematischen Operationen, die mit diesen beiden Formeln angegeben werden, genau dieselben sind*. Wenn Sie mit Formel 3.1 berechnen, was Sie für den Mittelwert einer Population halten, und dann erfahren, daß Ihre Daten nur einen Bruchteil der Zielpopulation umfassen, dann müssen Sie nur das μ in ein $\bar{X}$ umändern und brauchen nicht weiter zu rechnen.

---

1) Rohdaten sind Daten, die noch nicht mit anderen Daten verglichen worden sind; «Meter», «Punkte», «Runden», «Treffer», «Fehler» und «richtige Antworten» sind, falls diese Einheiten bloß gezählt werden, Rohdaten. Bisher haben wir uns ausschließlich mit Rohdaten befaßt, andere werden später noch vorgestellt.

Da wissenschaftliche Veröffentlichungen häufiger Stichproben als Populationen beschreiben, wird mit «dem Mittelwert» ab diesem Kapitel der Mittelwert einer Stichprobe gemeint sein, wenn es nicht anders gesagt ist (auch wenn gerade Sie vielleicht häufiger Populationen untersuchen).

Auf jeden Fall besagen die Formeln 3.1 und 3.2 das gleiche, und zwar zweierlei: Erstens *definieren* die Formeln den Mittelwert; zweitens geben sie ein Verfahren an, wie man ihn *berechnet*. Aber in diesem Buch geht es uns nicht ums Rechnen; unser Hauptanliegen ist es, die Prinzipien der Statistik zu begreifen. Der Mittelwert läßt sich am besten anhand des folgenden Beispiels verstehen.

Das zugrundeliegende Konzept
Stellen Sie sich einen langen Balken aus einem exotischen Metall vor, der vollkommen steif und gewichtslos ist. Auf diesen Balken legen wir 14 gleich schwere Würfel (die 14 Meßwerte darstellen). Abbildung 3.1 zeigt eine der möglichen Verteilungen der Würfel.

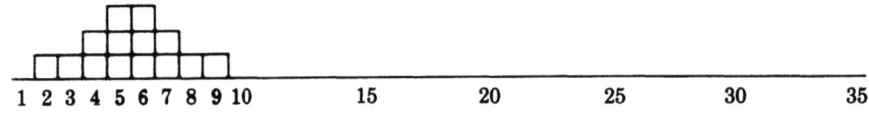

Abb. 3.1 Vierzehn Würfel auf einem gewichtslosen Balken: eine symmetrische Verteilung.

An welchem Punkt des Balkens müßte man eine Stütze anbringen, um ein Gleichgewicht herzustellen? Das heißt, *an welchem Punkt ist die Verteilung ausbalanciert*? Da diese Verteilung symmetrisch ist, müßte man eigentlich sofort sehen, daß sie mit einer Stütze bei 5,5 im Gleichgewicht wäre. Genau darum aber geht es beim Rechnen; mit der Formel können wir genau diesen gesuchten Punkt[2]) finden, selbst dann, wenn ein Diagramm zu unübersichtlich wäre. (Daß es solche Fälle tatsächlich gibt, wird in dem Abschnitt «Der Median» deutlich werden.)

Man kann diesen Punkt, an dem sich eine Verteilung im Gleichgewicht befindet, auch «den Punkt, von dem aus alle Abweichungen zusammen Null ergeben», nennen. In Abbildung 3.1 zum Beispiel ist dieser Punkt 5,5. Einer der Meßwerte (die 2) weicht um 3,5 Einheiten nach unten (links) ab, und einer (die 9) weicht 3,5 Einheiten nach oben (rechts) ab; der eine ist eine negative und der andere eine positive 3,5; es gibt auch zwei Abweichungen um 1,5 nach unten und zwei nach oben; schließlich gibt es drei vom Mittelwert um 0,5 Einheiten nach unten abweichende und drei nach oben abweichende Werte. Die meisten Verteilungen werden nicht so streng symmetrisch sein wie diese hier, aber alle werden dasselbe

---

2) $\bar{X} = \dfrac{\sum X}{N} = \dfrac{\text{Summe der Rohdaten}}{\text{Anzahl der Rohdaten}} = \dfrac{77}{14} = 5,5$

Der Mittelwert (μ und $\bar{X}$)

Kasten 3.1 Berechnung eines Mittelwertes (siehe Abbildung 2.1)

(1) Klassen-intervall	(2) Klassen-mitte, X_m	(3) f	(4) fX_m
65–69	67	1	67
60–64	62	2	124
55–59	57	4	228
50–54	52	13	676
45–49	47	24	1128
40–44	42	36	1512
35–39	37	40	1480
30–34	32	36	1152
25–29	27	24	648
20–24	22	13	286
15–19	17	4	68
10–14	12	2	24
5–9	7	1	7
		$\Sigma = 200$	$\Sigma = 7400$

Spalte 1: Klassenintervalle. Siehe Abbildung 2.1, Seite 14.

Spalte 2: Klassenmitten. Wenn Daten zu Klassenintervallen gruppiert werden, werden alle Einzelwerte (X) innerhalb eines jeden Intervalls behandelt, als ob sie in der Klassenmitte lägen (X_m). Natürlich entspricht das nicht ganz der Wirklichkeit, aber wenn die Klassenintervalle klein sind, kann man den Fehler vernachlässigen.

Spalte 3: Häufigkeit (f) der Meßwerte in jedem Klassenintervall.

Spalte 4: Produkt aus Klassenmitte und Häufigkeit (fX_m). Nur eine Person hat eine Punktzahl im Intervall von 5–9, und die Klassenmitte dieses Intervalls ist 7; also ist fX_m für dieses Intervall 7. Es gibt zwei Werte im Intervall von 10–14, und seine Klassenmitte ist 12; also ist fX_m $2 \times 12 = 24$. Vier Personen erzielten Punktzahlen im Intervall von 15–19, daher ist fX_m $17 \times 4 = 68$, und so weiter.

$$\bar{X} = \frac{\Sigma X}{n}$$

Es sollte klar sein, daß die Summe in Spalte 3 n ist. Es sollte auch klar sein, daß man beim einfachen Zusammenzählen all der einzelnen X_m dieselbe Summe erhält wie in Spalte 4. Das heißt, die Summe von Spalte 4 ist die ΣX der Formel, plus/minus einem vernachlässigbaren Fehler.

$$\bar{X} = \frac{7400}{200} = 37$$

Ergebnis haben: Die Abweichungen vom Mittelwert nach oben und nach unten heben sich gegenseitig auf und ergeben zusammen Null.

Was ich mit diesen unterschiedlichen Formulierungen sagen will, ist, daß *der Mittelwert der Punkt ist*, an dem jede Verteilung von Meßwerten *ausbalanciert* ist.

Sinnvolle Anwendungsmöglichkeiten
Als Punkt, an dem sich eine Verteilung im Gleichgewicht befindet, ist der Mittelwert das einzige Lagemaß, das empfindlich auf alle beobachteten Werte reagiert. Wahrscheinlich am wichtigsten ist seine Anwendung bei anderen Meßverfahren. Wegen seiner Balance-Eigenschaft ist er mit vielen komplexeren Meßverfahren vereinbar, die Sie später noch kennenlernen werden. So ist die Berechnung eines Mittelwerts ein wesentlicher Bestandteil bei der Berechnung einer *Standardabweichung*, eines Produktmoment-*Korrelationskoeffizienten* und all der verschiedenen *Standardfehler*, um nur einige zu nennen.

Ein damit zusammenhängender Vorzug des Mittelwerts gegenüber anderen Lagemaßen besteht darin, daß er beim Schließen von der Stichprobe auf die Gesamtheit (Population), also bei der statistischen Inferenz, sehr nützlich ist: Der Mittelwert einer Stichprobe ist die beste Schätzung des Mittelwerts der Gesamtheit. Aber selbst die beste Schätzung wird wahrscheinlich nicht ganz ins Schwarze treffen, und es ist wichtig, das wahrscheinliche Ausmaß des Irrtums zu kennen. Das arithmetische Mittel ist auch zur Fehlerabschätzung zu gebrauchen, wie Sie in Kapitel 8 noch sehen werden.

Wie ich schon im Vorwort erwähnt habe, gibt es Leute, die sich bei quantitativen Begriffen erst wohl fühlen, wenn sie die entsprechenden Rechnungen nachvollzogen haben. Wenn Sie zu diesen Menschen gehören, haben Sie mit Kasten 3.1 die Möglichkeit, dies zu tun. Der Berechnung liegt die Definitionsgleichung des arithmetischen Mittels zugrunde. Berechnungsformeln – und daher auch Berechnungen – unterscheiden sich häufig von Definitionsformeln (siehe Seite 5), und dann verschleiern sie oft den *Sinn* der Operationen, für die sie stehen. Da es uns hier in erster Linie um ihren Sinn geht, sollten Sie beim Rechnen nie das dahinterstehende Konzept aus den Augen verlieren.

Der Median

Man kann ein Lagemaß auch bestimmen, indem man den Punkt auf der horizontalen Achse angibt, der die Verteilung in zwei gleich große Hälften teilt. Man beachte, daß er die *Verteilung*, und nicht die *horizontale Achse*, in zwei Hälften teilt. Schauen Sie sich noch einmal Abbildung 3.1 an. Dort stellt der Balken die horizontale Achse dar; er ist 35 Einheiten lang, aber $\frac{35}{2} = 17,5$ ist nicht der Median (oder Zentralwert). Der Median ist auch nicht definiert als die Mitte zwischen dem niedrigsten (1,5) und dem höchsten (9,5) Punkt, obwohl er wegen der strengen Symmetrie der Verteilung in diesem Fall genau dort liegt.

Das zugrundeliegende Konzept
Der *Median* ist immer der Punkt zwischen der unteren und der oberen Hälfte der Verteilung. (Zur Erinnerung: Die Verteilung ist die Gesamtheit der einzelnen Werte der Stichprobe.) In Abbildung 3.1 ist dieser Punkt 5,5, weil es 7 Meßwerte unterhalb und 7 Meßwerte oberhalb dieses Punktes gibt. In *jeder* Verteilung mit $N = 14$, liegt der Zentralwert zwischen dem 7. und 8. Wert (vom unteren Ende

Der Median

der Verteilung aus gezählt); in jeder Verteilung von 1000 einzelnen Daten liegt der Median genau zwischen dem 500. und 501. Wert; und so weiter, die Beispiele ließen sich beliebig fortsetzen.[a]

Sinnvolle Anwendungsmöglichkeiten

«Wer befindet sich in welcher Hälfte der Verteilung?» Wenn das unsere Frage ist, müssen wir zuerst den Median finden, um sie zu beantworten. Ein wichtigeres Merkmal des Medians besteht jedoch darin, daß er – obwohl er gegenüber dem genauen Ort eines jeden Wertes in der Verteilung unempfindlich ist – bei Fragestellungen anwendbar ist, bei denen der Mittelwert ungeeignet ist.

Es ist keine allzu große Vereinfachung zu sagen, daß der Median dann dem Mittelwert vorgezogen werden sollte, wenn die Form der Verteilung extrem *asymmetrisch* ist. Schauen Sie sich die in Abbildung 3.1 dargestellte Situation an. Dort sind der Median und der Mittelwert identisch (5,5), da die Verteilung streng symmetrisch ist. Nun betrachten Sie Abbildung 3.2, um zu sehen, was passiert, wenn diese Symmetrie gestört ist. In dieser Abbildung ist die Verteilung genau die gleiche wie in Abbildung 3.1, außer daß zwei der Werte nun weit nach rechts verschoben sind. Der Gleichgewichtspunkt – das heißt der Mittelwert – ist ebenfalls verschoben; er befindet sich nun bei 9,5, was (da er oberhalb von 12 der 14 Werte liegt) wahrscheinlich ein unangemessenes Lagemaß für diese Verteilung ist.

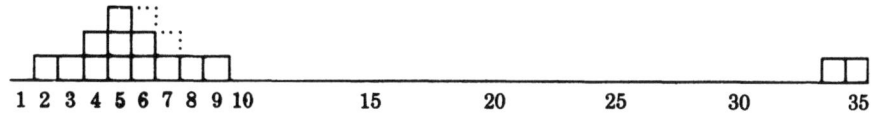

Abb. 3.2 Vierzehn Würfel auf einem gewichtslosen Balken: eine asymmetrische Verteilung.

Aber was ist mit dem *Median* als Folge dieser Verschiebung zweier Werte passiert? (Zählen Sie die Werte ober- und unterhalb davon und sehen Sie selbst.) Sie sagen vielleicht, daß er sich hätte ändern *sollen* – wenigstens ein kleines bißchen –, weil die Verteilung anders ist als vorher. Auch wenn er gegenüber dieser Veränderung nicht empfindlich ist, stimmen Sie doch sicher mit mir darin überein, daß bei dieser Verteilung der Median ein besseres Lagemaß ist als der Mittelwert, da die beiden extremen Werte, die sogenannten Ausreißer, den Mittelwert *zu stark* beeinflussen. In solchen Fällen werden Daten oft in eine einzige Kategorie gezwängt, statt sie in zwei oder mehr aufzuteilen. Müßten Sie beispielsweise die Verteilung der Jahreseinkommen eines Football-Trainerteams darstellen, würden Sie wahrscheinlich feststellen, daß die meisten ziemlich nahe beieinander liegen, daß aber das Einkommen des Cheftrainers deutlich von den anderen abweicht. Wenn Sie nur einen einzigen Durchschnitt der Gehälter der Football-Trainer an der Central University angeben dürften, würden Sie dann den Mittelwert oder den Median nehmen? Wenn Sie Ihre Angaben *nicht* auf einen einzigen Durchschnitt beschränken müssen, wäre es in diesem Fall wahrscheinlich besser, den Cheftrainer gesondert anzugeben. Wenn aber die Gehälter des übrigen Führungsteams an das des Cheftrainers heranreichen, könnte der Median des gesamten Personals das geeignete Lagemaß sein.

In einem anderen Fall, der gegen die Anwendung des arithmetischen Mittels spricht, ist die Skala nicht lang genug, so daß man zwischen den Werten am einen Verteilungsende nicht genügend differenzieren kann. Während zum Beispiel die Noten der Schüler bei einem langen, schwierigen Test möglicherweise eine Normalverteilung ergeben, könnte sich bei einem kurzen, leichten Test ein Drittel der Noten am oberen Verteilungsende ballen. Die wahre Größe dieser Werte ist unklar: Man kann nicht wissen, «wie weit draußen auf dem Balken» man jedes Gewicht plazieren müßte, und daher kann man auch den Punkt, an dem die Verteilung im Gleichgewicht ist, nicht lokalisieren. Aber man kann den Median benutzen.

Schließlich gibt es die ziemlich seltene Gruppe von im wesentlichen nichtquantitativen Kategorien, die man jedoch allgemein als eine geordnete Folge empfindet. Militärische Ränge fallen einem da ein, aber auch jede andere Rangordnung könnte als Beispiel dienen. Ein besonders gutes sind die Ergebnisse eines Wettlaufs – zum Beispiel eines Marathons –, bei dem die Resultate in zwei Formen präsentiert werden: 1. als die genaue *Zeit*, die ein jeder Wettkämpfer benötigte, um die Ziellinie zu erreichen, und 2. als die *Reihenfolge*, in der sie alle am Ziel eintrafen. Wenn man die *Zeiten* der Wettläufer kennt, kann man ihre Durchschnittszeit berechnen, aber wenn man nur ihre Rangfolge hat, muß der Median genügen, da es keine *Meßwerte* als Ausgangsbasis für die Berechnung eines Mittelwerts gibt.

Der Modus

Der letzte der hier behandelten Durchschnitte ist auch der leichteste. Der *Modus* (auch *Modalwert* oder *Dichtemittel*) ist einfach der Wert, der am häufigsten auftritt. In Abbildung 2.1 ist der Modus 37, in Abbildung 3.1 ist er 5,5 und in Abbildung 3.2 ist er 5,0.

Bei quantitativen und in einer geordneten Folge stehenden Daten – wie es fast alle in diesem Buch vorgestellten Daten sind – erklärt die Einfachheit des Modus eines seiner beiden Hauptanwendungsgebiete: Man benutzt ihn, wenn man eine sehr schnelle Schätzung braucht. Er wird auch speziell dann verwendet, wenn man den typischen (häufigsten) Wert ermitteln will.

Wenn man qualitative Daten hat, die keine Rangfolge bilden, wie zum Beispiel den Absatz von Designer-Kleidern in verschiedenen Farben oder die Anmeldungen zu verschiedenen Seminaren an der Universität, dann ist der Modus das einzige Lagemaß, das man überhaupt verwenden *kann*: Man kann nicht von unten anfangen zu zählen, wie man das zur Ermittlung des Medians tun müßte, und noch weniger könnte man für einen Mittelwert Meßwerte zusammenzählen. (Es *gibt* keine Werte zu addieren.)

Zusammenfassung

Es kommen also Fälle vor, in denen der Modus sinnvoll ist, der Mittelwert oder der Median aber nicht. Außerdem kann der Modus einen von beiden oder beide ergänzen, wenn er sie auch nicht zu ersetzen vermag.

Zusammenfassung

Die drei häufigsten Lagemaße sind der *Mittelwert*, der *Median* und der *Modus*.

Der *Mittelwert* (das *arithmetische Mittel*) ist der Punkt einer Verteilung, an dem sie sich im Gleichgewicht befindet. Er ist der einzige Durchschnitt, der alle verfügbaren Angaben miteinbezieht. Wenn Verteilungen ungefähr normal sind, ist der Mittelwert ein wesentlicher Bestandteil von vielen komplexeren Meßverfahren, die Sie in späteren Kapiteln noch kennenlernen werden.

Der Punkt, an dem sich eine Verteilung in zwei gleich große Hälften teilen läßt, ist der *Median* (*Zentralwert*). Er wird dann verwendet, wenn man in erster Linie wissen will, wo genau die Trennlinie zwischen den beiden Hälften verläuft, wenn man eine geordnete Folge von nichtquantitativen Daten hat und wenn eine Verteilung quantitativer Daten extrem von der Normalverteilung abweicht. Unter diesen Umständen kann der Median den Mittelwert ergänzen oder gar ersetzen.

Als *Modus* (auch *Modalwert* oder *Dichtemittel*) bezeichnet man den Ort, an dem die größte Anzahl von Fällen auftritt; bei quantitativen Daten ist er der am häufigsten vorkommende Wert. Wenn man genau diese Information will oder wenn die Daten weder quantitativ sind noch in einer Rangfolge stehen, ist der Modus das sinnvollste Lagemaß. In anderen Fällen kann er als Ergänzung zum Median und/oder Mittelwert von Nutzen sein, aber er sollte sie nie ersetzen.

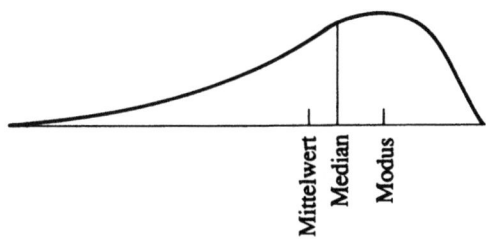

Abb. 3.3 Lagemaße bei einer linksschiefen Verteilung.

Bei einer schiefen Verteilung ist die Reihenfolge dieser drei Lagemaße auf der horizontalen Achse vorhersagbar. Bei einer linksschiefen Verteilung wie in Abbildung 3.3 ist die Reihenfolge von links nach rechts: Mittelwert, Median, Modus. Wenn die Verteilung rechtsschief ist wie in Abbildung 3.4, ist die Reihenfolge genau umgekehrt: Modus, Median, Mittelwert. Anders ausgedrückt: Wenn man

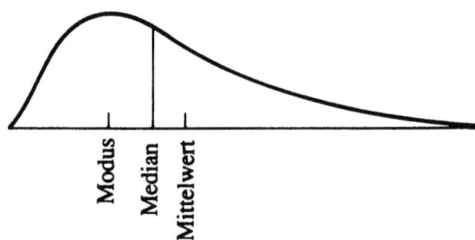

Abb. 3.4 Lagemaße bei einer rechtsschiefen Verteilung.

die Reihenfolge der drei Durchschnitte kennt, kann man die Richtung der schiefen Verteilung angeben.

Weil der Mittelwert bei vielen der komplizierteren Konstrukte, die ich noch (ab Kapitel 4) darstellen werde, eine Rolle spielt, handelt es sich bei den im folgenden vorkommenden Lagemaßen fast ausschließlich um den Mittelwert. Will man jedoch nur eine kleine Population beschreiben oder eine erste Auswertung von Daten vornehmen, aus der man später seine verallgemeinernden Schlüsse zieht, können alle drei Lagemaße sinnvoll sein, genauso wie graphische Darstellungen.

Anwendungsbeispiele

Bei den folgenden Problemstellungen müssen Sie entscheiden, welche statistischen Verfahren sinnvoll anzuwenden sind. Jedesmal werden Sie mit einer Situation konfrontiert, wie sie auch einem Vertreter der angegebenen Fachrichtung begegnen könnte. Versetzen Sie sich in die Lage dieser Person.

Machen Sie einen ersten Versuch, ohne sich das Kapitel noch einmal anzuschauen; erklären Sie Ihre Wahl, so gut Sie können. Gehen Sie dann noch einmal zum Text zurück und verbessern Sie Ihre Antwort, die Sie anschließend anhand des Lösungsvorschlags und der kurzen Diskussion im Anhang überprüfen können (Seiten 171–187).

Sie können anhand dieses Vorschlags und der Diskussion ihre Antwort korrigieren oder noch weiter verfeinern. Aber wenn Sie denken, daß Ihre Lösung ebenso gut ist wie unsere, diskutieren Sie sie mit Ihrem Lehrer oder jemand anderem, der sich mit Statistik auskennt. Wenn er oder sie Ihnen recht gibt, wäre ich sehr an Ihrer Lösung interessiert.

Versuchen Sie, nicht nur die in den folgenden Abschnitten gestellten Fragen zu beantworten, sondern auch die Stichprobe und/oder Population zu benennen, um die es bei jeder Aufgabe geht.

Pädagogik
Kürzlich wurde ein berufsbildendes Projekt auf Genossenschaftsbasis ins Leben gerufen, das 200 Absolventen der 11. Klasse aus 10 Schulen eine einjährige Wei-

terbildung ermöglichen soll. Die Lehrer sind noch dabei, den Lehrplan zusammenzustellen und auszuarbeiten, aber sie sind sich über das angemessene Niveau der Unterrichtsmaterialien nicht ganz im klaren. Sie beschließen, den Kenntnisstand der am Projekt teilnehmenden Schüler zu ermitteln, und Sie werden als Gutachterin hinzugezogen. Sie schlagen einen standardisierten Leistungstest vor, der das Niveau jedes einzelnen Schülers in einer Gesamtpunktzahl mißt. Wie werten Sie die Ergebnisse aus?

Politologie
Sie untersuchen die zivilen und militärischen Ausgaben europäischer Staaten. Sie wollen den durchschnittlichen Betrag ermitteln, den die Europäer für Waffen ausgeben. Sie können es sich nicht leisten, alle europäischen Staaten zu untersuchen, also ziehen Sie eine Zufallsstichprobe. Wie gehen Sie vor?

Psychologie
Sie sind Familienberater, und Ihre Klientin ist die Mutter eines drei Tage alten Säuglings. Die Mutter macht sich große Sorgen um ihr Kind (ihre Schwester hat vor kurzem ein behindertes Kind zur Welt gebracht) und will von Ihnen wissen, ob sich ihr Säugling für ein Neugeborenes normal verhält. Sie beobachten das Kind, aber Sie wissen nicht genau, welches Verhalten für ein Neugeborenes als normal gilt. Ihre Aufgabe ist es daher herauszufinden, wie sich Neugeborene in der Regel verhalten. Sie gehen in drei Krankenhäuser Ihrer Stadt, besuchen die Neugeborenenstationen und beobachten und messen verschiedene Verhaltensweisen. Zum Beispiel lassen Sie vor jedem Kind einen roten Ring baumeln, um zu sehen, ob es dem Ring mit den Augen folgt oder gar versucht, nach ihm zu greifen. Sie läuten mit einer Glocke am rechten Ohr eines jeden Säuglings und beobachten, ob sich das Kind dem Geräusch zuwendet. Sie vergeben dann aufgrund Ihrer Beobachtungen Punkte (z.B. 1 Punkt für das Folgen der Augen und 2 Punkte für das Greifen nach dem Ring). Welche statistische Maßzahl würde am besten alle getesteten Kinder repräsentieren?

Sozialarbeit
Die Leiterin einer Kinderfürsorgeeinrichtung interessiert sich dafür, wie lange Familien ihre Dienste in Anspruch nehmen. Sie bittet Sie, die Zahl der Stunden zu ermitteln, in denen diese Familien betreut werden. Um dieses Problem zu lösen, ziehen Sie eine Zufallsstichprobe aus den Akten der abgeschlossenen Fälle. Wie lassen sich diese Daten analysieren?

Soziologie
Der Stadtrat einer Stadt mit 100000 Einwohnern möchte das Durchschnittseinkommen der Bewohner wissen. Sie werden um eine Schätzung gebeten, haben aber nur ein kleines Budget zur Verfügung. Sie ziehen eine Zufallsstichprobe von 100 Einwohnern und ermitteln daraus das Durchschnittseinkommen aller Einwohner. Welche Berechnung ist dafür geeignet?

4 Streuungsmaße

Verschiedene Populationen (und die aus ihnen gezogenen Stichproben) besitzen unterschiedliche Lagemaße, aber sie unterscheiden sich auch noch in einer anderen wichtigen Hinsicht. Betrachten Sie die beiden Kurven von Abbildung 4.1. Beide stellen Verteilungen mit derselben Fläche (identische Ns) dar, und beide haben dasselbe Lagemaß. Trotzdem sind beide Verteilungen sehr unterschiedlich. Worin besteht ihr Unterschied? Man sieht, daß die eine weiter auseinandergezogen ist als die andere. Da die horizontale Achse, auf der die Verteilung dargestellt wird, eine einheitliche Skala ist, weiß man, daß die Werte in der weiter auseinandergezogenen Verteilung stärker *streuen* als die in der «zusammengequetschten» Verteilung.

Diagramme erleichtern zwar den Zugang zu neuen Begriffen, aber selbst wenn wir für jede Verteilung ein maßstabgerechtes Diagramm hätten, so daß wir Streuungen durch bloßes Betrachten vergleichen könnten, bräuchten wir noch (wie in Kapitel 5 gezeigt wird) eine Maßzahl, mit der sich mathematisch rechnen läßt. Man kann nicht einen einigermaßen genauen optischen Eindruck multiplizieren oder dividieren. Es gibt viele Situationen (einige davon werden in Kapitel 5 behandelt), in denen es wichtig ist, eine Maßzahl für die Streuung einer Gruppe von beobachteten Werten zu besitzen. In diesem Kapitel werden wir drei dieser Maßzahlen näher betrachten.

Die Standardabweichung (σ und S)

Wir wollen jetzt überlegen, wie sich eine Maßzahl für die Streuung schaffen ließe, wenn es noch keine gäbe – daß sie wichtig ist, sei im Moment einmal vorausgesetzt. Es könnte hilfreich sein, bei dieser Diskussion ein konkretes Beispiel vor Augen zu haben. Stellen wir uns also vor, daß die Studenten aus Kapitel 2 statt eines einzigen Eignungstests *zwei* abgelegt haben – einen sprachlichen und einen mathematischen Test. Die Verteilung der Punktzahlen könnte ungefähr so wie in Abbildung 4.2 aussehen.[1]) In diesem Diagramm wurden die Mittelwerte der beiden Verteilungen in eine Linie gebracht, damit wir uns auf ihre unterschiedliche

---

1) Die eingezeichnete Lage und Streuung der beiden Verteilungen lassen die Behauptung einigermaßen plausibel erscheinen, daß sie in Kombination die in Abbildung 2.1 gezeigte Verteilung ergeben. Sie wurden aber nicht aus diesem Grund gewählt, sondern wegen ihrer *Einfachheit*. Wir wollen so wenig wie möglich rechnen, deshalb sind die unumgänglichen Berechnungen möglichst einfach gehalten. Es ist zum Beispiel leichter, über ein Intervall von 20 bis 25 nachzudenken als über eines, das sich von 23 bis 28 erstreckt. Sie werden sehen, daß Sie das meiste – möglicherweise alles – in diesem Buch im Kopf rechnen können.
Aber versuchen Sie nicht, irgendetwas zu rechnen, bevor Ihnen nicht die erforderlichen Daten zur Verfügung stehen. Versuchen Sie zum Beispiel nicht, sich die Standardabweichungen von 15 und 5 in den beiden Verteilungen von Abbildung 4.2 herzuleiten. Dafür bräuchten Sie eine Liste mit den einzelnen Meßwerten, und die wurden bisher absichtlich zurückgehalten, damit Sie sich auf das Bild konzentrieren – auf die Form der gesamten Stichprobe bei jedem der beiden Tests und den Vergleich der beiden sehr unterschiedlichen Formen.

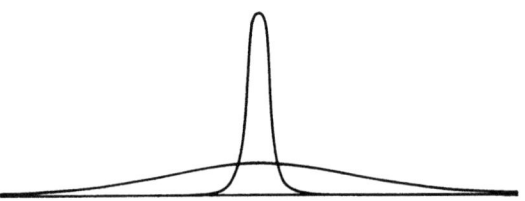

Abb. 4.1 Zwei Verteilungen mit denselben Ns, aber unterschiedlicher Streuung.

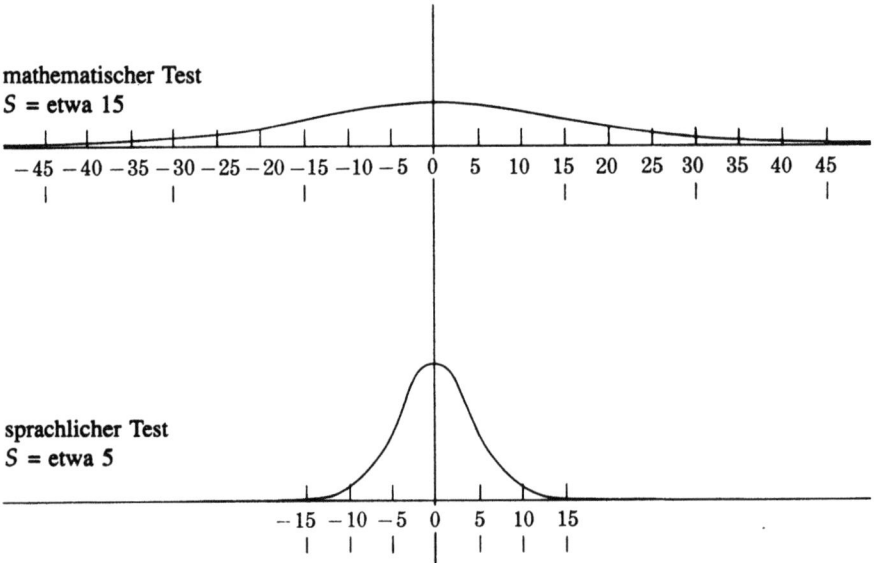

Abb. 4.2 Zwei Verteilungen mit denselben Ns, aber unterschiedlicher Streuung.

Streuung konzentrieren können. Wenn wir die Abbildung betrachten, fällt uns sofort der große Unterschied zwischen den Streuungen der beiden Verteilungen auf ihren horizontalen Achsen auf. Aber das reicht nicht; wir brauchen eine Zahl, die die Streuung angibt.

Das zugrundeliegende Konzept

Wie könnte eine solche Maßzahl aussehen? Die eine Möglichkeit besteht darin, jeden Wert aus der Stichprobe mit jedem anderen zu vergleichen und den Durchschnitt der dadurch erhaltenen Abstände zu bilden. Aber das wäre viel zu aufwendig, besonders bei großen Verteilungen. Wir können dasselbe erreichen, wenn wir in der Mitte der Verteilung einen Bezugspunkt wählen und dann die Entfer-

Die Standardabweichung (σ und S)

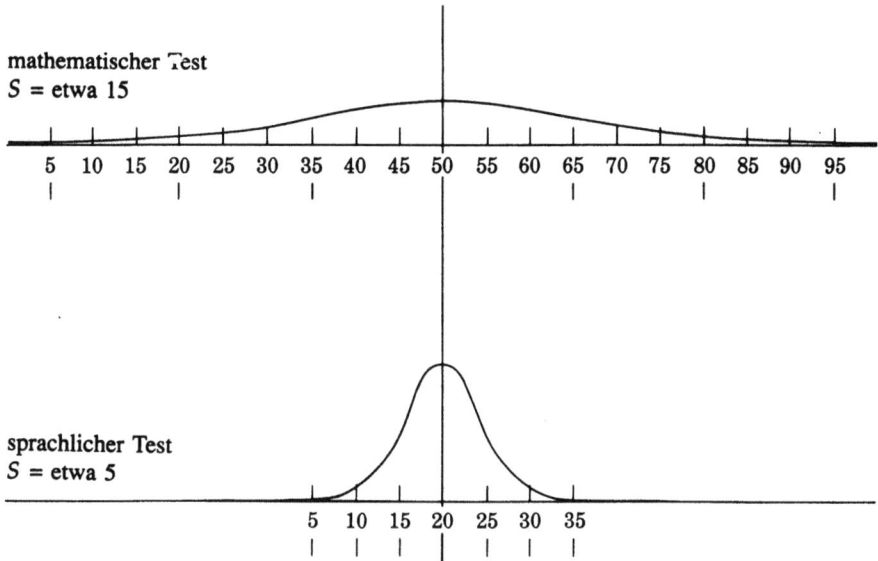

Abb. 4.3 Die Verteilungen von Abbildung 4.2, wobei die Rohdaten in Abweichungen umgerechnet wurden.

nung jedes einzelnen Wertes von diesem Punkt aus messen, wie in Abbildung 4.3. Der Durchschnitt (Mittelwert) der absoluten Entfernungen (das heißt ohne Berücksichtigung des Vorzeichens) kann auch als Streuungsmaß dienen. Wenn wir zum Beispiel den Mittelwert unserer Zielpopulation als Bezugspunkt wählen, ist unsere Maßzahl der Durchschnitt der einzelnen Entfernungen vom Mittelwert. Man erhält sie nach der folgenden Formel:

$$\text{durchschnittliche Abweichung} = \left(\sum |x|\right) \Big/ N \qquad (4.1)$$

wobei $\sum |x|$ die Summe der *einzelnen Abweichungen* vom Mittelwert der Population und N die Größe der Population ist. Die Entfernung eines beliebigen Wertes vom Mittelwert $(X - \mu)$ wird durch ein kleines x symbolisiert[2]) und als *Ab-*

---

2) Einige Autoren – eigentlich fast alle – verwenden die *Formel* für einen Abweichungswert als dessen *Symbol*, das in anderen Formeln vorkommt. Die Formel für die durchschnittliche Abweichung wäre zum Beispiel

$$\text{durchschnittliche Abweichung} = \left(\sum |X - \mu|\right) \Big/ N$$

Diese Notierung ist aber, wie Sie sehen, recht unbequem, deshalb benutzen wir x anstelle von $(X - \mu)$ – und im Falle einer Stichprobe anstelle von $(X - \bar{X})$. Falls es einmal nicht sofort aus dem Kontext ersichtlich ist, welche dieser Abweichungen durch das x symbolisiert wird, werde ich es dazusagen.

weichungswert (oder manchmal einfach *Abweichung*) bezeichnet. Die senkrechten Striche in $|x|$ bedeuten «ohne Rücksicht auf das Vorzeichen».

Die durchschnittliche Abweichung (auch: mittlere absolute Abweichung) wird zwar manchmal in der Literatur verwendet, ist aber nicht so üblich, daß sie hier bloß um ihrer selbst willen behandelt würde. Ich erwähne sie deshalb, weil sie das Prinzip, das dem gebräuchlichsten aller Streuungsmaße zugrundeliegt, sehr gut verkörpert. Dieses Prinzip ist der Gedanke eines *Durchschnitts der individuellen Abweichungen* vom Mittelwert. Das betreffende Maß ist die *Standardabweichung*, nicht die durchschnittliche Abweichung.

Vergleichen Sie nun das eher unübliche statistische Verfahren, das wir eben besprochen haben, mit der Standardabweichung (die bei vielen Anwendungen das Streuungsmaß schlechthin ist). Hier ist noch einmal die Formel 4.1 für die durchschnittliche Abweichung:

$$\text{durchschnittliche Abweichung} = \frac{\sum |x|}{N}$$

und hier ist die Formel für die Standardabweichung:

$$\sigma = \sqrt{\frac{\sum x^2_{\text{Pop.}}}{N}} \qquad (4.2)$$

wobei σ die Standardabweichung der Population, $\sum x^2$ die Summe der Quadrate der Abweichungen vom Mittelwert der Population und N die Größe der Population ist. Die beiden Formeln sind sich doch sehr ähnlich oder? Eigentlich sind sie genau gleich, außer daß wir für die Standardabweichung einen Mittelwert der *Quadrate* der Abweichungen benutzen; dann ziehen wir die *Quadratwurzel* aus diesem Mittelwert. Aber machen Sie sich über den Unterschied zwischen den Formeln 4.1 und 4.2 keine Gedanken. Wichtig ist ihre Ähnlichkeit: Die Standardabweichung ist eine Art Durchschnitt der individuellen Abweichungen vom Mittelwert der Verteilung.

In Kapitel 3 haben Sie gelernt, daß die Definitionsgleichung für den Mittelwert einer Stichprobe im wesentlichen derjenigen für den Mittelwert einer Population entspricht. Das gleiche gilt für die Standardabweichungen von Stichprobe und Population, wie Sie sofort sehen, wenn Sie Formel 4.2 mit dieser hier vergleichen:

$$S = \sqrt{\frac{\sum x^2_{\text{Stichprobe}}}{n}} \qquad (4.3)$$

wobei S die Standardabweichung einer Stichprobe, $\sum x^2$ die Summe der Quadrate der Abweichungen vom Mittelwert der Stichprobe und n der Umfang der Stichprobe ist.

Wie schon erwähnt, unterscheidet sich die Standardabweichung von der durchschnittlichen Abweichung insofern, als wir jede Abweichung ins *Quadrat setzen* (wodurch negative Vorzeichen aufgehoben werden) und dann die Quadrat-

Der Quartilsabstand (QA)

wurzel aus ihrem Mittelwert berechnen. Der Mittelwert (das Mittel der quadrierten Abweichungen) *vor* dem Ziehen der Quadratwurzel ist eine eigene Größe: Man bezeichnet sie als die *Varianz* der Verteilung:

$$\text{Varianz} = S^2 = \frac{\sum x^2}{n} \tag{4.4}$$

wobei S^2 die Varianz der Stichprobe, $\sum x^2$ die Summe der Abweichungsquadrate von ihrem arithmetischen Mittel und n der Umfang der Stichprobe ist.

Wir wollen an dieser Stelle kurz innehalten und zusammenfassen: In diesem und dem vorangehenden Kapitel haben wir eine Reihe von Begriffen untersucht, die eine gemeinsame Struktur besitzen. Es ist wichtig, daß Sie sich dieser Struktur bewußt sind: nicht nur, weil sie zum Verständnis der bereits behandelten Begriffen beiträgt, sondern auch, weil sie noch bei anderen Begriffen eine Rolle spielen wird. Am besten läßt sich diese Struktur erkennen, wenn man alle Mitglieder dieser Reihe nebeneinander stellt. Hier sind die vier Begriffe in der Reihenfolge ihres Auftretens:

$$\text{Mittelwert der Rohdaten} = \frac{\sum X}{n}$$

$$\text{durchschnittliche Abweichung} = \frac{\sum |x|}{n}$$

$$\text{Varianz} = \frac{\sum x^2}{n}$$

$$\text{Standardabweichung} = \sqrt{\frac{\sum x^2}{n}}$$

Ihre gemeinsame Struktur sollte beim Betrachten deutlich werden. Alle sind *Durchschnitte*. Der erste ist ein Durchschnitt von Rohdaten; die anderen drei sind Durchschnitte von Abweichungen. In jedem Fall ist der Durchschnitt ein Mittelwert. Im Falle der Varianz ist er der Mittelwert der *quadrierten* Abweichungen. Der letztgenannte Durchschnitt ist die Standardabweichung, die die *Quadratwurzel* aus der Varianz ist und daher in denselben Einheiten ausgedrückt wird wie die gegebenen Daten.

Sinnvolle Anwendungsmöglichkeiten

Die Standardabweichung ist für Streuungsmaße das, was der Mittelwert für Lagemaße ist. Sie reagiert empfindlich auf jeden beobachteten Wert, und bei einer Normalverteilung ist sie ein integraler Bestandteil vieler anderer statistischer Verfahren. Dazu zählen der Produktmoment-Korrelationskoeffizient und die verschiedenen Standardfehler, die beide später noch behandelt werden. Bei wissenschaftlichen Untersuchungen jedenfalls ist die Standardabweichung eindeutig das gebräuchlichste Streuungsmaß.

Wie in Kapitel 3 haben Sie mit Kasten 4.1 die Gelegenheit, sich an einigen Zahlen zu versuchen. Aber auch hier (und aus dem gleichen Grunde wie zuvor) sind die mathematischen Operationen durch die Definitionsgleichung und nicht durch eine spezielle Berechnungsformel angegeben.

Kasten 4.1 Berechnung einer Standardabweichung (siehe Abbildung 4.2, sprachlicher Test)

(1) Klassen-intervall	(2) Klassen-mitte X_m	(3) Häufigkeit f	(4) $(X_m - \bar{X})$ x	(5) $(X_m - \bar{X})^2$ x^2	(6) $f(X_m - \bar{X})^2$ fx^2
33–37	35	2	15	225	450
28–32	30	13	10	100	1300
23–27	25	32	5	25	800
18–22	20	106	0	0	0
13–17	15	32	-5	25	800
8–12	10	13	-10	100	1300
3–7	5	2	-15	225	450
		$\Sigma = 200$			$\Sigma = 5100$

Spalte 1: Klassenintervalle. Siehe die Seiten 13 und 17–22.

Spalte 2: Klassenmitten. Zur Erinnerung: Wenn Daten zu Klassenintervallen gruppiert werden, behandelt man jeden einzelnen Wert (X) innerhalb eines jeden Intervalls, als ob er in der Intervallmitte läge (X_m).

Spalte 3: Häufigkeit (f) der Meßwerte in jedem Klassenintervall.

Spalte 4: Abweichungen (x), die der Differenz zwischen den Klassenmitten (X_m) und dem Mittelwert der Verteilung $(\bar{X})$ entsprechen. In diesem Fall ist $\bar{X} = 20$.

Spalte 5: Quadrat (x^2) der in Spalte 4 aufgeführten Abweichungen.

Spalte 6: Produkt aus den quadrierten Abweichungen und der Häufigkeit der Meßwerte im Intervall (fx^2).

$$S = \sqrt{\frac{\Sigma x^2}{n}}$$

Die Summe der in Spalte 3 aufgeführten Häufigkeiten ist n, und die Summe der Spalte 6 ist x^2.

$$S = \sqrt{\frac{5100}{200}} = 5,01$$

Der Quartilsabstand (QA)

Eine viel leichter verständliche (und zu berechnende) statistische Zahl ist der *Quartilsabstand* (QA). Schauen Sie sich Abbildung 4.4 an. Was Sie dort sehen, ist eine linksschiefe Verteilung, die in vier gleich große Teile geteilt ist. Der Punkt auf der horizontalen Achse, der am oberen Ende eines jeden Viertels liegt, heißt *Quartil Q* – das erste Quartil (Q_1) befindet sich über dem untersten Viertel, das zweite (Q_2) über den beiden unteren Vierteln,[3] und das dritte (Q_3) über den drei unteren

---

3) Welches andere statistische Maß hat im wesentlichen dieselbe Definition wie das zweite Quartil? Wenn Sie sich nicht sicher sind, schlagen Sie auf Seite 28 nach.

Die Variationsbreite 41

Abb. 4.4 Linksschiefe Verteilung mit einer in Viertel geteilten Fläche.

Vierteln. Der Punkt über dem höchsten Wert in der Verteilung wäre logischerweise Q_4, aber dieser Ausdruck wird selten, wenn überhaupt, benutzt.

Das zugrundeliegende Konzept
Der *Quartilsabstand* ist, wie jedes Streuungsmaß, eine Intervallgröße. In diesem Fall erstreckt sich das Intervall von Q_1 bis Q_3. Die Berechnung des Quartilsabstands ist äußerst einfach: Man braucht bloß die Differenz zwischen Q_1 und Q_3 zu berechnen. Das ist alles.[a]

Der QA ist wie der Median gegenüber den genauen Beträgen der meisten Werte in einer Verteilung unempfindlich. Wenn man ihn also statt der Standardabweichung benutzt, verliert man Information. Aber bei einer schiefen Verteilung erhält man wichtige Informationen (nämlich ob die Verteilung rechts- oder linksschief ist), indem man nicht nur die *Differenz* zwischen Q_1 und Q_3 angibt, sondern auch ihre genaue *Lage* und außerdem die von Q_2. (Wenn $Q_2 - Q_1$ größer als $Q_3 - Q_2$ ist, ist die Verteilung linksschief, wie in Abbildung 4.4; wenn $Q_3 - Q_2$ größer ist, ist die Verteilung rechtsschief.)

Sinnvolle Anwendungsmöglichkeiten
Der Quartilsabstand ist für Streuungsmaße das, was der Median für Lagemaße ist. Obwohl er unempfindlich gegenüber den genauen Beträgen von vielen der beobachteten Werten in einer Verteilung ist, wird er der Standardabweichung bei denselben Gegebenheiten vorgezogen, bei denen auch der Median dem Mittelwert vorgezogen wird – nämlich bei extrem asymmetrischen Verteilungen. Er ist der ideale Begleiter des Median, sofern man letzteren richtig anwendet.

Die Einkommen der Universitätsprofessoren beispielsweise könnten eine schiefe Verteilung ergeben durch die hohen Gehälter und gut bezahlten Gutachtertätigkeiten der Wirtschaftsfakultät. Wenn die Einkommen ohne die Wirtschaftsfakultät symmetrisch verteilt sind, machen die hohen Einkommen der Ökonomen aus der gesamten Verteilung eine markant rechtsschiefe Verteilung, so daß der Mittelwert und die Standardabweichung schwer zu interpretieren sind. Der Median und der Quartilsabstand wären in diesem Fall besser als der Mittelwert und die Standardabweichung.

Die Variationsbreite

Es gibt noch ein weiteres Streuungsmaß – eines, das bei oberflächlichen Analysen und auch in diesem Buch wahrscheinlich mehr Aufmerksamkeit erhält, als es verdient. Bei raschen Auswertungen findet es Beachtung, weil es so einfach zu berechnen ist. Ein Großteil der folgenden Ausführungen zu diesem Thema beschäftigt sich damit, seine fundamentalen Schwächen bloßzulegen, und versucht, Sie mit den verschiedenen Interpretationsmöglichkeiten vertraut zu machen.

Das zugrundeliegende Konzept
Manchmal sind wir besonders an den extremen Fällen in einer Stichprobe interessiert; dann wollen wir die *Variationsbreite* – oder *Spannweite* – angeben, die als Differenz zwischen dem größten und dem kleinsten Wert definiert ist. Wie Sie sehen, ist sie äußerst leicht zu berechnen.[b] Darin erschöpft sich aber auch schon ihr ganzer Wert.

Tatsächlich ist die wichtigste Eigenschaft der Variationsbreite ihre Schwäche – ihre extreme Instabilität. Die Variationsbreite in Abbildung 3.1 ist 8. Abbildung 3.1 entspricht Abbildung 3.2, außer daß zwei Werte von der Hauptgruppe weg verschoben sind. Sie sehen die Auswirkung auf die Variationsbreite. (Statt 8 ist sie nun 35,5 – 1,5 oder 34!) Sie sehen auch, daß für diesen Effekt noch nicht einmal *zwei* extrem hohe Werte benötigt wurden; einer hätte auch gereicht. Tatsache ist, daß die Variationsbreite von zwei, und nur von zwei, Werten in jeder Verteilung bestimmt wird: dem kleinsten und dem größten. (Vergleichen Sie das mit dem Mittelwert, der von *allen* Werten beeinflußt wird.) Das ist der Grund, warum die Variationsbreite so einfach zu berechnen ist. Deshalb ist sie aber auch so unzuverlässig.

Sinnvolle Anwendungsmöglichkeiten
Wir haben gesehen, daß die Standardabweichung zum Mittelwert gehört und seine passende Begleiterin ist, und wir haben eine ähnliche Beziehung zwischen dem Quartilsabstand und dem Median festgestellt. Die Beziehung zwischen Variationsbreite und Modus ist nicht ganz so eng, aber es gibt doch Ähnlichkeiten, die Ihnen helfen sollten, sich beide zu merken.

Die eine Ähnlichkeit besteht darin, daß beide die *schnellsten* Schätzungen ihrer Art sind. Eine andere, damit zusammenhängende Gemeinsamkeit liegt darin, daß beide *weniger stabil* sind als die anderen Indizes (wenn auch die Variationsbreite in dieser Hinsicht gewöhnlich schlimmer ist, da sie vollkommen von nur zwei Werten abhängt). Schließlich werden sowohl der Modus als auch die Variationsbreite – öfter als andere Maßzahlen – benutzt, um Fragen zu beantworten, die sich direkt und sehr einfach auf ihre Definitionen beziehen. Für den Modus lautet die Frage: «Welches ist der typische (häufigste) Fall?» Und für die Variationsbreite: «Wie groß ist der Bereich auf der Skala, den man für die Wiedergabe der Verteilung braucht?»

Zusammenfassung

Man kann eine Stichprobe auf zwei Arten beschreiben: zum einen nach der Lage bzw. dem Durchschnitt, der die Größe der Meßwerte im allgemeinen angibt, zum anderen nach der Streuung, die das Ausmaß angibt, in dem die einzelnen Werte von diesem Durchschnitt abweichen. Dieses Kapitel behandelte die zweite Art von Beschreibung – die *Streuungsmaße*.

Ich habe Ihnen empfohlen, Ihre bereits erworbene Kenntnis von Lagemaßen als eine Art Anker für die neuen Begriffe zu benutzen; letztere wurden in Analogie zu den ersteren dargestellt. Im einzelnen entspricht die Standardabweichung grob dem Mittelwert und ist seine statistische Begleiterin, der Quartilsabstand entspricht dem Median, und die Variationsbreite hat Gemeinsamkeiten mit dem Modus.

Die *Standardabweichung* ist eine Art Durchschnitt der einzelnen Abweichungen vom Mittelwert der Verteilung. Den Mittelwert der quadrierten Abweichungen nennt man *Varianz*, und die Standardabweichung ist die Quadratwurzel aus der Varianz. Bei einer Normalverteilung ist die Standardabweichung das aussagekräftigste aller Streuungsmaße. Sie spielt außerdem bei der Berechnung von vielen komplizierteren Maßzahlen eine Rolle.

Der *Quartilsabstand* ist die Differenz zwischen Q_1 und Q_3. Er ist weniger aussagekräftig als die Standardabweichung, wird ihr aber vorgezogen, wenn die Verteilung sehr unsymmetrisch ist. Er ist der ideale Begleiter des Medians.

Die *Variationsbreite* ist die Differenz zwischen dem kleinsten und dem größten Wert, wird vollständig von diesen beiden bestimmt und ist daher wenig aufschlußreich. Wie der Modus ist sie leichter zu berechnen, aber auch weniger stabil als andere Maßzahlen ihrer Art. Sie ist natürlich die einzige statistische Maßzahl, die speziell eine Aussage über den Abstand zwischen dem größten und dem kleinsten Wert in der Stichprobe macht.

Wir haben gesehen, daß sich bei einer Normalverteilung Mittelwert, Median und Modus alle an derselben Stelle befinden. Wenn wir einen ähnlichen graphischen Vergleich bei Streuungsmaßen anstellen, ist die Sache nicht ganz so einfach.

In Abbildung 4.5 ist die horizontale Achse in gleich große Einheiten geteilt – nämlich Standardabweichungen –, und die darüberliegenden Flächen (0,02, 0,14, 0,34 usw.) sind ungleich. Die Zahl über der Achse gibt den Anteil eines jeden Segments an der Gesamtfläche an. Die Anteile sind gerundet, da man sie sich leichter in dieser Form merken kann, und sie sind auf jeden Fall für unsere Zwecke genau genug (die genaueren Zahlen werden in Anmerkung c von Kapitel 5 genannt).

In Abbildung 4.6 ist die Grundlinie in ungleiche Teile geteilt, und es sind die Flächenanteile, die gleich sind. Die Variationsbreite schließlich erstreckt sich über die gesamte Verteilung, wie in Abbildung 4.7 gezeigt.

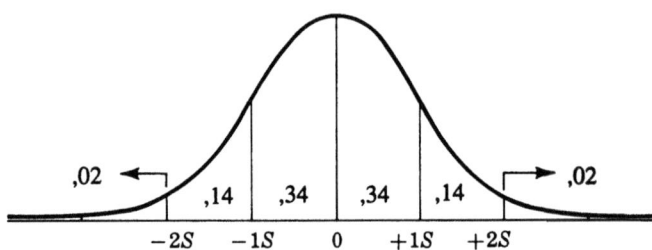

Abb. 4.5 Normalverteilung mit einer in Standardabweichungen eingeteilten Grundlinie.

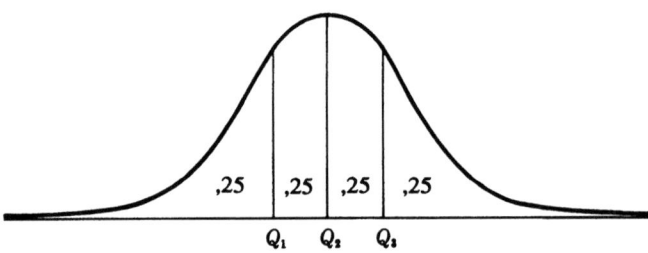

Abb. 4.6 Normalverteilung mit einer in Viertel geteilten Fläche.

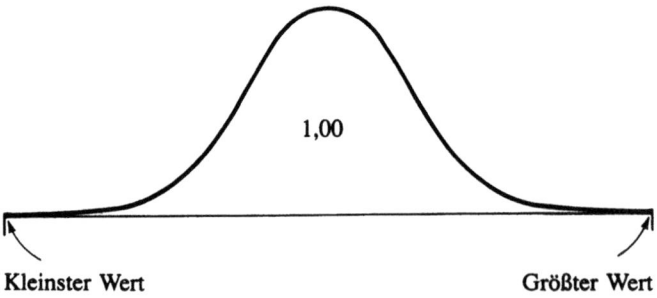

Abb. 4.7 Normalverteilung, die die gesamte Variationsbreite auf der Grundlinie zeigt.

Anwendungsbeispiele

Pädagogik
Sie wurden in einen Ausschuß aus Grundschullehrern und Verwaltungsleuten berufen. Der Ausschuß beschließt, der Schulung von Lehrern in den nächsten zwei Jahren erste Priorität einzuräumen. Sie dürfen das Jahresbudget für Weiterbildung für den Kauf eines Trainingsprogramms verwenden, an dem alle Lehrer teilnehmen werden. Nach einer gründlichen Suche beschränken Sie die Auswahl auf zwei Programme, nach denen bereits viele Grundschullehrer gearbeitet haben und die von ihnen auf ihren Nutzen und ihre Anwendbarkeit hin überprüft worden sind. Die Mittelwerte der Beurteilung der beiden Programme sind ungefähr gleich. Gibt es noch eine andere statistische Maßzahl, die Ihnen Ihre Entscheidung erleichtern kann?

Politologie
Sie interessieren sich für die Häufigkeit von Militärputschen in Südamerika. Sie wollen speziell wissen, ob die Zahl der Putsche in den meisten südamerikanischen Staaten nahe am Mittelwert für diese Region liegt. Wie erhalten Sie diese Information, wenn Sie Ihre Datenerhebung abgeschlossen haben?

Psychologie
Sie sind einer von fünf Beobachtern, die zu einer Familie geschickt werden, um den Grad der Aggressivität unter den Familienmitgliedern während der Dauer von einer Woche zu evaluieren. Die Beobachter geben im Durchschnitt pro Tag acht aggressive Äußerungen an. Aber es besteht zwischen ihnen eine gewisse Uneinigkeit. Wie ließe sich diese Uneinigkeit in Zahlen ausdrücken?

Sozialarbeit
Sie sind die neue Leiterin einer Wohlfahrtsorganisation. Die einzelnen Geschäftsstellen haben sehr unterschiedliche Bedürfnisse, aber Sie haben den Verdacht, daß sich der Vorstand in letzter Zeit davor gedrückt hat, diesen Bedürfnissen näher nachzugehen. Besonders argwöhnen Sie, daß bei den letzten Geldvergaben zu wenig differenziert wurde. Wie könnten Sie Ihren Fall dokumentieren?

Soziologie
Um in Ihrem Land einige Entscheidungen bezüglich des Baus von Familienwohnungen zu treffen, bittet Sie eine Baufirma, die Streuung der Familiengröße zu nennen. Sie haben Zugang zu allen Daten über die Familiengröße in Ihrem Land. Welches Streuungsmaß geben Sie an?

5 Die Interpretation einzelner Meßergebnisse

Meßverfahren hat man einmal definiert als Anwendung von «Regeln, nach denen man Objekten Zahlen zuordnen kann, die Ausprägungen von Merkmalen repräsentieren».[a] *Regeln* sind vor allem deshalb wichtig, weil die zugeordneten Zahlen fast immer der *Kommunikation* dienen. Wenn aber der Empfänger einer Mitteilung die Regeln, nach denen der Sender seine Zuordnung vorgenommen hat, nicht kennt, wird er nicht wissen, was er damit anfangen soll. Viele dieser Regeln sind einem spontan klar. Wenn Sie mir sagen, daß Sie die Entfernung zwischen Punkt *A* und Punkt *B* gemessen haben, gehe ich davon aus, daß Sie die Regel befolgten, daß man ein Lineal über die beiden Punkte legt, um festzustellen, wieviele Einheiten (zum Beispiel Zentimeter) dazwischen liegen.

Aber die meisten Regeln sind nicht so selbstverständlich. Welche Regel befolgen Sie, wenn Sie mir die Größe eines bestimmten Kreises mitteilen wollen? Legen Sie Ihr Lineal über den Mittelpunkt und die Kreislinie und stellen die Zahl der Einheiten zwischen beiden fest? Wenn ja, dann würden Sie die sich daraus ergebende Zahl besser als «Radius» bezeichnen, damit ich genau weiß, was Sie gemessen haben. Es gibt natürlich noch zwei andere Größen – «Durchmesser» und «Umfang» –, die Sie angeben könnten, aber diese würden sich auf zwei ganz andere Verfahren beziehen.

Diesen Ausdrücken liegen zwar unterschiedliche Methoden zur Kreisbestimmung zugrunde, aber da die Verfahren mit der Zeit normiert wurden, braucht man zur genauen Kommunikation keine Beschreibungen mehr – die bloßen Bezeichnungen genügen. Bei einigen pädagogischen und psychologischen Meßverfahren hat es eine ähnliche Normierung gegeben – auch wenn sie nicht ganz so vollkommen ist, weil die Verfahren viel komplexer sind. Die «Intelligenz» zum Beispiel läßt sich mit einer Zahl darstellen, aber die Zahl wird aussagekräftiger, wenn man den betreffenden standardisierten Test, mit dem man die Zahl ermittelt hat, angibt. Und selbst dann sind die Angaben bei weitem nicht so genau wie die Bezeichnungen, die man zur Größenbestimmung eines Kreises gebraucht.

Andere Meßverfahren sind überhaupt nicht genormt. Wenn wir eine Untersuchung an Ratten vornehmen wollen, bei der eine der Variablen die «Stärke des Triebs» ist, müssen wir uns dafür eine Meßmethode ausdenken; dann, nach Durchführung des Experiments, müssen wir die Verfahren einigermaßen genau beschreiben, mit denen wir zu unseren Ergebnissen (Meßwerten) gekommen sind. Gerade in solchen Situationen zeigt es sich, daß man bestimmte Regeln braucht. Diese Regeln gibt es, selbst wenn sie wie bei der Ausmessung des Kreises nicht ausdrücklich genannt werden. Wäre es anders, könnte man nicht kommunizieren.

Nach unserer Definition haben die Regeln, um die es hier geht, zum Ziel, daß man «Objekten Zahlen zuordnen kann». Eine Zahl steht nicht für das Objekt als solches, sondern für die Ausprägung eines bestimmten *Merkmals* dieses Objekts. Wie intelligent ist dieses Kind? Wie groß ist dieser Zinnsoldat? Wie lang ist der

Teil A–B auf diesem Friedhof? Die von uns den Objekten zugeordneten Zahlen repräsentieren die Ausprägung ihrer Merkmale.

Die eingangs zitierte Definition des Messens stimmt soweit; sie ist eine gute allgemeine Definition. Aber für unsere besonderen Zwecke muß sie ergänzt werden: Bei vielen Fragestellungen können Meßwerte eigentlich nur als *individuelle Unterschiede* interpretiert werden. Tatsächlich können individuelle Unterschiede einen wichtigen Einfluß auf die Meßergebnisse haben, selbst wenn die messende Person sich dessen nicht bewußt ist. Ein Beispiel: Miss Jones unterrichtet seit 20 Jahren Mathematik. Sie sagt all ihren Schülern, daß sie sie «nach einer Idealnorm» bewerten wird, das heißt nach Maßstäben, die im Stoff begründet und unabhängig vom Abschneiden der anderen Schüler auf diesem Gebiet sind. Miss Jones verachtet die «Gruppennorm» und das «Bewerten nach Kurve».[1] In der Tat, wenn es ein Fach gibt, in dem man absolute Maßstäbe verwenden sollte, dann wäre es Mathematik. Aber selbst bei der Mathematik gibt es gute Gründe anzunehmen, daß Miss Jones' Behauptung nicht ganz korrekt ist, wenn sie sagt, daß sie ihre Schüler nach idealen Normen beurteilt. Sie mag zwar verlangen, daß ein Schüler den Stoff der ersten Klasse beherrscht, bevor sie ihn in die zweite versetzt, aber sie muß irgendeine Vorstellung davon haben, entweder aus eigener Erfahrung oder durch ihre Ausbilder und Kollegen vermittelt, was man vernünftigerweise von Schülern der ersten Klasse erwarten kann. Ihre absoluten Maßstäbe stellen sich als weniger absolut heraus, als sie dachte.

Dieses Beispiel kommt aus dem Bereich der Pädagogik. Ich behaupte nicht, daß es vollkommen unmöglich ist, die Leistung eines bestimmten Schülers ohne den Bezug zu anderen Schülern zu bewerten. Was ich sagen will, ist, daß sich ein einzelner Wert in den meisten Fällen um so besser interpretieren läßt, je mehr man andere Meßergebnisse zur Interpretation heranzieht.

Nehmen wir den Fall des Joseph O. Cawledge. JOCs High-School-Abschluß war kein Ruhmesblatt, aber damals war er zur Hauptsache Sportler, und der Rest des Stundenplans interessierte ihn nicht besonders. Wie gut könnte er schulisch abschneiden, wenn er motiviert wäre? Um das herauszufinden, lassen wir ihn den Eignungstest der Central University ablegen.

Sie werden sich erinnern, daß der CU-Test aus zwei Teilen besteht – einem mathematischen und einem sprachlichen Test. Joe Cawledge legt sie beide ab, weil von jedem Studienanfänger beide verlangt werden. Er erzielt 60 Punkte beim mathematischen und 30 beim sprachlichen Test. Was können wir also über Joe aussagen?

Es *scheint*, als ob er doppelt so gut im Rechnen wie im Schreiben ist. Aber könnte der Schein nicht trügen? Blättern Sie auf Seite 36 zurück und tragen Sie Joes Punktzahlen in die entsprechenden Verteilungen von Abbildung 4.2 ein.

---

1) Wenn Miss Jones ihr Lehramtstudium 10 Jahre später abgeschlossen hätte, würde sie vielleicht von «kriteriums-» bzw. «zielerreichungsorientierter» im Gegensatz zu «normorientierter» Bewertung sprechen und nicht von «Idealnormen» und «Bewerten nach Kurve»; die verschiedenen Ausdrücke beziehen sich aber auf ähnliche Konzepte.

(Legen Sie dort ein Lesezeichen ein, denn wir werden Abbildung 4.2 im Moment noch ein paarmal brauchen.) Hier, wie bei allen Intervallmessungen, muß man bei beiden Skalen zwei Fragen beantworten: 1. Welches ist der *Bezugspunkt* der Skala, und 2. was ist ihre *Maßeinteilung*? Die Antworten darauf lassen uns zwei parallele Fragen zu jedem Einzelwert beantworten: 1. Liegt er *ober- oder unterhalb* des Bezugspunkts, und 2. *wie weit* ist er von diesem Punkt entfernt?

Gewöhnlich benutzt man den Mittelwert einer gut definierten «Standardisierungsstichprobe» als den genormten Bezugspunkt. Sie sehen mit einem Blick, daß beide Ergebnisse Joes oberhalb dieses Punktes auf der entsprechenden Skala liegen. Aber wie weit oberhalb? «Jeder 10 Punkte. Sie liegen beide gleich weit von dem jeweiligen Mittelwert entfernt.» Ist es das, was Sie denken? Schauen Sie noch einmal hin. Das eine Ergebnis (das mathematische) liegt im dichten Mittelteil seiner Verteilung, aber das andere (das sprachliche) liegt ganz am Ende seiner Verteilung. Erscheint Ihnen nicht beim nochmaligen Nachdenken der zweite Wert viel höher als der erste?

Ja, aber um wie viel höher? Wieder einmal sehen wir, daß Bilder hervorragende Hilfsmittel sind, um Grundprinzipien zu verstehen, aber um genau zu sein, brauchen wir eine Maßzahl. Wir brauchen eine bestimmte Zahl, die uns sagt, wie weit vom Mittelwert entfernt eine gegebene Zahl ist und in welcher Richtung sie liegt.

Standardisierte Werte: Die z-Skala

Die Antwort auf die Frage, um wie viel höher Joes Punktzahl aus dem Sprach- als aus dem Mathematiktest ist, muß so ausfallen, daß man die auf zwei verschiedenen Skalen festgehaltenen Ergebnisse einer Person *vergleichen* kann. Um es anders auszudrücken: Wir müssen eine Methode finden, die es uns erlaubt, beide Ergebnisse auf einer einzigen Skala darzustellen – einer *Standard*skala, wenn Sie so wollen. Das sagt Ihnen vielleicht im Augenblick nicht viel, aber das wird sich gleich ändern.

Wir haben bereits einen gemeinsamen Bezugspunkt für beide Verteilungen gefunden. Jede Verteilung besitzt einen Mittelwert; daher kann der Mittelwert als Bezugspunkt der Standardskala dienen, die wir gerade entwickeln. Jedes Ergebnis, das genau auf den Mittelwert seiner Verteilung fällt, bekommt den Betrag 0, da das Zählen der Einheiten hier beginnt.

Da wir nun einen gemeinsamen Bezugspunkt haben, müssen wir für unsere neue Skala nur noch eine einheitliche *Einteilung* finden. Wie Abbildung 4.2 zeigt, muß es eine Einteilung sein, mit der sich die *Streuung einer Verteilung kompensieren* läßt; also muß die Einheit ein Streuungsmaß sein. Wenn wir die Abweichung von Joes Mathematiknote durch eine große und die seiner Sprachnote durch eine kleine Zahl teilten (schauen Sie sich noch einmal Abbildung 4.2 an), hätten wir dann nicht eine recht realistische Maßzahl für seine Position in den beiden Verteilungen, mit der man Vergleiche anstellen kann?

Da das Streuungsmaß für den Mathematiktest groß und für den Sprachtest klein ist, wird es uns auf diesem Wege gelingen, beide Werte auf eine gemeinsame Skala umzurechnen. Wenn Sie ein ursprünglich in Zentimetern angegebenes Meßresultat hätten und Sie es in Meter umrechnen wollten, wie würden Sie vorgehen? Sie würden es durch die Zahl der in einem Meter enthaltenen Zentimeter teilen, oder? Und hier machen Sie genau das gleiche: Sie teilen die individuelle Abweichung durch die Zahl der Einheiten in der Standardabweichung (der Standardabweichung der betreffenden Verteilung). Sie erhalten als Ergebnis die Zahl der Standardabweichungen in dem gemessenen Intervall. Die Formel sieht so aus:

$$z = \frac{x}{S} \tag{5.1}$$

wobei z ein standardisierter Wert, x eine Abweichung und S die Standardabweichung der Verteilung ist, in der x auftritt.

Wir wollen sehen, wie das in Joes Fall funktioniert. Wenn die Standardabweichung der Mathematiktest-Verteilung 15 ist und Joes Ergebnis von 60 Punkten 10 Punkte über dem Durchschnitt (Mittelwert) liegt, beträgt seine Abweichung 10 und sein standardisierter Wert $\frac{10}{15}$ oder 0,67. Wenn die Standardabweichung der Sprachtest-Verteilung 5 ist und Joes Punktzahl von 30 wieder 10 Punkte über dem Durchschnitt liegt, beträgt seine Abweichung 10, aber sein standardisierter Wert $\frac{10}{5}$ oder 2,0. Ein ziemlich großer Unterschied oder? Abbildung 5.1 zeigt, wo sich Joes Ergebnisse in einer Verteilung von standardisierten Werten beider Tests befinden würden.

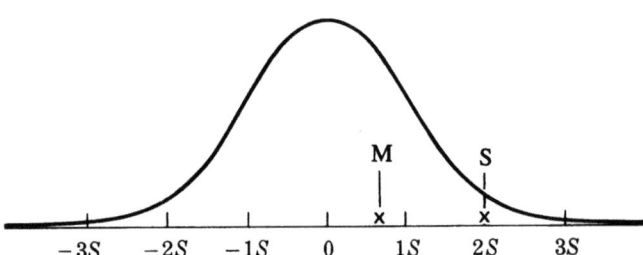

Abb. 5.1 Verteilung von standardisierten Werten aus zwei verschiedenen Tests.
M = Mathematik; S = Sprachen.

Wir sind am Ziel: Wir haben Meßwerte von zwei verschiedenen Skalen auf eine einheitliche Standardskala übertragen. Als jeder für sich auf einer eigenen Skala dargestellt war, konnte man sie nicht vergleichen; jetzt ist das möglich.

Andere standardisierte Werte

Trotz all ihrer Vorzüge hat unsere Standardskala in der Praxis einige Mängel. Zum einen stören die negativen Zahlen. (Wenn Joe statt der 60 und 30 Punkte im mathematischen und sprachlichen Test nur jeweils 20 erzielt hätte, wären seine standardisierten Werte -2 bzw. 0.) Ein weiterer Nachteil besteht darin, daß bei einer zu großen Maßeinteilung (Dezimal-)Brüche auftreten.

Zum Glück sind das aber keine schwerwiegenden Mängel. Um die negativen Zahlen loszuwerden, brauchen wir nur eine Konstante zu jedem z-Wert zu addieren; wenn diese Konstante 5 ist, ist der Mittelwert $0 + 5 = 5$; 1 Standardabweichung unter dem Mittelwert ist dann 4, 2 darüber 7 und so weiter (siehe Zeile B in Abbildung 5.2). Um die Größe der Maßeinteilung zu vermindern, braucht

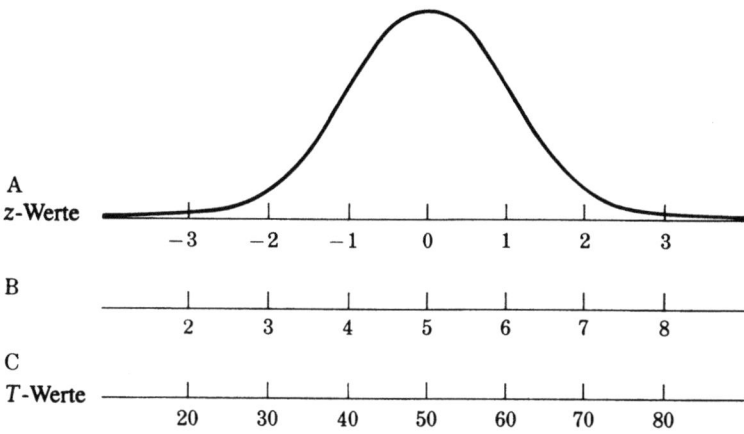

Abb. 5.2 Ableitung einer Standardskala mit einem Mittelwert von 50 und einer Standardabweichung von 10.

man sie nur in kleinere Intervalle zu teilen, was natürlich die *Zahl* der Einheiten erhöht. Wenn wir Einheiten von $\frac{1}{10}$ der Originalgröße haben wollen, gibt es 10 neue Einheiten pro Standardabweichung. Die Kombination dieser Maßnahmen (zuerst die Addition von 5 zu jedem z-Wert und dann die Multiplikation mit 10) ergibt die Skala der T-Werte, die Sie in Zeile C von Abbildung 5.2 sehen.[b]

Andere standardisierte Werte werden ähnlich konstruiert. Auf der Skala für die College-Aufnahmeprüfungen («CEEB scores» in der Abbildung von Anmerkung c auf Seite 163) wird wieder 5 addiert, aber diesmal wird mit 100 multipliziert; die sich ergebende Verteilung hat einen Mittelwert von 500 und eine Standardabweichung von 100. Der Mittelwert für den Militäreinstufungstest («AGCT scores» in derselben Abbildung) ist willkürlich bei 100 angesetzt und seine Standardabweichung bei 20. In beiden Fällen liegt im Grunde nur eine Modifikation einer Standardabweichungsskala vor.

Zentile (oder Perzentile)

Mit standardisierten Werten kann man die Ergebnisse einer Person bei zwei verschiedenen Tests vergleichen oder auch nur mit einem Test seinen Fortschritt im Laufe der Zeit überprüfen. Darüber hinaus vergleicht jeder dieser Werte die Leistung der Testperson mit der einer Gruppennorm. Aber diese Gruppe ist in der Regel riesig und heterogen zusammengesetzt. Was man oft am dringendsten braucht, ist ein Vergleich mit einer weniger unhandlichen und genauer definierten Gruppe.

Nehmen wir zum Beispiel noch einmal Joe Cawledges Abschneiden beim mathematischen Test. Stellen wir uns jetzt vor, daß der Test gar nicht von der Central University hausgemacht ist, wie ich Sie bis jetzt habe glauben lassen, sondern von der Universität als Teil eines landesweiten Testprogramms übernommen wurde. Der Test ist bereits *standardisiert* – das heißt, er wurde schon bei einer sehr großen Anzahl Studenten angewendet, Lage- und Streuungsmaße wurden bestimmt, die Skala in Einheiten, zum Beispiel *T*-Werte, eingeteilt und *Normtabellen* aufgestellt, mit denen sich schnell jeder einzelne Meßwert in eine andere Art von Wert umwandeln läßt. (Sie werden sich daran erinnern, daß ein beobachteter Wert allein keinerlei Bedeutung hat.) Stellen Sie sich außerdem vor, daß Joes Ergebnis im mathematischen Test 1 Standardabweichung über dem nationalen Durchschnitt liegt (es lag nur $\frac{2}{3}$ einer Standardabweichung über dem lokalen Durchschnitt).

Diese Angabe ist wichtig, und sie ermöglicht einen Vergleich von Joes gegenwärtigem Abschneiden mit seiner Leistung beim gleichen Test Monate oder Jahre später. Was diese Angabe aber *nicht* enthält, ist ein Vergleich Joes mit dem Wettbewerb an der Central University; genauer gesagt wird seine Leistung nicht mit den Leistungen der anderen Studienanfänger an der CU verglichen. Die Leute von der CU sammeln jedoch jedes Jahr ihre eigenen Daten über die Leistungen ihrer Studienanfänger. Diese Daten erscheinen als lokaler Standard in Form von *Zentilen* – oder, wie man sie häufiger nennt, Perzentilen. Natürlich sind die eigentlichen Daten Rohdaten; sie müssen irgendwie aufbereitet werden, damit man mit den Informationen etwas anfangen kann.

Wie sieht nun diese Aufbereitung aus? Sie ist eigentlich sehr einfach. Erinnern Sie sich an den Begriff des Quartils (Seite 40)? Dort geht es um die Anzahl der Verteilungsviertel, die unter dem angegebenen Wert liegen. Wenn der Punkt über einem Viertel Quartil heißt, wie könnte man dann den Punkt über einem *Zehntel* der Werte in einer Stichprobe nennen? *Dezil* ist das analog gebildete Wort. Und wenn wir die Stichprobe in 100 gleiche Teile teilen? Der entsprechende Ausdruck ist *Zentil*. Ein Zentil gibt die Anzahl *Hundertstel* der Verteilung an, die unter diesem genannten Wert liegen. Der Ausdruck *Perzentil* ist fachsprachlicher Slang für *Zentil*.

Nun zurück zu Joe. Seine Punktzahl im mathematischen Test war 60, was zufällig genau 1 Standardabweichung über dem nationalen Durchschnitt liegt und sich in einen *T*-Wert umwandeln läßt, der ebenfalls 60 ist. Diese Umwandlung besorgte ein Zentralrechner, und weder Joe noch sein Tutor bekommen je die Rohdaten zu Gesicht. Was sie sehen, ist ein standardisierter Wert von 60 und

Zentile (oder Perzentile)

eine Normtabelle, mit der sie diesen Wert in ein Perzentil in verschiedenen Populationen umrechnen können. (Stichproben aus diesen Populationen nennt man *Eichstichproben*, und das Verfahren, aus ihnen Daten zu gewinnen, bezeichnet man oft als *Standardisierung* des Tests.) Tabelle 5.1 zeigt, wie die Normen für den mathematischen Test aussehen könnten. Die Tabelle wird in Abbildung 5.3 graphisch wiedergegeben.

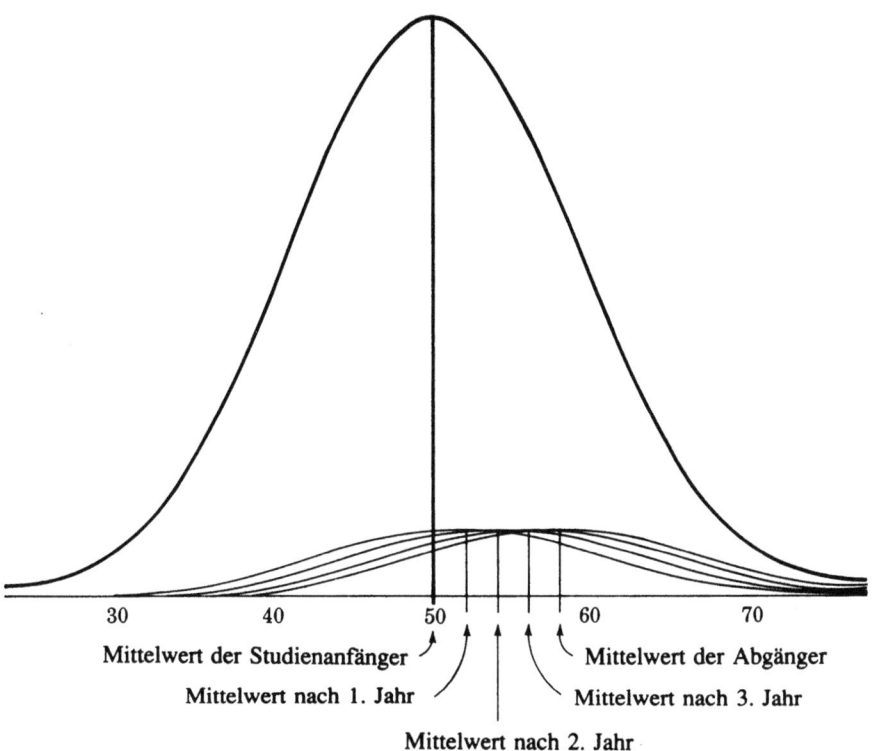

Abb. 5.3 Künstlich auf dieselbe Größe gebrachte Verteilung von vier Gruppen, auf die ursprüngliche Verteilung der Studienanfänger projiziert.

Die wichtigste Erkenntnis ist, daß Joe nicht ein Meßergebnis, sondern viele hat. Da seine Leistung erst eine Bedeutung erhält, wenn man sie mit anderen Leistungen vergleicht, wird sie noch aussagekräftiger durch eine genaue Definition der Gruppe, mit der er jeweils verglichen wird. Sobald man eine solche Gruppe definiert hat, können Individuen, die hineinpassen, getestet und die Verteilung ihrer Meßwerte in Hundertstel geteilt werden. Das Ergebnis ist eine Reihe von *Normen* wie die in Tabelle 5.1.

Jetzt kann unser Joe sehen, wie er im Vergleich nicht nur zu den Leistungen der anderen amerikanischen Studienanfänger abschneidet, auf denen die Standardi-

standardi-sierter Wert	Perzentil				
	Anfänger	1. Jahr	2. Jahr	3. Jahr	Abgänger
88					
86					
84					
82					
80					99
78				99	98
76			99	98	97
74		99	98	97	95
72	99	98	97	95	92
70	98	96	95	92	88
68	96	94	92	88	83
66	95	92	88	84	78
64	92	88	84	78	71
62	88	84	78	71	63
60	84	79	71	63	55
58	79	72	63	55	47
56	73	64	56	48	39
54	66	57	48	39	31
52	58	49	40	31	24
50	50	41	32	24	18
48	42	33	25	18	13
46	34	26	19	13	9
44	27	20	13	9	6
42	21	14	10	6	4
40	16	10	7	4	2
38	12	7	4	2	1
36	8	5	3	1	
34	5	3	2		
32	4	2	1		
30	2	1			
28	1				
26					
24					
22					
20					

Tabelle 5.1 Normen für den Mathematiktest

Zentile (oder Perzentile)

sierung des Mathematiktests beruht, sondern auch zu den Leistungen jeder anderen bereits getesteten Gruppe. Sein Ergebnis ist besser als das von 84 Prozent der Studienanfänger, 79 Prozent der Studenten nach dem 1. Jahr, 71 Prozent der Studenten nach dem 2. Jahr, 63 Prozent der Studenten nach dem 3. Jahr und 55 Prozent der College-Absolventen. Diese Gruppen bestehen aus Studenten aller möglichen Fachrichtungen, darunter Kunst, Musik, Literatur und so weiter, in denen man wenig rechnet. Wenn Joe sich mit dem Gedanken trägt, einen Ingenieursstudiengang aufzunehmen, wäre es besser, Normen, die man aus der Prüfung von Ingenieursstudenten abgeleitet hat, zu verwenden. Inzwischen sollten wir davon ausgehen, daß sein Ergebnis, verglichen mit den Ergebnissen von Ingenieursstudienanfängern, ein gutes Stück unter dem Durchschnitt liegen dürfte und daß es verglichen mit frischgebackenen Diplom-Ingenieuren sogar nahe am unteren Ende liegt.

Die kleinen Kurven in Abbildung 5.3 wurden in Größe und Form willkürlich gleich gestaltet. Sie erwarten vielleicht, daß die Gruppe der «Studenten nach dem 1. Jahr» in der Größe näher bei der Gruppe der «Studienanfänger» liegt, als es die Zeichnung suggeriert, und Sie hätten recht. Sie erwarten vielleicht auch, daß sich die Form der Verteilungen systematisch vom Studienanfänger bis zum College-Absolventen ändern müßte; schließlich ist es das Ausscheiden der weniger Begabten, das die steigenden Durchschnitte erklärt. Aber hier lägen Sie falsch. In der Praxis stellt sich heraus, daß Verteilungen stärker ausgewählter Gruppen zu einer Normalverteilung tendieren.

Und noch etwas. In Kapitel 4 (Abbildung 4.5) haben wir die Anteile an der Gesamtstichprobe bestimmt, die sich bei einer Normalverteilung jeweils über einer Einheit der in Standardabweichungen vom Mittelwert eingeteilten Skala erstrecken. Abbildung 5.4 gibt Abbildung 4.5 wieder und enthält zusätzlich noch das Perzentil, das jedem der standardisierten Werte entspricht.[c]

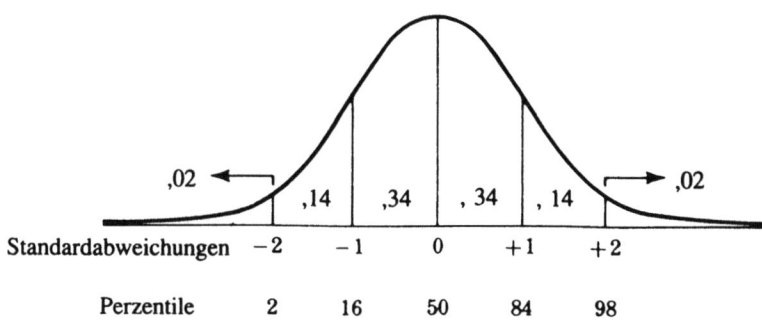

Abb. 5.4 Normalverteilung, bei der die Grundlinie in Standardabweichungen eingeteilt ist. Sie zeigt den Anteil an der Gesamtfläche, den jede Standardabweichung einnimmt, und gibt kumulative Prozentzahlen (Perzentile) an.

Sie sollten in der Lage sein, dieses Diagramm aus dem Gedächtnis zu reproduzieren. Wenn ich «aus dem Gedächtnis» sage, meine ich *nicht* mechanisch auswendig. Sie brauchen sich nur zwei Zahlen zu merken: 34 und 14. Wenn Sie diese richtig plaziert haben, steht der Rest fest. Versuchen Sie es.

Alters- und Schuljahrgangsnormen

Ein Perzentil sagt uns, wo der einzelne im Verhältnis zu einer angegebenen Gruppennorm steht. Eine andere Möglichkeit, einen aufbereiteten Wert (oder zuweilen auch einen einfachen Meßwert) zu interpretieren, besteht darin, die Gruppe zu finden, der der beobachtete Testwert der Person am nächsten kommt. Als Vergleichsgruppe kann beispielsweise eine bestimmte Altersgruppe oder ein bestimmter Schuljahrgang gewählt werden.

Die weitaus am besten bekannte Altersnorm ist das *Intelligenzalter* (IA), aus dem früher der Intelligenzquotient (IQ) gebildet wurde. Das Ergebnis eines einzelnen Kindes wird mit den Durchschnittswerten (gewöhnlich dem Median) vieler Altersgruppen verglichen; das Lebensalter der Gruppe, deren Durchschnitt seinem am nächsten liegt, bestimmt sein Intelligenzalter. Wenn zum Beispiel die sechsjährige Kathie bei einem Intelligenztest genauso abschneidet wie ein *durchschnittlicher* Sechsjähriger, hat sie das Intelligenzalter einer Sechsjährigen; wenn sie aber so gut ist wie ein durchschnittlicher Achtjähriger, hat sie das Intelligenzalter nicht einer Sechs-, sondern einer Achtjährigen.[d]

Die Vergleichsgruppe, die man normalerweise zur Auswertung schulischer Leistungstests heranzieht, ist jedoch eher die *Schuljahrgangsstufe* als die Altersgruppe. Wenn das Ergebnis eines Kindes dem eines durchschnittlichen gerade in die sechste Klasse versetzten Kindes am nächsten ist, bezeichnet man sein *Schuljahrgangsniveau* mit 6,1, was «erster Monat der sechsten Klasse» bedeutet. Wenn sein Ergebnis gleich dem eines durchschnittlichen Schülers in der Mitte der sechsten Klasse ist, liegt sein Schuljahrgangsniveau bei 6,5; wenn seine Leistung der eines durchschnittlichen Siebtkläßlers nach drei Monaten am ähnlichsten ist, bei 7,3, und so weiter.

Zusammenfassung

Messungen in den Sozialwissenschaften betreffen fast immer *individuelle Unterschiede*. Die Angabe eines Wertes läßt sich nur selten ohne den Kontext verstehen; das heißt, er erhält erst in seinem Verhältnis zu anderen Werten eine Bedeutung

Ein *standardisierter Wert* ergibt sich, wenn man einen Meßwert von einem beliebigen Test auf eine allen Tests gemeinsame Skala überträgt. Dafür teilt man jede individuelle Abweichung durch die Standardabweichung der eigenen Verteilung.

Anwendungsbeispiele 57

Ein *Zentil* (oder *Perzentil*) zeigt, wo ein einzelner im Verhältnis zu einer bestimmten Gruppennorm steht. Es gibt an, welcher Prozentsatz dieser Verteilung unterhalb des Meßergebnisses des betreffenden Individuums liegt.

Die *der Leistung entsprechende Alters- oder Schuljahrgangsstufe* stellt man fest, indem man die Normgruppe ermittelt, deren Durchschnittswert dem der Testperson am nächsten kommt.

Das Grundprinzip all dieser Verfahren ist der *Vergleich* eines einzelnen mit einer definierten Gruppe. Eine Standardskala teilt die Grundlinie einer Verteilung in gleiche Intervalle, und Perzentilen teilen die Fläche unter der Kurve (die gesamte Stichprobe) in gleich große Teile. Alters- oder Schuljahrgangsnormen sind die Durchschnittswerte von verschiedenen Altersgruppen oder Schuljahrgängen. So sind zwar all diese Meßverfahren unterschiedlich, aber mit jedem lassen sich die Werte eines neuen Meßobjekts mit den vielen anderen Werten vergleichen, die man bereits ermittelt hat.

Anwendungsbeispiele

Pädagogik
Ein Viertkläßler in Ihrer Schule hat in verschiedenen Fächern erhebliche Schwierigkeiten. Seine Lehrerin hat schon mehrere Methoden ausprobiert, aber obwohl der Schüler seiner Klassenstufe entsprechend Wörter lesen kann, scheint er nicht in der Lage zu sein, das Gelesene zu behalten, und obwohl er einfache Rechenaufgaben wie Addieren und Substrahieren zu lösen vermag, ist er unfähig, Aufgaben zu bewältigen, die mehrere Schritte erfordern. Die Lehrerin überweist den Schüler an Sie, die Schulpsychologin, und Sie geben dem Schüler eine ganze Reihe von Tests, um seine besonderen Stärken und Schwächen herauszufinden. Was sollten Sie nach der Auswertung der Tests tun, bevor Sie Ihr Gutachten abgeben?

Politologie
Viele Fragestellungen in der politischen Theorie sind so komplex, daß sie sich nicht durch einen einfachen Meßwert beantworten lassen. Daher schaffen Forscher oft komplexe Meßwerte, indem sie verschiedene, jeweils einzeln gewonnene Meßwerte summieren, von denen jeder für einen anderen Aspekt der Fragestellung steht. Nehmen wir zum Beispiel an, Sie wollen die Konflikte in der Gesellschaft messen. Ein einfacher Index (wie die Häufigkeit von Unruhen) würde nicht ausreichen, einen so komplexen Tatbestand zu messen. Aber es geht auch nicht, die Zahl der durch Streik verlorengegangenen Arbeitsstunden, der Morde pro 1000 Einwohner und andere durch verschiedene Verfahren erhaltene Meßwerte zu addieren, da jeder in einer anderen Einheit gemessen wird. Wie geht man vor?

Psychologie
June ist ein einjähriges Kleinkind; sie kam nach einer schwierigen Schwangerschaft zu früh auf die Welt. Bei ihrer Geburt befürchtete der anwesende Arzt, daß Junes

Entwicklung verzögert oder unregelmäßig (schnell auf einigen Gebieten, langsam auf anderen) sein würde.

Sie werden gebeten, Junes Gesamtentwicklung zu beurteilen. Sie betrachten ihre Entwicklung in dreierlei Hinsicht: geistig, sozial und psychomotorisch. Sie verwenden für jedes Gebiet einen anderen Test und bekommen drei Meßwerte (Zahlen). Jede der Verteilungen hat jedoch einen anderen Mittelwert und eine andere Standardabweichung, Wie können Sie Junes Entwicklung auf den drei Gebieten vergleichen?

Sozialarbeit
Das Personalamt für den öffentlichen Dienst führt eine Prüfung durch, um eine Liste der für eine Anstellung in Frage kommenden Sozialarbeiter zu erstellen. Die Prüfung besteht aus einer Reihe von Tests, in denen es um die Bereiche Beurteilung und Behandlung von Klienten, kommunale Mittel etc. geht. Jeder Test hat seinen eigenen Mittelwert und seine eigene Standardabweichung, aber alle wurden auf der Grundlage derselben Population standardisiert. Wie kann Ihnen das Personalamt mitteilen, wie Sie bei den verschiedenen Teilen der Prüfung abgeschnitten haben?

Soziologie
Eben erst wurde eine Untersuchung über autoritäres Verhalten an den verschiedenen Fakultäten Ihrer Universität abgeschlossen, und einer Ihrer Freunde hat Zugang zu den Ergebnissen. Sie sind gerade dabei, sich für einen geforderten Englischkurs einzuschreiben, aber da Sie selbst antiautoritär eingestellt sind, wollen Sie Ihre Einschreibung verschieben, falls der Kurs nicht dieses Semester von einem Dozenten angeboten wird, der ähnlich eingestellt ist wie Sie. Welche Information brauchen Sie von Ihrem Insider-Freund?

6 Korrelation

Sehr oft wollen wir, sei es in den Grundlagenwissenschaften, sei es in der beruflichen Praxis, den *Zusammenhang* zwischen zwei verschiedenen Dingen wissen. Tatsächlich beschäftigt sich die ganze Wissenschaft mit solchen Zusammenhängen, und ohne ihre Kenntnis könnte auch die berufliche Praxis nie weiterkommen.

Nehmen wir noch einmal unseren College-Eignungstest (Seite 13 ff.). Wenn wir lediglich annehmen, daß er das Gewünschte mißt, dann dürften viel Geld und noch mehr Zeit und Mühen verschwendet sein. Wenn wir jedoch die Effektivität des Tests danach bestimmen, wie gut er erfolgreiches Abschneiden im College vorhersagt, dann haben wir eine Methode, ihn zu überprüfen. Wenn wir herausfinden, wie eng die Testwerte mit bestimmten Erfolgskriterien in Beziehung stehen, können wir die Effektivität des Tests beurteilen.

Was wir also brauchen, ist ein Kennwert für den Zusammenhang – eine Zahl, die, wenn sie niedrig ist, einen geringen, wenn sie hoch ist, einen starken Zusammenhang zwischen zwei Variablen ausdrückt. Wir brauchen einen *Korrelationskoeffizienten*.

Nehmen wir jetzt einmal an, daß die beiden uns interessierenden Variablen die Höhe und das Gewicht einer Population von Spielzeugsoldaten sind. Wir gehen weiter davon aus, daß alle Soldaten genau dieselbe *Gestalt* haben, daß sie sich aber in der Größe und daher auch im Gewicht unterscheiden. (Das ist natürlich keine normale Situation; ich benutze sie nur, weil wir uns dadurch ganz auf die beiden Variablen konzentrieren können, um die es hier geht.) Abbildung 6.1 stellt fünf Soldaten dar. Wenn wir wirklich rechnen wollten, bräuchten wir eine viel größere Gruppe als fünf, aber für den Anfang ist eine kleine Zahl besser.

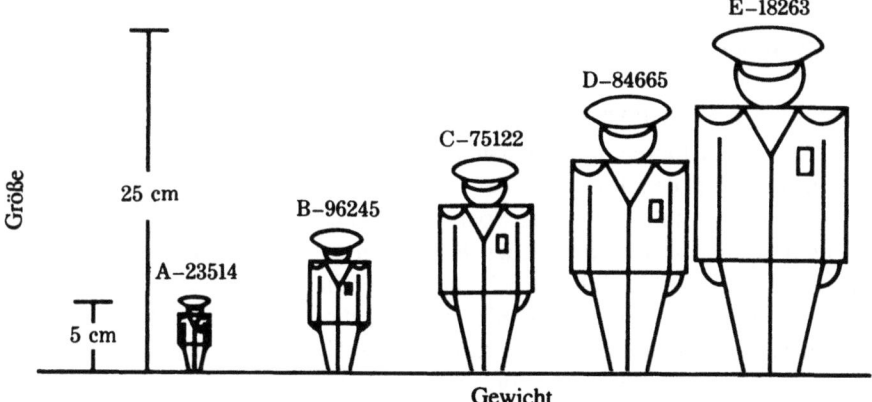

Abb. 6.1 Stichprobe einer Population, in der Größe und Gewicht streng linear korreliert sind. (Über jedem Soldaten befindet sich eine Seriennummer zur Identifikation.)

Wenn Sie jetzt die fünf Soldaten betrachten: Was, glauben Sie, ist der Zusammenhang zwischen Größe und Gewicht? Sie sehen sofort, daß die kleinen Soldaten ein geringes Gewicht haben und daß die großen schwer sind. Wie würden Sie diesen Zusammenhang beschreiben? Eng? Direkt proportional? Streng linear? Wenn Sie die Stärke des Zusammenhangs auf einer Skala von 0,00 bis 1,00 darstellen sollten, müßten Sie sie bei 1,00 plazieren, denn der Zusammenhang ist streng linear.[a]

Ein Korrelationskoeffizient liefert genau diese Skala – das heißt, eine Skala mit Grenzen bei 0,0 und 1,0. Er macht aber nicht nur eine Angabe über die *Stärke* des Zusammenhangs, sondern auch über seinen *Richtungssinn*; einige Korrelationen sind positiv, andere negativ.

Es gibt verschiedene Arten von Koeffizienten. Der am einfachsten verständliche ist der Rangkorrelationskoeffizient; der nützlichste (und am meisten verwendete) ist der Produktmoment-Korrelationskoeffizient. Wir werden beide untersuchen.

Der Rangkorrelationskoeffizient (ρ)

Am Beginn des Kapitels 4 «Streuungsmaße» habe ich Ihnen eine statistische Maßzahl vorgestellt, der Sie vielleicht nie wieder begegnen werden. Ich tat das, weil diese Maßzahl, die durchschnittliche Abweichung, das beste zur Verfügung stehende Mittel war, Sie mit dem Prinzip bekanntzumachen, das dem am häufigsten gebrauchten Streuungsmaß, der Standardabweichung, zugrundeliegt. Was ich jetzt bei der Korrelation vorhabe, ist nicht ganz so extrem, weil der Rangkorrelationskoeffizient recht häufig verwendet wird. Aber er kommt in der Literatur viel seltener vor als der Produktmoment-Korrelationskoeffizient; wieder einmal stelle ich die weniger gebräuchliche statistische Maßzahl voran, weil sie unmittelbarer das Wesen der häufiger verwendeten Maßzahl beleuchtet.

Das Prinzip der Korrelation
Tabelle 6.1 zeigt, wie man die Daten ordnet, um bei den Spielsoldaten von Abbildung 6.1 einen Spearmanschen Rangkorrelationskoeffizienten zu berechnen.

In Tabelle 6.1 führen die drei ersten Spalten nacheinander für jeden Soldaten die Seriennummer, den Rang bei der Variablen *Größe* und den Rang bei der Variablen *Gewicht* auf. Die vierte Spalte zeigt die Rangplatzdifferenzen. Wenn man gerade Linien zwischen gleichen Rängen in der zweiten und dritten Spalte zieht, erhält man wie in Tabelle 6.1 ein Muster in Form einer Leiter. (Gleich werden wir uns eine ähnliche Tabelle ansehen, die ein anderes Muster ergibt.) Beachten Sie auch, daß *alle Rangplatzdifferenzen Null* sind. Behalten Sie das im Hinterkopf, während Sie sich die Formel für den *Rangkorrelationskoeffizienten*, ρ (rho) genannt, anschauen:

$$\rho = 1 - \frac{6 \sum D^2}{n(n^2 - 1)} \qquad (6.1)$$

Der Rangkorrelationskoeffizient (ρ)

Identifikation des Meßobjekts	Rang auf der Variablen X (Größe)	Rang auf der Variablen Y (Gewicht)	Differenz der Rang- plätze, D	Quadrat der Differenz D^2
E-18263	1	1	0	0
D-84665	2	2	0	0
C-75122	3	3	0	0
B-96245	4	4	0	0
A-23514	5	5	0	0
				$\Sigma = 0$

Tabelle 6.1 Anordnung der Daten zur Berechnung der Rangkorrelation zwischen Größe und Gewicht der Spielzeugsoldaten in Abbildung 6.1

wobei ρ der Spearmansche Rangkorrelationskoeffizient, D die Differenz zwischen den beiden Rangzahlen eines einzelnen Meßobjektes und n die Zahl der Objekte ist – das heißt, die Zahl der Meßwert*paare*. Wir sind nicht an der Berechnung von ρ an sich interessiert,[b] die Formel wird hier nur angeführt, um zu zeigen, daß sich die Rangplatzdifferenzen im Zähler eines Bruches befinden, der von 1,00 abgezogen wird. Das bedeutet: Je größer die Rangplatzdifferenzen, desto kleiner ist ρ, bis zu einer Grenze von 0,00 (danach ergeben noch größere Differenzen ansteigende *negative* Koeffizienten, bis zu einer Grenze von $-1,00$).

Jeder Korrelationskoeffizient sagt zweierlei über einen Zusammenhang aus: Er gibt seine *Stärke* an – gemessen auf einer Skala von Null bis Eins – und seinen *Richtungssinn* – angezeigt durch das Vorhanden- oder Nichtvorhandensein eines Minuszeichens. Nehmen wir noch einmal unser Beispiel von Abbildung 6.1. Ich bat Sie, sich vorzustellen, daß alle Objekte die gleiche Form besitzen, und ich hatte mich beim Zeichnen bemüht, ihnen allen die gleiche Form zu geben. Meine Zeichnerei ist mir jedoch nicht ganz genau geglückt (aber fast!), so daß der Zusammenhang zwischen Höhe und Größe *nicht* streng linear wäre, wenn wir diese Spielzeugsoldaten in Modeln gießen würden, die direkt von meinen Zeichnungen gemacht sind. Man könnte erwarten, daß ein Korrelationskoeffizient empfindlich ist für diese Differenz zwischen Perfektion und Fast-Perfektion, der Rangkorrelationskoeffizient ist es aber nicht. Schauen Sie sich noch einmal Abbildung 6.1 an, und dann sehen Sie, daß alle Objekte eindeutig dieselben Rangplätze einnehmen, selbst wenn man die Unvollkommenheiten meiner Zeichnungen bemerkt. Ich erwähne das hier, weil ich Ihnen später einen Index zeigen werde (den Produktmoment-Korrelationskoeffizienten), der diese Unvollkommenheiten tatsächlich berücksichtigt.

Was das Minuszeichen anbelangt, das einigen Koeffizienten vorangestellt wird, so muß noch etwas Wichtiges gesagt werden (oder eher betont, denn es wurde schon erwähnt). Die *Größe* (Stärke) *eines Koeffizienten ist vollkommen von seinem Richtungssinn* (positiv oder negativ) *unabhängig*. Auch wenn das nicht aus der Formel für den Rangkorrelationskoeffizienten hervorgeht, sollten wir uns nicht ein Kontinuum von -1 über 0 bis $+1$ vorstellen, sondern eher zwei getrennte Dimensionen – eine negative und eine positive –, die beide bei 0 beginnen und bei 1 enden. Eine Korrelation von +1 ist nicht größer (stärker) als eine Korrelation von −1.

Negative Korrelation
Was heißt es, wenn man sagt, zwei Variablen seien *negativ* korreliert? Schauen wir uns noch einmal die Variablen Größe und Gewicht an, aber dieses Mal in einer Population, die ganz anders ist als die Spielzeugsoldaten, mit denen wir uns in Abbildung 6.1 und Tabelle 6.1 beschäftigt haben. Betrachten Sie jetzt eine Menschenpopulation, in der die kleinsten Individuen die schwersten und die größten die leichtesten sind. (Eine solche Anordnung deckt sich zwar nicht mit Ihrer Erfahrung, ist aber mit einiger Phantasie vorstellbar.) Abbildung 6.2 gibt eine aus einer solchen Population gezogene Stichprobe von fünf Leuten wieder. Tabelle 6.2 deckt das andere Muster auf, das ich eben angekündigt habe. Wenn Sie sich die Linien zwischen den gleichen Rangplätzen anschauen, werden Sie feststellen, daß das Muster die Form eines Sterns hat und nicht die einer Leiter wie in Abbildung 6.1.

Wenn Sie die Quadrate der Rangplatzdifferenzen zusammenzählen, werden Sie einen deutlichen Unterschied zu der Null in Tabelle 6.1 feststellen. (Denken Sie daran, daß sich D^2 im Zähler eines Bruches befindet, der von 1,00 *abgezogen* wird, um den Korrelationskoeffizienten zu bilden.) Aber meine Zeichnung gibt diesmal einen streng linearen Zusammenhang wesentlich schlechter wieder als Abbildung 6.1. Entdeckt der ρ-Koeffizient meine Ungenauigkeit diesmal? Nein. Nichts wird ihn beeinflussen, bevor nicht die *Ränge* sich ändern. In Tabelle 6.2 ist die Korrelation zwischen Größe und Gewicht volle −1,00, obwohl zum Beispiel das Gewicht von Darrell und das von Erwin sichtlich weiter auseinanderliegen als ihre Größen.[1])

Mit anderen Worten: Wir verlieren Information, wenn wir individuelle Messungen in Rangordnungen umwandeln.[c] Dieses Problem kann man lösen, mit einigem Rechenaufwand, indem man einen anderen Korrelationskoeffizienten benutzt. Der nächste Abschnitt wird Sie – ohne Rechenaufwand – an diesen Koeffizienten heranführen.

Der Produktmoment-Korrelationskoeffizient(r)

Der ρ-Koeffizient kommt in diesem Buch vor allem deshalb vor, weil er ein gutes Vehikel darstellt, um den schwierigeren Pearsonschen *Produktmoment-Korrelationskoeffizienten* zu erklären. Sie werden ρ ab und zu in der Literatur angegeben finden, aber gewöhnlich wird er nur als eine relativ schnelle Abschätzung

---

1) Dieser Unterschied ist für Sie vielleicht nicht so ersichtlich wie für mich, deshalb lassen Sie mich ein übertriebenes Beispiel geben. Im folgenden Diagramm unterscheidet sich die Anordnung der Objekte A, B und C auf der Variablen X recht deutlich von der derselben Objekte auf der Variablen Y, dennoch sind ihre Rangplätze auf beiden gleich:

X: A	B			C
Y: A			B	C

Der Produktmoment-Korrelationskoeffizient (r) 63

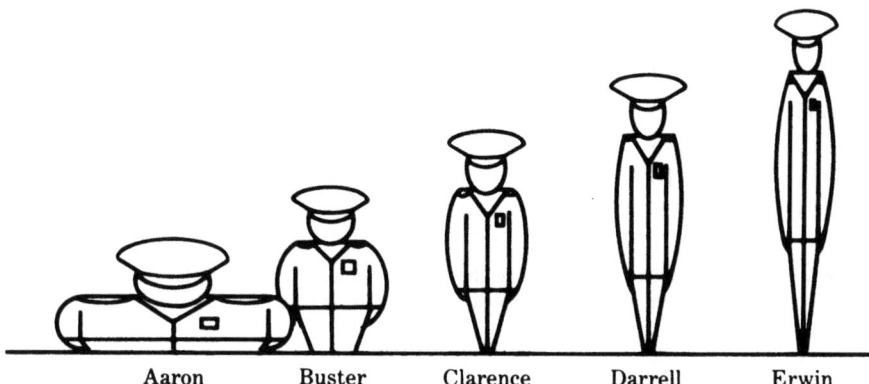

Aaron   Buster   Clarence   Darrell   Erwin

Abb. 6.2 Stichprobe einer Population, in der Größe und Gewicht streng negativ korreliert sind.

Identifikation des Meßobjekts	Rang auf der Variablen X (Größe)	Rang auf der Variablen Y (Gewicht)	Differenz der Rangplätze, D	Quadrat der Differenz D^2
Erwin	1	5	4	16
Darrell	2	4	2	4
Clarence	3	3	0	0
Buster	4	2	2	4
Aaron	5	1	4	16
				$\Sigma = 40$

Tabelle 6.2 Anordnung der Daten zur Berechnung der Rangkorrelation zwischen Größe und Gewicht der Männer in Abbildung 6.2

des «Pearsonschen Korrelationskoeffizienten» oder «Maßkorrelationskoeffizienten» verwendet, wie der Produktmoment-Korrelationskoeffizient oft genannt wird, oder in Fällen, wo die Voraussetzungen für r nicht erfüllt sind.[d]

Die Bedeutung von «Produktmoment»

Am Beginn unserer Diskussion dieses komplizierteren Index wollen wir uns noch einmal die Spielzeugsoldaten anschauen (Abbildung 6.1). Wir stellen noch einmal eine Tabelle auf, und sie sieht Tabelle 6.1 ähnlich, doch diesmal tragen wir statt *Rängen* gewöhnliche Intervallwerte ein, die uns auch sagen, wie weit voneinander entfernt die Objekte auf jeder der Variablen sind (Tabelle 6.3). (Siehe Fußnote 1.)

Lassen Sie sich von dieser Tabelle nicht abschrecken. Einer der Gründe, warum sie so breit ist, ist der, daß man Angaben sammeln muß, um die beiden Standardabweichungen zu berechnen. (Die Spalten mit x^2 und y^2 werden ausschließlich dafür verwendet.) Weshalb man diese Berechnung miteinschließt, sollte nach der Diskussion der standardisierten Werte in Kapitel 5 klar sein.

Serien-nummer	X (Größe in Zentimetern)	Y (Gewicht in Gramm)	x	y	x^2	y^2	xy
E-18263	25	250					
D-84665	20	160					
C-75122	15	90					
B-96245	10	40					
A-23514	5	10					

Tabelle 6.3 Anordnung der Daten zur Berechnung der Produktmoment-Korrelation zwischen Größe und Gewicht der Spielzeugsoldaten in Abbildung 6.1

Die Formel für r lautet:

$$r = \frac{\sum xy}{n S_x S_y} \qquad (6.2)$$

Dabei ist r der Pearsonsche Korrelationskoeffizient, $\sum xy$ die Produktsumme der Abweichungen von den Mittelwerten der X- und Y-Verteilungen, n die Anzahl dieser Produkte (bzw. von Objekten oder Meßwertpaaren) und S_x und S_y die Standardabweichungen der beiden Verteilungen.

Der Hauptgedanke bei dieser Formel ist folgender: Wenn die X- und Y-Werte sozusagen parallel angeordnet werden, ist das Produkt der entsprechenden Abweichungswerte vom Mittelwert (xy) am größten. Und zwar deshalb, weil bei dieser Anordnung die größten Abweichungswerte – sowohl positive als auch negative – zusammen in der Tabelle auftreten und so miteinander multipliziert werden. Vergleichen Sie die «geordnete» und die «zufällige» Seite von Tabelle 6.4, und Sie werden verstehen, was ich meine.

Geordnet					Zufällig				
X	Y	x	y	xy	X	Y	x	y	xy
25	250	10	140	1400	25	160	10	50	500
20	160	5	50	250	20	40	5	−70	−350
15	90	0	−20	0	15	10	0	−100	0
10	40	−5	−70	350	10	250	−5	140	−700
5	10	−10	−100	1000	5	90	−10	−20	200
Σ 75	550			3000	75	550			−350
X̄ 15	110				15	110			

Tabelle 6.4 Auswirkung der Anordnung auf die Produktsumme (Σxy)

Bei genauerem Hinsehen werden Sie merken, daß die Daten auf beiden Seiten dieselben sind, jedoch unterschiedlich angeordnet. Auf der linken Seite sind die Daten einander zugeordnet, wie es die Zeichnung der Spielzeugsoldaten in

Abbildung 6.1 nahelegt; rechts sind die Y-Werte zufällig verteilt, was bedeutet, daß der Zusammenhang zwischen X und Y ebenfalls zufällig ist.

Nun schauen Sie, welche Auswirkung diese Anordnung auf den Korrelationskoeffizienten hat. Links wird jede große positive Abweichung vom Mittelwert mit einer anderen multipliziert, die ähnlich groß und ebenfalls positiv ist. Rechts dagegen kann eine große positive Abweichung durch einen kleinen Multiplikator neutralisiert werden, und *jede* positive Abweichung kann mit einer Abweichung mit negativem Vorzeichen multipliziert werden, so daß sich ein negatives Produkt ergibt. Im Ergebnis ist die Summe der *Produkte* ($\sum xy$) – und somit der Korrelationskoeffizient – bei einer Zufallsanordnung immer klein. (Tatsächlich weicht er nur durch Zufall von Null ab!) Im Bild des auf Seite 26 vorgestellten gewichtslosen Balkens gesprochen, könnte man sagen, daß bei einer geringen oder fehlenden Korrelation die Abweichungen auf den beiden Variablen oft nahe am Drehpunkt oder auf entgegengesetzten Seiten liegen, während bei einer stärkeren Korrelation die x- und y-Werte für ein gegebenes Meßobjekt konsequent beieinander liegen – oft weit vom Drehpunkt entfernt –, so daß sie ein extrem hohes *Drehmoment* auf den Balken ausüben. Daher der Ausdruck *Produktmoment* – er bezieht sich auf das Produkt der Drehmomente, das am größten ist, wenn alle Werte perfekt geordnet sind. Der Pearsonsche Produktmoment-Korrelationskoeffizient wird in Formel 6.2 definiert. Kasten 6.1 zeigt, wie sich ein r mit dieser Formel berechnen läßt.

Das Streudiagramm
Es gibt noch eine andere, direktere Methode, Korrelationen zu betrachten. Ich meine das *Streudiagramm* (*Punkt-* oder *Korrelationsdiagramm*, *Punktwolke*, *Scattergram*). Ein Streudiagramm ist eine Annäherung an eine dreidimensionale Häufigkeitsverteilung. Es ist eine Ebene, auf der man sowohl den X- als auch den Y-Wert eines jeden Meßobjektes mit einem einzigen Punkt wiedergeben kann. Wenn wir zum Beispiel die Punktzahlen aus einem College-Einstufungstest mit der Durchschnittsnote nach dem ersten Jahr korrelieren und wenn die Testpunktzahlen aller Studenten exakt proportional zu ihrem späteren Abschneiden sind, ergibt sich ein Streudiagramm wie in Abbildung 6.3. Jeder Student wird durch einen einzelnen Punkt repräsentiert, der ihn in den zwei Dimensionen X und Y lokalisiert.

Eine dritte Dimension ergibt sich immer dann, wenn auf dieser zweidimensionalen Fläche zwei oder mehr Meßobjekte auf demselben Punkt liegen. Da die dritte Dimension nur sehr schwer auf den flachen Seiten eines Buches darstellbar ist, habe ich die Meßobjekte an Stellen, wo sie sich ballen, so weit voneinander getrennt, daß Sie alle sehen können.

In dem in Abbildung 6.3 dargestellten Fall bilden die Punktzahlen der Studenten auf X und Y eine gerade Linie ohne Abweichungen (*Regressionslinie*[2])

---

[2] *Regression* in diesem Zusammenhang ist eine eindeutige Relation korrelierter Variablen; in diesem Fall heißen die korrelierten Variablen X und Y. Die *Regressionslinie* ergibt eine Annäherung an den Mittelwert von Y für jeden speziellen Wert von X: Sie ist die Linie des passendsten Wer-

Kasten 6.1 Berechnung eines Korrelationskoeffizienten r (Daten im Text nicht diskutiert)

(1) Zuckeraufnahme X	(2) $X - \bar{X}$ x	(3) benötigte Zeit Y	(4) $Y - \bar{Y}$ y	(5) xy
45	15	22	−28	−420
43	13	18	−32	−416
42	12	50	0	0
40	10	64	14	140
37	7	56	6	42
36	6	44	−6	−36
35	5	41	−9	−45
30	0	59	9	0
25	−5	36	−14	70
24	−6	73	23	−138
23	−7	31	−19	133
20	−10	78	28	−280
18	−12	69	19	−228
17	−13	27	−23	299
15	−15	82	32	−480
				$\Sigma = -1359$

Spalte 1: Zuckeraufnahme in Prozent der gesamten Kohlenhydrataufnahme (X).

Spalte 2: Abweichungen (x) der Zuckeraufnahme, die gleich den Differenzen zwischen den einzelnen Werten (X) und dem Mittelwert der X-Werte sind ($\bar{X}$; siehe Beispielrechnung auf Seite 27). In diesem Fall ist $\bar{X} = 30$.

Spalte 3: Benötigte Zeit in Prozent der zur Verfügung stehenden Zeit (Y), als Index von Hyperaktivität verwendet. (Ein *niedriger* Wert bedeutet Hyperaktivität.)

Spalte 4: Abweichungen (y) der benötigten Zeit, die gleich den Differenzen zwischen den einzelnen Werten (Y) und dem Mittelwert der Y-Werte ($\bar{Y}$) sind. In diesem Fall ist $\bar{Y} = 50$.

Spalte 5: Produkt der Abweichungen x und y. Ein negatives Produkt tritt nur auf, wenn ein negatives x mit einem positiven y zusammentrifft und umgekehrt.

$$r = \frac{\sum xy}{n S_x S_y}$$

Die Anzahl der xy-Produkte ist n. Die Summe von Spalte 5 ist $\sum xy$. $S_x = 10$, und $S_y = 20$. (Siehe auf Seite 40 das Rechenbeispiel für die Standardabweichung.)

$$r = \frac{-1359}{(15)(10)(20)} = -0{,}45$$

---

tes. Zum Beispiel ist in Abbildung 6.11B bei einem X von 1,0 der Mittelwert von Y ungefähr 0,75; und bei einem X von 2,0 ist der Mittelwert von Y etwa 1,5. Die Steigung der Linie ist

Der Produktmoment-Korrelationskoeffizient (r)

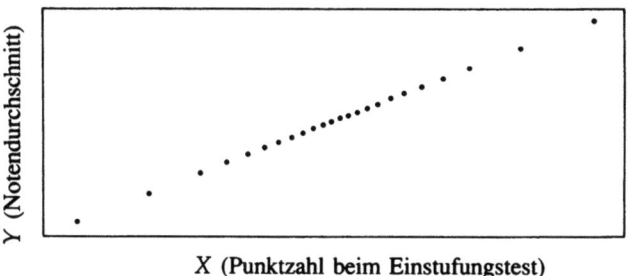

Abb. 6.3 Streudiagramm einer streng linearen positiven Korrelation.

genannt, weil sie die mathematische Regression von Y auf X ausdrückt). Wenn die Meßwerte alle in standardisierten Einheiten angegeben sind (vergleiche Kapitel 5), hat die Regressionslinie in einer positiven streng linearen Korrelation (wie im Streudiagramm in Abbildung 6.3) notwendigerweise eine Steigung von 1,0, und jede geringere Korrelation (z.B. die stark positive Korrelation in Abbildung 6.4) ergäbe eine Steigung von weniger als 1,0. Bei Meßwerten in standardisierten Einheiten ist die Steigung desto geringer, je stärker die Punkte streuen, und je geringer die Streuung, desto größer ist die Steigung. Wenn Meßwerte *nicht* in standardisierten Einheiten angegeben sind, wird die Steigung meist nach dem Gutdünken des Graphzeichners bestimmt. Wir kommen darauf noch einmal auf den Seiten 72–76 zurück, wenn wir die Diskussion der Streudiagramme beendet haben.

Wenn, wie im wirklichen Leben, eine Korrelation *nicht* streng linear ist, gibt es immer ein gewisses Maß an Streuung. Aber wenn der Zusammenhang zwischen X und Y eng ist, sind die meisten Abweichungen von der Regressionslinie klein (siehe Abbildung 6.4); wir können anhand der bekannten X-Werte sehr genaue Vorhersagen der Y-Werte treffen. Das andere Extrem ist ein zufälliger Zusammenhang zwischen X und Y, wie in Abbildung 6.5 dargestellt, wo es keine Tendenz gibt, daß ein kleines Y mit einem kleinen X oder ein großes Y mit einem großen X gemeinsam auftritt. Wie Sie sehen, ist das Ausmaß der Streuung fast maximal

---

0,75. Aber in Abbildung 6.11C ist bei einem X von 1,0 der Mittelwert von Y 0; bei einem X von 2,0 ist der Mittelwert von Y immer noch 0. Die Linie hat eine Steigung von 0,0.

Die Steigung einer Linie wie in einem Koordinatensystem wie Abbildung 6.3 bezeichnet das Verhältnis zwischen dem Ausmaß der Veränderung auf der Ordinate (Y) und dem Ausmaß der Veränderung auf der Abszisse (X). Wenn Y $\frac{1}{2}$ Einheit zunimmt, sobald X um eine Einheit größer wird, beträgt die Steigung 0,5. Wenn Sie beim Nachfahren einer Regressionslinie mit dem Bleistift bemerken, daß Sie 4 Einheiten auf der X-Achse für jede Einheit auf der Y-Achse weiterrücken müssen, beträgt die Steigung 0,25 – vorausgesetzt, die Veränderungen bei beiden Variablen sind positiv. Derselbe Steigungs*grad* kann auch bei einer *negativen* Korrelation auftreten, wenn Y um $\frac{1}{4}$ Einheit *abnimmt*, sobald X um eine Einheit größer wird.

Die Beziehung zwischen Streuung und Steigung wird später erklärt (Seite 72–76). Einen interessanten historischen Überblick über die Entwicklung der Begriffe Regression und Korrelation bieten J.P. Guilford und B. Fruchter, *Fundamental Statistics in Psychology and Education*, 6. Auflage (New York: McGraw-Hill, 1977).

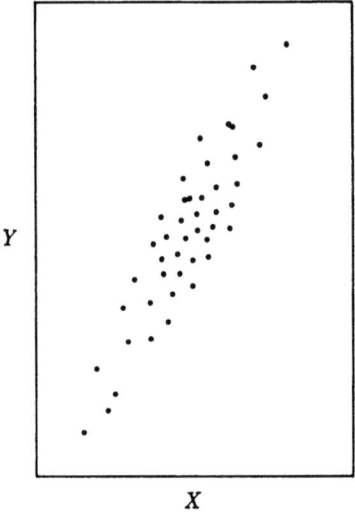

Abb. 6.4 Streudiagramm einer stark positiven Korrelation.

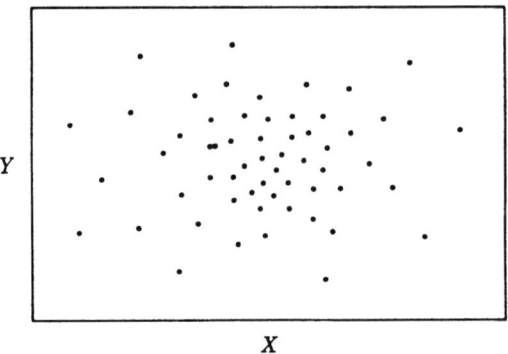

Abb. 6.5 Streudiagramm einer Korrelation nahe Null.

groß. Wenn man die Punktzahl einer Person auf X kennt, hilft das überhaupt nicht, den Punktwert dieser Person auf Y zu schätzen.

Negative Korrelationen verhalten sich genauso wie die positiven, außer daß die Regressionslinie von links nach rechts *abfällt* statt anzusteigen. Die Abbildungen 6.6 und 6.7 sind Beispiele dafür.

Die Abbildungen 6.3 bis 6.7 wurden entworfen, um streng lineare positive, stark positive, gegen Null tendierende, stark negative und streng lineare negative Korrelationen zu zeigen. Beide streng linearen Korrelationen setzen uns in die

Der Produktmoment-Korrelationskoeffizient (r) 69

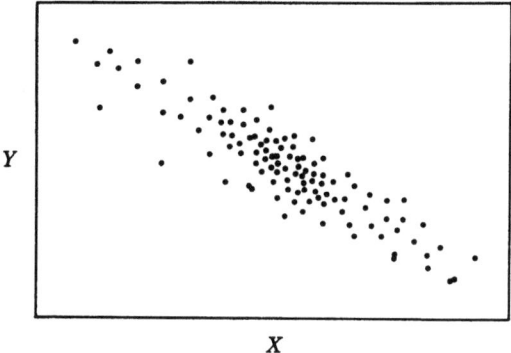

Abb. 6.6   Streudiagramm einer stark negativen Korrelation.

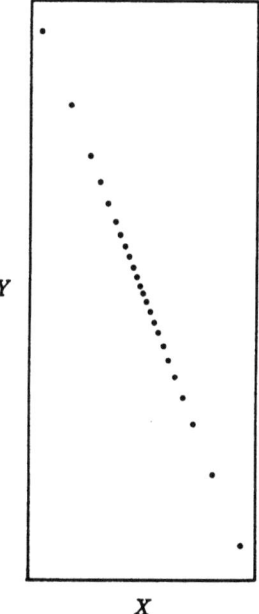

Abb. 6.7   Streudiagramm einer streng linearen negativen Korrelation.

Lage, Y anhand eines bekannten X genau vorherzusagen und umgekehrt. Eine Korrelation nahe Null besagt, daß die Kenntnis der Position eines Meßobjekts auf der einen Variablen nichts nützt, um seine Position auf der anderen Variablen vorherzusagen. Eine solche Korrelation bedeutet etwa, daß Leute mit hohen Punktzahlen bei dem College-Eignungstest genausooft an der Uni durchrasseln

70   6 Korrelation

wie Leute mit niedrigen Punktzahlen. Die anderen Korrelationen (stark positiv und stark negativ) garantieren zwar keine präzisen Voraussagen, aber sie lassen uns beträchtlich seltener irren, wenn wir aus den Testpunkten das Abschneiden am College vorhersagen wollen.

Abbildung 6.8 versucht fünf Punktwolken dreidimensional wiederzugeben. Sie enthält zwei streng lineare Korrelationen, zwei starke, aber nicht extreme

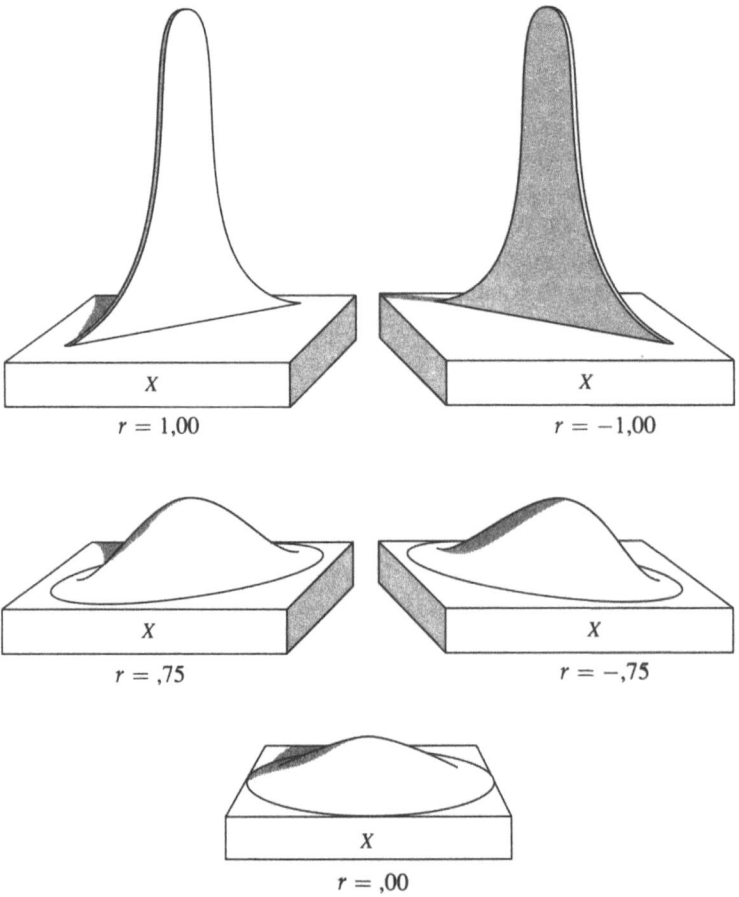

Abb. 6.8   Dreidimensionale Wiedergabe von fünf Streudiagrammen.

Korrelationen und eine Punktwolke, die keinerlei Zusammenhang zwischen den beiden Variablen erkennen läßt. Wie Sie sehen, gibt es bei einer streng linearen Korrelation *keine* Streuung, und daher sind die Werte hoch übereinander getürmt. Im starken Gegensatz dazu breitet eine Korrelation nahe Null die Meßwerte über den größten Teil der horizontalen Fläche aus, wobei nur relativ wenige sich am selben Ort befinden. Andere Korrelationen nähern sich diesen beiden Extremen in unterschiedlichem Ausmaß an. Der Zusammenhang, der mit $r = 0,75$ wiedergegeben wird, ist zum Beispiel überhaupt nicht streng linear, aber er ist weit von Null entfernt. Der Zusammenhang, den r aufdeckt, kann einfach bloß interessant sein, aber er kann auch praktische Konsequenzen haben. Letzteres zeigt etwa die Tatsache, daß man bei einer so starken Korrelation und einem bekannten X den Irrtum bei der Vorhersage von Y erheblich reduzieren kann.

Eine Verteilung muß keine Normalverteilung sein, damit man ein r berechnen kann. Sie muß nur eingipflig sein und einigermaßen symmetrisch. Und die Regressionslinie muß ungefähr gerade sein. Konstruieren Sie immer ein Streudiagramm, egal, ob Sie einen Korrelationskoeffizienten berechnen oder nicht. Das Pearsonsche r, das auf standardisierten Werten beruht, bewahrt vor zwar Maßstabsverzerrungen, aber das Streudiagramm kann Unregelmäßigkeiten aufdecken, die man sonst übersieht – eine Asymmetrie zum Beispiel, eine gekrümmte Regressionslinie oder auch mehr als bloß eine einzige Linie. Der Koeffizient wird nichts davon sichtbar machen.

Auswirkung einer Unterteilung der Population

Alles, was ich zur Korrelation gesagt habe, geht davon aus, daß die Meßobjekte Zufallsstichproben aus beiden Verteilungen bilden. Wenn es zum Beispiel um die Korrelation von IQ und Lernerfolg geht, sollte man eine große Stichprobe von Personen wählen und jede von ihnen zweimal testen, einmal für den IQ und einmal für die Leistungen. Die Werte im IQ-Test sollten eine Verteilung bilden, die außer dem Umfang (n) in jeder Hinsicht derjenigen ähnlich ist, die herausgekommen wäre, wenn man eine ganze Population auf die gleiche Weise getestet hätte. Das gleiche gilt auch für den Lernerfolg.

Auf der anderen Seite kann es manchmal nützlich sein, eine allgemeine Population in Untergruppen einzuteilen, und es ist legitim, jede dieser Untergruppen ebenfalls als Population zu bezeichnen. Anstatt zum Beispiel praktisch jeden in eine Population von IQs einzuschließen, kann man willkürlich eine Population definieren, die nur Studenten umfaßt. Jetzt kann man *diese* Population untersuchen (oder eine Stichprobe daraus ziehen).

So weit, so gut. Wir müssen jedoch beachten, daß sich die Unterteilung einer Population erheblich auf den Korrelationskoeffizienten auswirken kann. Die beste Methode, dies zu demonstrieren, ist wieder ein Diagramm; Abbildung 6.9 erfüllt diesen Zweck hier ganz gut. Sie zeigt einen hypothetischen Zusammenhang zwischen Intelligenz (gemessen mit Hilfe eines standardisierten Tests) und Lernerfolg (gemessen anhand des Notendurchschnitts) in der allgemeinen Population. Sie zeigt außerdem, wie der Zusammenhang wäre, wenn man die Population als «Jungakademiker» definieren würde. Die gesamte Spannweite der IQ-Werte für die allgemeine Population bildet die Abszisse (Grundlinie) des Diagramms, und die gesamte Spannweite der Durchschnittsnoten die Ordinate. Die Klammern I

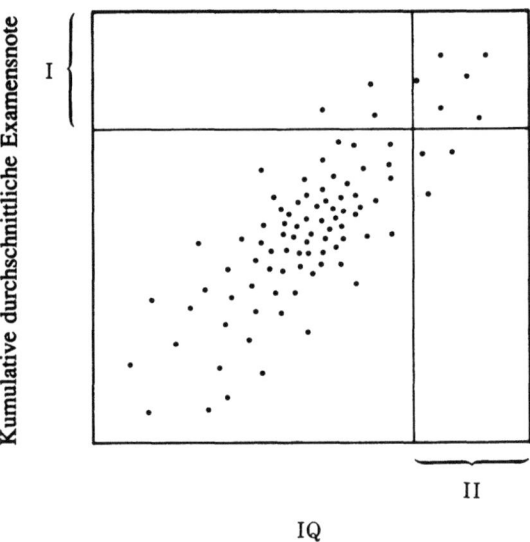

Abb. 6.9 Streudiagramm einer stark positiven Korrelation. Sie zeigt die Auswirkung einer Unterteilung der Population.

und II umschließen die Abschnitte auf jeder Skala, in denen sich 90 Prozent der Jungakademiker befinden dürften.

Die Punktwolke in Abbildung 6.9 verrät eine starke Korrelation zwischen Intelligenztest-Punkten und Lernerfolg. Jedoch – und darauf will ich hinaus – deckt die Punktwolke in dem Bereich, der durch die Abschnitte I und II markiert ist, überhaupt keinen Zusammenhang auf. Abbildung 6.10 stellt eine Vergrößerung dieses Bereiches dar.

Man muß also vorsichtig sein, wenn man einen niedrigen Korrelationskoeffizienten interpretiert. Für die Abbildung 6.9 gilt, daß es unter Jungakademikern praktisch keinen Zusammenhang zwischen IQ und Durchschnittsnote gibt, aber man sollte sich hüten, daraus auf *einen ähnlichen fehlenden Zusammenhang in der allgemeinen Population* zu schließen. Ein Korrelationskoeffizient bezieht sich nur auf die Population, die man unmittelbar untersucht oder aus der man eine Stichprobe zieht.

Standardisierte Werte bei der Korrelation

Als ich in Kapitel 4 den Begriff der Standardabweichung einführte, erwähnte ich, daß das häufigste statistische Verfahren, bei dem sie gebraucht wird, der Produktmoment-Korrelationskoeffizient ist. Dieser Abschnitt wird Ihnen zeigen, welche Rolle die Standardabweichung bei der Ermittlung eines Korrelationskoeffizienten spielt, und gleichzeitig Ihr Verständnis des *Begriffs* Korrelation vertiefen.

Standardisierte Werte bei der Korrelation 73

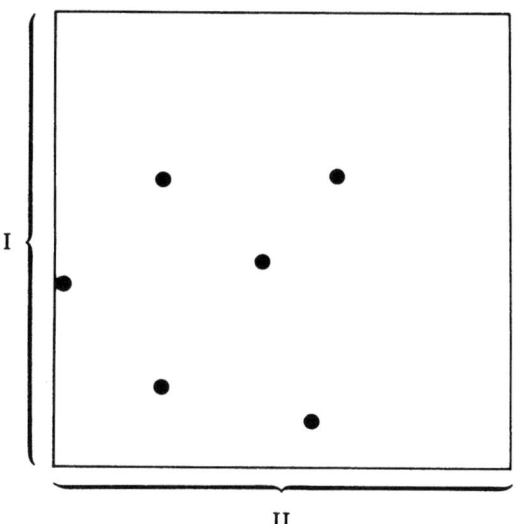

Abb. 6.10 Eingeschränkter Bereich (vergrößert) des Streudiagramms in Abbildung 6.9.

Die Definitionsgleichung für den Koeffizienten (Formel 6.2, Seite 64) hier noch einmal zur Wiederholung:

$$r = \frac{\sum xy}{n S_x S_y}$$

Nach Formel 5.1 ist ein standardisierter Wert (z) eine individuelle Abweichung geteilt durch die Standardabweichung der Verteilung, in der sie auftritt; mit anderen Worten: Er ist eine in Einheiten der Standardabweichung angegebene Abweichung. In Formel 6.2 gibt es zwei solcher Werte:

$$\frac{x}{S_x} \quad \text{und} \quad \frac{y}{S_y} = z_x \quad \text{und} \quad z_y$$

so daß wir die Formel nach standardisierten (z-) Werten umformen können:

$$r = \frac{\sum z_x z_y}{n} \qquad (6.3)$$

Wenn Sie sich daran erinnern, daß man mit $\sum/n$ einen Mittelwert berechnet, sollte Ihnen klar sein, daß r der Mittelwert der Produkte von x und y ist, wenn *beide in standardisierten Einheiten* (z_x und z_y) ausgedrückt werden; r ist auch die *Steigung der Regression der Variablen Y auf X*, wenn beide in standardisierten Einheiten angegeben sind.

Wenn wir mit Streudiagrammen zehn Zusammenhänge zwischen Rohdaten darstellen, die alle dieselbe Stärke und denselben Richtungssinn haben, erhalten wir möglicherweise 10 verschiedene Steigungen unserer Regressionslinien. Wenn wir zuerst alle Meßwerte in standardisierte Werte umwandeln, erhalten wir identische Steigungen. Die Steigungen in Abbildung 6.3 und 6.7 sind positiv bzw. negativ, aber sie bezeichnen beide streng lineare Zusammenhänge; wären sie nach standardisierten Einheiten gezeichnet, wäre der Steigungsgrad (aber natürlich nicht die Richtung) ihrer Regressionsgeraden gleich. Ohne Umwandlung sind sie sehr unterschiedlich.

Abbildung 6.11 stellt diese Zusammenhänge ein bißchen anders dar. Von den vier Geraden, die die Diagramme A, B und C durchschneiden, liegt die eine Gerade (die senkrechte) auf dem Mittelwert aller X-Werte, eine andere (die horizontale) ist der Mittelwert aller Y. Die dritte und vierte Gerade (die fett gedruckten Diagonalen) sind Regressionsgeraden.

Sie können bei $r = 1,0$ (Diagramm A) und bei $r = 0,0$ (Diagramm C) deshalb nicht alle vier Linien sehen, weil Sie, wenn eine Linie genau einer anderen entspricht, nur eine sehen können. In Diagramm A, wo die Korrelation streng linear ist, gehen die Regressionen von Y auf X und von X auf Y in eine Linie über, die genau im Winkel von 45° zwischen beiden Koordinaten liegt. In Diagramm C, wo $r = 0,0$ ist, sind die Regressionsgeraden zwar getrennt, aber die Regression von Y auf X liegt durchgehend beim Mittelwert von Y, und die von X auf Y beim Mittelwert von X; daher liegen die beiden Regressionsgeraden genau auf den Geraden für den Mittelwert. (Sie sind die beiden Mittelwertgeraden.) Daher sehen Sie statt vier Linien nur zwei.[3])

Haben Sie bemerkt, daß in Abbildung 6.11 im Gegensatz zu den Abbildungen 6.3 bis 6.7 alle Raster der Streudiagramme genau quadratisch sind? Dafür gibt es einen sehr guten Grund: Die Variablen X und Y sind in denselben Einheiten, nämlich Standardabweichungen, angegeben, und ein gleichseitiges Rechteck ist natürlich ein Quadrat.

Abbildung 6.11 weist eine Eigenheit auf, die ohne Erklärung mißverständlich sein könnte. Diese Eigenheit zeigt sich besonders in Diagramm A, wo es so scheint, als ob es auch bei einer streng linearen Korrelation ($r = +1,0$) eine gewisse Streuung gibt.

Dieser Eindruck ist falsch. Was hier passiert ist, ist, daß Punkte, die eigentlich direkt übereinander liegen, auseinandergezogen wurden, damit man sie alle sehen kann. Wenn man eine Säule von gleichen Objekten senkrecht von oben betrachtet, ist alles, was man sieht, das Objekt, das ganz oben liegt. Abbildung 6.8 auf Seite 70 ist ein Versuch, diese Schwierigkeit zu umgehen, indem man die Punktwolken

---

3) Wenn Sie Abbildung 6.11 auf die Seite drehen und die Regression von X auf Y untersuchen, werden Sie merken, daß sie in allen Diagrammen genau dieselbe Steigung hat wie die von Y auf X. (Der Richtungssinn der Steigung ist umgekehrt, weil die Folge der Y-Werte umgekehrt ist, wenn man das Diagramm von der Seite betrachtet.)

Standardisierte Werte bei der Korrelation

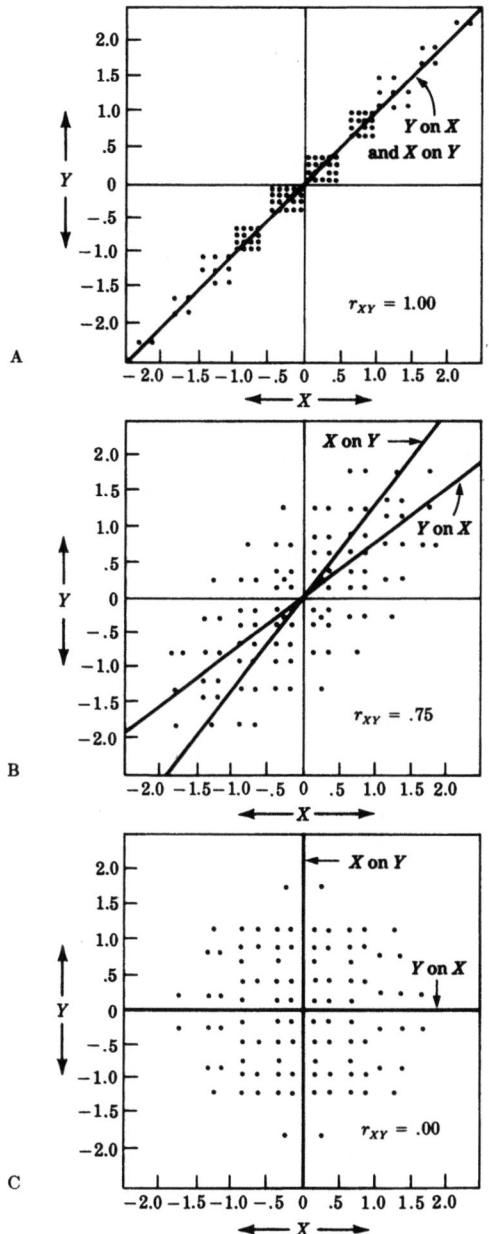

Abb. 6.11 Drei Streudiagramme in einheitlichem Raster (alle Werte in standardisierten Einheiten):
A: eine Regressionslinie,
B: zwei Regressionslinien
C: zwei Regressionslinien
Siehe auch Abbildung 6.8.

in drei Dimensionen zeichnet. Vielleicht hilft es, sich diese Zeichnungen noch einmal anzuschauen.

Man sieht dort, daß es bei einer streng linearen Korrelation *keinerlei* Streuung gibt und die Meßwerte deshalb übereinandergestapelt sind. Im starken Gegensatz dazu breitet sich eine gegen Null tendierende Korrelation über den größten Teil der Grundfläche aus, mit nur wenigen Werten am selben Ort. Andere Korrelationen nähern sich diesen beiden in unterschiedlichem Maße an.

Wenn Sie mit einem Diagramm Rohdaten wiedergeben, ist die Länge jeder Einheit in beiden Dimensionen willkürlich. Sie können zum Beispiel Zentimeter oder Meter auf der einen Koordinate und Gramm oder Kilo auf der anderen verwenden, und Sie können 1 Zentimeter, Meter, Gramm oder Kilo durch jeden beliebigen Abstand darstellen, je nachdem, welche Sorte Millimeterpapier Sie verwenden und wieviel Platz Sie haben. Und wenn Sie jemanden durch die Manipulation der Steigung einer Regressionslinie täuschen wollen, geht das ganz einfach, und zwar indem Sie einfach Maßeinheiten wählen, die Ihren Zwecken entsprechen. Aber standardisierte Werte halten Sie auf dem Pfad der Tugend. Sobald man für einen gegebenen Zusammenhang in standardisierte Werte umgewandelt hat, gibt es nur noch einen einzigen Steigungsgrad.

Wenn überhaupt kein Zusammenhang besteht, beträgt die Steigung Null. Da es keinen Grund gibt anzunehmen, daß sich die Y-Werte, die zusammen mit einem beliebigen X-Wert auftreten, irgendwie von denen unterscheiden, die mit irgendeinem anderen X-Wert auftreten, ist das beste geschätzte Lagemaß der Y für jeden gegebenen Wert von X einfach der Mittelwert von *allen Y* in der gesamten Verteilung. Während also unsere Regressionsgerade von links nach rechts auf der X-Achse verläuft, bewegt sie sich überhaupt nicht auf der Y-Achse; das heißt, die Steigung der Regressionsgeraden ist Null wie in Abbildung 6.11C. Bei einem streng linearen Zusammenhang ist sie 1,0 wie in Abbildung 6.11A. Alle anderen Zusammenhänge befinden sich irgendwo zwischen diesen beiden Extremen. (Denken Sie daran, daß eine Korrelation von $-1,0$ genauso streng linear ist wie eine Korrelation von 1,0.)

Kurz gesagt ist *eine sinnvolle Interpretation von r die Steigung der Regression von Y auf X, wenn beide in standardisierten Einheiten angegeben sind.*

Eine Korrelationsmatrix

Es werden nur selten wissenschaftliche Untersuchungen veröffentlicht, die nur einen einzigen Korrelationskoeffizienten angeben. Viele Publikationen bringen Dutzende und einige gar Hunderte solcher Koeffizienten. Man braucht ein System, um all diese Informationen anzugeben, so daß eine Einzelinformation im Zusammenhang mit anderen gesehen und damit verglichen werden kann. Gewöhnlich bedient man sich dafür einer sogenannten *Korrelationsmatrix*.

Eine Matrix ist eine Tabelle, die aus Zeilen und Spalten von Zahlen besteht. Eine Matrix der Korrelationskoeffizienten unterscheidet sich von den meisten an-

Eine Korrelationsmatrix

deren darin, daß sie in der Diagonalen streng symmetrisch ist; das heißt, die Zahlen in der oberen rechten Hälfte sind ein Spiegelbild von denen in der unteren linken Hälfte. Ein einziges Beispiel dürfte genügen, um den Begriff zu erläutern.

Das Hauptziel vieler psychologischer Studien ist es, die *Struktur* menschlichen Verhaltens und menschlicher Erfahrung aufzudecken. Ein Weg, sich diesem Ziel zu nähern, sind Korrelationen. Die Forscher messen etwas, korrelieren die Ergebnisse und finden so heraus, wo Zusammenhänge bestehen. Oft ist die Zahl der Variablen in der resultierenden Tabelle (der Matrix) riesig, aber die *Form* der Tabelle läßt sich genausogut mit nur wenigen Variablen aufzeigen. Tabelle 6.5 ist eine vollständige Matrix der Koeffizienten, die sich ergeben kann, wenn man fünf Variablen korreliert, eine jede mit den anderen vier.

		Qualität der Arbeit	Montage	technische Kenntnisse	IQ	Schulnoten
		1	2	3	4	5
Qualität der Arbeit	1	1,00	0,60	0,40	0,20	0,40
Montage	2	0,60	1,00	0,40	0,00	0,10
technische Kenntnisse	3	0,40	0,40	1,00	0,70	0,50
IQ	4	0,20	0,00	0,70	1,00	0,60
Schulnoten	5	0,40	0,10	0,50	0,60	1,00

Tabelle 6.5 Wechselbeziehungen zwischen fünf Fähigkeiten: die vollständige Matrix (Nach P. E. Vernon, *The Structure of Human Abilities*, London: Methuen & Company, Ltd., 1950, S. 102.)

Der Korrelationskoeffizient zwischen zwei beliebigen Variablen befindet sich am Schnittpunkt einer Zeile mit einer Spalte, wobei die Zeile die eine der beiden Variablen darstellt, die Spalte die andere. Ein kurzer Blick auf die Matrix genügt, um zu sehen, warum und wie man mit der Tabelle ein Schema zur Hand hat, um die Ergebnisse einer Korrelationsstudie darzustellen. Sie bemerken vielleicht auch das besondere Kennzeichen von Matrizen, das ich oben erwähnt habe: die strenge Symmetrie in der Diagonalen.

In Wirklichkeit braucht man aber weder Symmetrie noch Diagonale. Letztere wird nicht aus den Daten, sondern theoretisch gewonnen: Jede 1,0 ist ein idealisierter Reliabilitätskoeffizient – das heißt, er zeigt, wie jeder Test mit sich selbst korrelieren würde, wenn er extrem zuverlässig wäre. Diese Information dient nur als Bezugspunkt – oder eher als Bezugslinie –, weil man im voraus weiß, daß ein extrem zuverlässiger Test mit sich selbst 1,0 korrelieren würde. (Siehe den folgenden Abschnitt.) Die Symmetrie ist zwar interessant, aber sie ergibt sich aus

		1	2	3	4	5
Qualität der Arbeit	1					
Montage	2	0,60				
technische Kenntnisse	3	0,40	0,40			
IQ	4	0,20	0,00	0,70		
Schulnoten	5	0,40	0,10	0,50	0,60	

Tabelle 6.6 Wechselbeziehungen zwischen fünf Fähigkeiten: verkürzte Aufzeichnung (Nach P. E. Vernon, *The Structure of Human Abilities*, London: Methuen & Company, Ltd., 1950, S. 102.)

dem Einschluß von überflüssiger Information: Wenn man weiß, was auf der einen Seite der Diagonalen liegt, weiß man auch, was auf der anderen liegt.

Tabelle 6.6 läßt alles aus, was Sie 1. schon vorher wissen und was Sie 2. mit Bestimmtheit folgern können, wenn Sie sich die Einträge auf der anderen Seite der Diagonalen ansehen. In der Regel werden Angaben in dieser Form gemacht (obwohl die diagonale Reihe mit den extremen Korrelationen oft nicht ausgelassen ist). Alle wesentlichen Informationen sind da, nämlich die Wechselbeziehungen zwischen fünf Meßwerten, die man bei einer großen Zahl von Arbeitern in Autoreparaturwerkstätten gewonnen hat. Punktzahlen für die *Qualität der Arbeit* in der Werkstatt wurden aus den Beurteilungen der Vorarbeiter abgeleitet; *Montage* ist ein Test, der den Prüflingen eine auseinandergenommene Maschine vorlegt, die sie wieder zusammensetzen müssen. Die Daten für die Einträge bei *technische Kenntnisse* sind ebenfalls Testpunktzahlen, genauso wie die für den *IQ*. *Schulnoten* sind die Examensdurchschnittsnoten (Mittelwerte) von der High School.

Jetzt betrachten Sie noch einmal Tabelle 6.6, diesmal wegen des Inhalts. Denken Sie darüber nach. Denken Sie nach über die relative Stärke der Zusammenhänge, die durch diese Koeffizienten wiedergegeben werden. (Alle Zusammenhänge sind positiv, was bei Fähigkeiten fast immer der Fall ist; deshalb brauchen Sie sich bei diesen Vergleichen nicht um den *Richtungssinn* zu kümmern.) Bestätigen sich Ihre Erwartungen im allgemeinen? Gibt es irgendwelche Überraschungen? Fallen Ihnen irgendwelche möglichen Erklärungen für Ergebnisse ein, die Ihren Erwartungen widersprechen? Solche und ähnliche Gedanken wälzt ein guter Forscher bei einer Korrelationsmatrix.

Erwartungswerttabellen und die Genauigkeit der Vorhersage

In der heutigen medizinischen und sozialwissenschaftlichen Forschung steht häufig der Zusammenhang zwischen *zwei* Variablen im Mittelpunkt des Interesses. In diesen Fällen können verschiedene Methoden der Korrelationsanalyse angewendet werden. Wenn ein Korrelationskoeffizient dazu benutzt wird, um Werte der einen

Erwartungswerttabellen und die Genauigkeit der Vorhersage

Variablen aus den Werten der anderen vorherzusagen, spricht man von *Regression* (in der englischen Literatur von *prediction*). Die Voraussage wird um so genauer, je höher die Korrelation (bzw. der Korrelationskoeffizient) ist.

Die Erwartungswerttabelle als Streudiagramm

Der Korrelationskoeffizient kann eine sehr nützliche statistische Maßzahl sein, wenn Sie der Zusammenhang zwischen zwei Variablen interessiert. Wenn Sie jedoch einer in Statistik unbewanderten Person Zusammenhänge angeben wollen (zum Beispiel einem Hauptschüler oder seinen Eltern), müssen andere Wege gefunden werden – eine Darstellungsart, die so konkret ist, daß sie auch ohne besondere Kenntnis der Materie verständlich ist. Ein Streudiagramm ist eine der Möglichkeiten. Sie werden sich daran erinnern, daß wir bei der Suche nach dem Pearsonschen r eigentlich versuchten, die Steigung der Regressionslinie zu bestimmen, wobei sowohl X- als auch Y-Werte in standardisierten Einheiten angegeben waren. Die Formel für r wandelt die Meßwerte in standardisierte Einheiten um und ermöglicht eine sehr präzise Information (r) für *jeden, der mit dem Verfahren vertraut ist*. Aber mit viel mehr Platz können wir im wesentlichen dasselbe mitteilen, ohne in standardisierte Werte umzuwandeln. Ein Streudiagramm, das in der Regel Rohdaten verwendet, vermittelt diese Information.

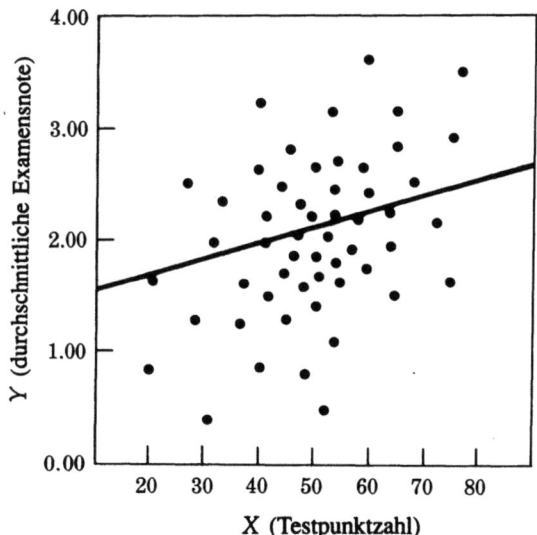

Abb. 6.12 Streudiagramm mit Regressionslinie bei $r = 0,37$.

Abbildung 6.12 zeigt die Regression von Durchschnittsnoten auf Testpunkte. Die Linie quer durch die Zeichnung ist die Regressionsgerade – das heißt *die Linie des passendsten Wertes*. (In diesem Fall ist die Steigung 0,37, wie sie es auch wäre, wenn die beiden Skalen in standardisierte Einheiten eingeteilt wären.)

Es wäre leicht, die Durchschnittsnoten anhand der Testpunkte vorherzusagen, indem man sich einfach auf diese Linie bezieht. Das einzige Problem bei diesen Vorhersagen ist, daß sie eine wichtige Information außer acht lassen: Sie ignorieren die *Streuung*. Wenn X eine Punktzahl aus einem Eignungstest und Y eine Examensdurchschnittsnote an der Central University ist, würde die Regressionsgerade einem Studenten mit einer Testpunktzahl von 57 zum Beispiel sagen, daß seine Durchschnittsnote im College 2,2 sein wird. Das gesamte Streudiagramm würde dagegen zeigen, daß das nicht die einzige Möglichkeit darstellt, auch wenn eine Durchschnittsnote von 2,2 der Mittelwert für Studenten mit einer Testpunktzahl von 57 ist.

Eine *Tabelle mit Erwartungswerten* funktioniert so wie ein Streudiagramm, ist aber leichter zu verwenden. Die Tabelle ist in zwei Dimensionen in Zeilen und Spalten aufgeteilt und bildet so eine Ansammlung von Kästchen. Wenn in jedes Kästchen eine Häufigkeit eingetragen wird, dann wird wie in Tabelle 6.7

	10–19	20–29	30–39	40–49	50–59	60–69	70–79	80–89
3,00–3,99			1	2	1	1		
2,00–2,99	1	2	7	7	3	2		
1,00–1,99	2	3	7	7	2	1		
0,00–0,99	1	1	2	1				

Y auf der linken Achse, X auf der unteren Achse.

Tabelle 6.7 Erwartungswerte der Häufigkeiten für Abbildung 6.12 ($r = 0,37$)

das Streudiagramm fast genau kopiert. Gewöhnlich werden aber die Häufigkeiten in jeder Spalte in Prozent der Spaltensumme umgewandelt wie in Tabelle 6.8. In

	10–19	20–29	30–39	40–49	50–59	60–69	70–79	80–89
3,00–3,99			6	12	17	25		
2,00–2,99	25	33	41	41	50	50		
1,00–1,99	50	50	41	41	33	25		
0,00–0,99	25	17	12	6	0	0		

Y auf der linken Achse, X auf der unteren Achse.

Tabelle 6.8 Erwartungswerte der Prozentzahlen für Abbildung 6.12 ($r = 0,37$)

beiden Fällen tragen Sie in die Tabelle den Testpunkt eines Studenten ein und erhalten als mögliches Ergebnis mehr als nur eine Durchschnittsnote.

Die Anwendung einer Tabelle mit Erwartungswerten

Jetzt können Sie Ihrem Studenten nicht nur seine wahrscheinlichste durchschnittliche Examensnote im College vorhersagen, sondern auch seine Chancen, besser (oder schlechter) abzuschneiden. Nehmen wir einmal an, daß Joe Cawledges Punktzahl im Test X 57 ist; Tabelle 6.8 sagt, daß von allen Studenten, die bereits früher Punktwerte in den 50ern erzielten und danach Central University besuchten, 6 Prozent eine Durchschnittsnote unter 1,0, 41 Prozent eine Note im Intervall von 1,0 bis 1,99, noch einmal 41 Prozent zwischen 2,0 und 2,99 und 12 Prozent eine 3,0 oder besser erreichten. Diese Art von Information ist jedermann verständlich. Sie kann sogar auch für einen erfahrenen Studienberater aufschlußreich sein, denn auch wenn er sofort weiß, daß jedes r unter einer Größe von 1,0 ein gewisses Maß an Streuung beinhaltet, ist es oft schwierig, das *Ausmaß* der Streuung zu visualisieren. Die Tabelle mit den Erwartungswerten nimmt auf die einzelnen Fälle unmittelbar Bezug (wie auch, nur leicht anders, das Streudiagramm).

Oft verfeinert man die Interpretation dieser Tabelle durch die Ableitung einer *kumulativen* Prozentzahl. Tabelle 6.9 zum Beispiel läßt darauf schließen, daß Joe Cawledge nicht eine 41prozentige Chance hat, eine Durchschnittsnote zwischen

	$\geq 3,00$			6	12	17	25	
	$\geq 2,00$		25	33	47	53	67	75	
Y	$\geq 1,00$		75	83	88	94	100	100	
	$\geq 0,00$		100	100	100	100	100	100	
		10–19	20–29	30–39	40–49	50–59	60–69	70–79	80–89
					X				

Tabelle 6.9 Erwartungswerte der kumulativen Prozentzahlen für Abbildung 6.12 ($r = 0,37$)

2,0 und 2,99 zu erzielen, sondern daß die Wahrscheinlichkeit, eine 2,0 *oder besser* zu erreichen, $0,41 + 0,12 = 0,53$ ist. Diese Summe ist häufig nützlicher als jede der Wahrscheinlichkeiten für sich genommen – tatsächlich so häufig, daß viele Tabellen mit Erwartungswerten vollständig aus kumulativen Prozentzahlen erstellt werden. Tabelle 6.9 basiert auf denselben Daten wie Tabelle 6.8; der einzige Unterschied besteht darin, daß alle Prozentzahlen kumulativ sind. Obwohl diese Struktur Tabelle 6.9 weniger flexibel macht als Tabelle 6.8, finden diejenigen, die in erster Linie an kumulativen Prozentzahlen interessiert sind, diese leichter zu benutzen.

Reliabilität (Zuverlässigkeit) und Validität (Gültigkeit)

Am Anfang dieses Kapitels deutete ich an, daß ein Kennwert für die Korrelation uns erlauben würde, die Genauigkeit von Vorhersagen zu überprüfen, die anhand eines Einstufungstests gemacht würden. Wenn Sie jetzt in jedem der Diagramme von Abbildung 6.11 X durch die Testpunktzahl und Y durch die durchschnittliche Examensnote ersetzen, können Sie sehen, wie genau die Vorhersagen wären bei einer Korrelation von 0,0 oder 0,75 oder 1,0.

Ein Korrelationskoeffizient, der dazu dient, einen kriteriumsbezogenen Wert (Y) aus einer Testpunktzahl vorherzusagen, wie im Falle des College-Einstufungstests, heißt *Validitätskoeffizient*.[4]) (Das Kriterium ist die Größe, die unser Test messen soll – in diesem Fall der Studienerfolg bzw. die Fähigkeit, vom Unterricht zu profitieren. Examensnoten werden im allgemeinen, wenn auch manchmal nur widerstrebend, als Maßzahl für den Studienerfolg akzeptiert – das heißt für das Maß, in dem ein einzelner vom Unterricht profitiert hat.) Wenn wir wie schon bei früherer Gelegenheit alle Studienanfänger unserer Eignungsprüfung unterziehen und sie eine Woche später noch einmal testen würden, könnten wir ein r berechnen, das uns den Zusammenhang zwischen dem ersten und dem zweiten Test angibt. Statt eines r_{xy} hätten wir ein r_{xx}, *Reliabilitätskoeffizient* genannt, da er uns das Ausmaß angibt, in dem wir uns darauf verlassen können, daß der Test uns jedesmal dieselben Ergebnisse liefert. (Sie können mit einem Gummimaßstab keine zuverlässigen Messungen vornehmen!)

Das Bild vom Gummimaßstab ist ganz praktisch, um sich den Begriff der Reliabilität (Zuverlässigkeit) zu merken, aber es steht in keinem unmittelbaren Zusammenhang mit der *Validität* (Gültigkeit). Hier eine Analogie, die sowohl die Reliabilität als auch die Validität anschaulicher macht: Stellen Sie sich eine Frau vor, die mit einem Gewehr in die allgemeine Richtung eines Objektes zielt, das mehrere hundert Meter von ihr entfernt ist. Ich sage «in die allgemeine Richtung», weil dort ein riesiges Tuch aus weißer Gaze ist, das nicht nur die Zielscheibe, sondern auch einen größeren Bereich um sie herum verdeckt. Unsere Schützin zielt auf einen Punkt, in der Hoffnung, damit ins Schwarze zu treffen. Sie feuert fünfmal – und verteilt ihre Schüsse über diesen Tuchvorhang. Abbildung 6.13 zeigt das Muster der Einschüsse auf dem Vorhang und auf der verdeckten Zielscheibe.

Ein anderer Schütze zielt in dieselbe Richtung wie seine Vorgängerin. Er verteilt seine Schüsse wie in Abbildung 6.14 gezeigt und schießt jedesmal daneben.

Ein dritter Schütze weiß, wo die Zielscheibe ist, zielt in diese Richtung und feuert fünf Schüsse, die so dicht beieinander liegen wie die des zweiten Schützen. Das Ergebnis wird in Abbildung 6.15 dargestellt.

Jetzt betrachten Sie noch einmal die Begriffe Reliabilität (Zuverlässigkeit) und Validität (Gültigkeit) und versuchen herauszufinden, welcher Begriff von welchem Schützen illustriert wird. Reliabilität? Das müßten die dichten Muster sein, nicht wahr? Schuß um Schuß landet an fast demselben Ort; darauf können Sie sich verlassen, genauso wie Sie sich bei einem zuverlässigen Test darauf verlassen können, daß er fast dieselben Ergebnisse aufweist, wenn dieselben Leute noch

---

4) Die angeführten Beispiele betreffen die Gültigkeit (Validität) der Vorhersage und die Zuverlässigkeit (Reliabilität) bei wiederholter Anwendung eines Tests. Es gibt noch andere Arten von Validität und Reliabilität, aber diese Beispiele zeigen, wie Korrelationskoeffizienten die betreffenden Zusammenhänge wiedergeben können.

Reliabilität (Zuverlässigkeit) und Validität (Gültigkeit)

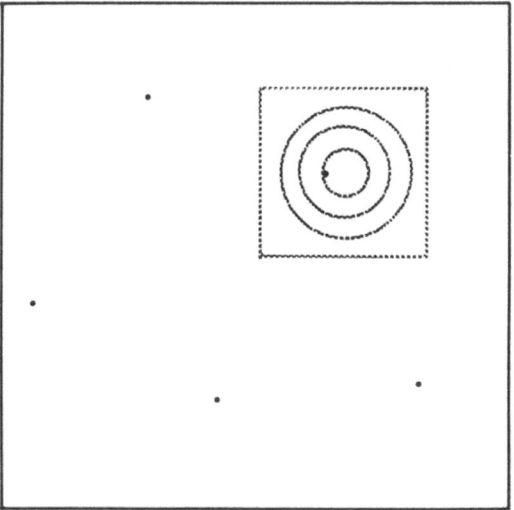

Abb. 6.13 Weit auseinanderliegende Schüsse, abgegeben auf ein nicht sichtbares Ziel, das hinter einem weißen Gazetuch verborgen ist.

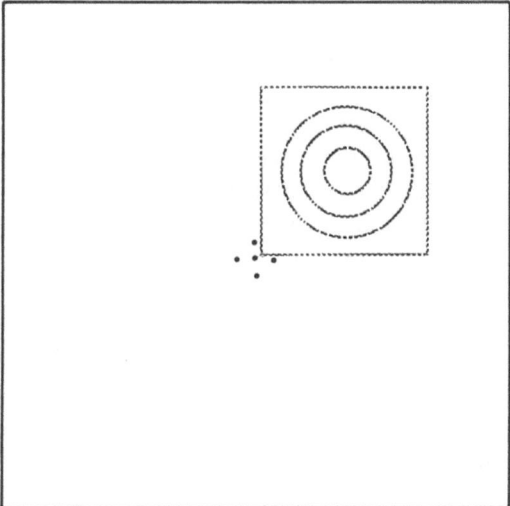

Abb. 6.14 Dicht beieinanderliegende Einschüsse neben dem Ziel, das hinter einem weißen Gazetuch verborgen ist.

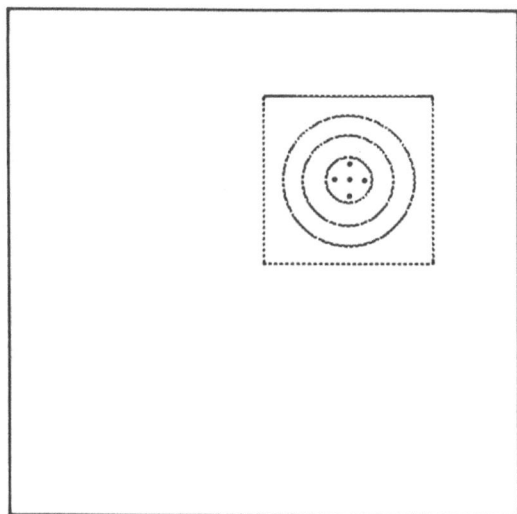

Abb. 6.15 Dicht beieinanderliegende Einschüsse im Ziel, das hinter einem weißen Gazetuch verborgen ist.

einmal getestet werden. Dagegen ist die Nähe zum Ziel die Analogie zur Validität. Dicht beieinanderliegende Schüsse nützen überhaupt nichts, wenn sie das Ziel verfehlen. Ebenso sind zuverlässige Tests sinnlos, wenn man nicht weiß, was man testet.

Daher garantiert eine hohe Reliabilität nicht unbedingt eine hohe Validität. Aber es ist auch wichtig anzumerken, daß eine *niedrige* Reliabilität sie absolut ausschließt. Wenn Ihre Schüsse nicht alle sehr dicht beieinanderliegen, können Sie unmöglich gut punkten. Wenn ein Test eine niedrige Reliabilität hat, kann er ein *gewisses Maß* an Validität haben, aber nicht viel (siehe Abbildung 6.13). Um es anders auszudrücken: Ein Test kann sehr zuverlässig sein, ohne im geringsten Gültigkeit zu besitzen, aber er kann nicht sehr gültig sein, wenn er nicht auch sehr zuverlässig ist.

Wenn Sie sich nach der Lektüre dieses Buches weiterhin mit Statistik und Meßverfahren beschäftigen, werden Sie die Art von Reliabilität und Validität, auf die ich hier nur ganz kurz eingegangen bin, noch besser verstehen lernen; Sie werden auch merken, daß es noch andere Arten gibt, die ich noch nicht einmal erwähnt habe. Wir wollen dieses Thema hier nicht weiter vertiefen, aber seien Sie auf spätere Anwendungen gefaßt. Selbst in diesem Buch werden Sie noch einiges über Validität und noch eine ganze Menge mehr über Reliabilität erfahren.

Was die Reliabilität betrifft, so wird in Kapitel 8 die Genauigkeit behandelt, was eigentlich nur ein anderes Wort für Reliabilität bzw. Zuverlässigkeit ist. Die Kapitel 9 und 10 beschäftigen sich mit der Signifikanz von beobachteten

Unterschieden, und auch das beantwortet die Frage «Wie zuverlässig ist die erhaltene Information?» Und auch zu jedem Standardfehler (wie dem *Standardfehler des Mittelwerts* oder dem *Standardfehler der Differenzen zwischen Mittelwerten*) gehört die Schätzung der Reliabilität.

Zusammenfassung

Oft will man den Zusammenhang zwischen zwei Variablen wissen. *Korrelationskoeffizienten* sind Kennwerte für Zusammenhänge. Es gibt viele solcher Kennwerte für die verschiedensten Anwendungen, aber wir haben hier nur zwei besprochen: den Rangkorrelationskoeffizienten und den Produktmoment-Korrelationskoeffizienten.

Jeder Korrelationskoeffizient gibt an, in welchem Maße (z.B. gering, mittel, hoch) Meßwerte derselben Individuen in einander entsprechenden Abschnitten von zwei verschiedenen Skalen auftreten. Wenn dieser Zusammenhang extrem ist und keine Ausnahmen zuläßt, bezeichnet man die Korrelation als streng linear, und der Koeffizient ist 1,0. Weniger extreme Korrelationen ergeben Korrelationskoeffizienten, die kleiner sind als 1,0. Eine *negative* Korrelation ist genau so stark wie eine *positive* Korrelation, wenn ihr Korrelationskoeffizient gleich groß ist; der Koeffizient gibt getrennt Größe und Richtungssinn mit einer einzigen Zahl an, die Werte von 0,0 bis 1,0 annimmt und ein Minuszeichen trägt oder nicht.

Für die Ermittlung eines Spearmanschen *Rangkorrelationskoeffizienten* (ρ) ordnet man alle Meßobjekte der Größe nach, entsprechend ihren Werten auf X; dann stellt man fest, wie genau ihre Y-Werte dieser Ordnung entsprechen. Je mehr sie sich dieser Ordnung annähern, desto kleiner sind die Rangplatzdifferenzen, und desto größer ist der Korrelationskoeffizient.

Der Pearsonsche *Produktmoment-Korrelationskoeffizient* (r) ist dem Rangkorrelationskoeffizienten ähnlich, außer daß er Informationen behält, die der andere unter den Tisch fallen läßt – nämlich die Entfernungen, die benachbarte Objekte auf den beiden korrelierten Variablen trennen.

Wenn man die Position eines jeden Meßobjektes (Meßwertpaares) sowohl auf der X- als auch auf der Y-Achse einzeichnet, erhält man ein *Streudiagramm*. Aus diesem Diagramm kann man direkt die Stärke und die Richtung des Zusammenhanges zwischen zwei Variablen ablesen. (Vielleicht wollen wir trotzdem ein r berechnen; der *direkteste* Index einer Größe ist nicht unbedingt auch der *genaueste*.) Etwa dasselbe Muster, etwas gröber in Tabellenform dargestellt, bezeichnet man als *Tabelle der Erwartungswerte*, da sie dafür gedacht ist, Ergebnisse vorherzusagen.

In der Formel für r stehen im Zähler die Abweichungswerte für die Variablen X und Y, aber ihre Standardabweichungen im Nenner sind ebenfalls von Bedeutung, da sich durch sie Abweichungswerte in standardisierte Werte umwandeln lassen. Das Pearsonsche r ist der Mittelwert der Produkte der Abweichungen auf beiden Variablen, wenn die Abweichungen in standardisierten Einheiten angegeben sind. Die Umwandlung in standardisierte Einheiten erlaubt noch eine andere Definition von r: r ist die Steigung der Regression der Variablen Y auf X, wenn beide in standardisierte Werte umgewandelt wurden.

Korrelationsstudien beschränken sich nur selten auf zwei Variablen. Einige beziehen Dutzende oder gar Hunderte aufeinander, und zwar jede auf jede der anderen. Immer wenn es um mehr als ein Variablenpaar geht, ist es angebracht, die Koeffizienten in einer *Korrelationsmatrix* darzustellen, in der alle Variablen sowohl nebeneinander als Überschriften für die Spalten der Tabelle (Matrix) als auch untereinander zur Bezeichnung der Zeilen aufgeführt sind. Mit ihr erhält man einen guten Überblick über alle untersuchten Zusammenhänge.

Die *Reliabilität* (*Zuverlässigkeit*) ist eines von zwei wichtigen Kennzeichen, die alle Messungen charakterisieren; das andere ist die *Validität* (*Gültigkeit*).

In den hier angeführten Fällen sagt uns der *Reliabilitätskoeffizient*, ob ein Test konsequent das mißt, was immer er mißt. Der *Validitätskoeffizient* sagt uns, ob er auch das mißt, was er messen soll.

Ein Korrelationskoeffizient drückt den empirischen Zusammenhang zwischen zwei Variablen in Zahlen aus. Aber impliziert ein *empirischer* Zusammenhang auch einen *kausalen* Zusammenhang? Kapitel 11 wird sich dieser Frage zuwenden.

Anwendungsbeispiele

Pädagogik
Sie sind Beraterin von Grundschullehrern und helfen bei der Planung von Aktivitäten, die die Schüler in ihrer emotionalen und sozialen Entwicklung fördern sollen. Sie haben in der Praxis beobachtet, daß sich Schüler mit einem negativen Selbstbild in der Klasse nicht für gemeinsame Ziele zu engagieren scheinen (niedrige soziale Verantwortung). Sie fragen sich, ob sich diese Beobachtungen objektiv bestätigen lassen. Um diesen Zusammenhang zu klären, untersuchen Sie 200 Viert-, Fünft- und Sechstkläßler auf einer Skala für Selbstbild und auf einer für soziale Verantwortung. Wie stellen Sie die von Ihnen erfaßten Daten dar, um Ihre Frage nach dem Zusammenhang zu beantworten?

Politologie
In der Forschung wurde schon häufig die Frage aufgeworfen, ob es einen Zusammenhang gibt zwischen dem Ausmaß an innenpolitischen Konflikten in einem gegebenen Land (X) und dem Ausmaß an außenpolitischen Konflikten, die dieses Land beginnt (Y). Nehmen wir an, Sie hätten eine Konfliktskala entworfen und Daten für die X- und die Y-Werte von 50 Ländern gesammelt. Welche statistische Maßzahl wird Ihre Frage beantworten?

Anwendungsbeispiele

Psychologie
Sie sind Kinderpsychologin und interessieren sich für den möglichen Zusammenhang zwischen der Menge Zucker im Frühstück von kleinen Kindern und Hyperaktivität (z.B. Unaufmerksamkeit, übermäßige Muskelaktivität etc.). Sie bitten 100 Mütter von Grundschülern, über alles, was ihre Kinder morgens zum Frühstück essen und trinken, Buch zu führen. Ein Ernährungswissenschaftler analysiert dann die Aufzeichnungen der Mütter und stellt die wöchentliche Durchschnittsmenge an aufgenommenem Zucker fest. Daten zur Hyperaktivität werden von Verhaltensforschern erhoben, die die Klassenzimmer täglich besuchen und jedes Kind auf einer 10-Punkte-Skala bewerten. Welche statistische Maßzahl zeigt Stärke und Richtung des Zusammenhangs zwischen Zuckeraufnahme und Aktivitätsniveau auf?

Sozialarbeit
Sie sind Sozialarbeiterin und untersuchen die Akten von Frauen, die Sozialhilfe empfangen. Sie interessieren sich für den möglichen Zusammenhang zwischen der Höhe der Selbstachtung einer Frau und der Anzahl der Monate, in denen sie Unterstützung erhält. Mit welcher Maßzahl läßt sich die entsprechende Information zusammenfassen?

Soziologie
Ihre Klasse kann sich nicht einigen über den möglicherweise bestehenden Zusammenhang zwischen dem Konservativismus bzw. Liberalismus akademischer Fächer und autoritärem Verhalten. (Eine Untersuchung über autoritäres Verhalten wurde bereits durchgeführt; siehe Anwendungsbeispiel Soziologie in Kapitel 5.) Die Frage ist, ob geisteswissenschaftliche Fächer wie Deutsch, Geschichte und Philosophie Dozenten anziehen bzw. hervorbringen, die bedeutend liberaler und weniger autoritär sind als Dozenten in Fächern wie Mathematik, Biologie, Chemie, Wirtschaftswissenschaften und Physik, die, wie einige Studenten behaupten, konservativer und autoritärer sind.

Nachdem Sie sich dieses Thema als Forschungsgegenstand ausgesucht haben, beginnen Sie Ihr Projekt, indem Sie sich die Daten aus der Studie über autoritäres Verhalten verschaffen. Dann wählen Sie, um die konservative bzw. liberale Ausrichtung der akademischen Fächer zu bestimmen, 10 Juroren aus, die die Fächer (nicht die Dozenten) auf einer Intervallskala von 0 (extrem konservativ) bis 100 (extrem liberal) bewerten sollen.

Wie drücken Sie den Zusammenhang zwischen diesen beiden Variablen in Zahlen aus?

7 Von der Beschreibung zur statistischen Inferenz: Ein Übergang

In Kapitel 1 habe ich darauf hingewiesen, daß es bei der Statistik hauptsächlich um zwei Dinge geht: 1. Um die Beschreibung von Populationen oder von aus diesen Populationen gezogenen Stichproben und 2. um die *Schlußfolgerung (statistische Inferenz)* von den Eigenschaften der Stichprobe (den sogenannten *Statistiken*) auf die Eigenschaften der Population (*Parameter*). Wenn Sie eine Untersuchung ausschließlich für Ihren Auftraggeber anstellen, könnte die beschreibende Statistik alles sein, was Sie brauchen. Aber wenn Sie das Ergebnis über den Einzelfall hinaus verallgemeinern wollen, brauchen Sie mehr, denn in diesem Fall bilden Ihre Untersuchungsobjekte nur eine Stichprobe einer größeren Population. Dann brauchen Sie Statistiken, mit deren Hilfe Sie auf die Parameter der zugehörigen Population schließen können.

Kapitel 1 nannte die Beschreibung und die Schlußfolgerung als die beiden Hauptfunktionen der Statistik. Die folgenden Kapitel über *Lage-* und *Streuungsmaße* gingen sowohl auf Stichproben als auch auf Populationen ein. In diesem Kapitel werden wir uns diesen Themen noch einmal zuwenden, diesmal auf einem höheren Diskussionsniveau.

Die Beschreibung von Verteilungen mit Hilfe von $\bar{X}$ und μ und die Schätzung von μ aus $\bar{X}$

Wir beginnen unsere Diskussion der beschreibenden Statistik und der Inferenz mit einem Lagemaß – speziell dem Mittelwert.

Die Beschreibung von Verteilungen mit Hilfe von $\bar{X}$ und μ

Dieser Abschnitt ist nur kurz, vor allem deshalb, weil Kapitel 3 Ihnen bereits gezeigt hat, daß die Formel für den Mittelwert einer Population (μ) dieselbe ist wie die für den Mittelwert einer Stichprobe ($\bar{X}$). Um es anders auszudrücken:

$$\bar{X} = \frac{\sum X}{n}$$

wobei $\sum X$ die Summe der (Roh-)Daten in einer Stichprobe und n die Anzahl dieser Daten ist. Ähnlich ist

$$\mu = \frac{\sum X}{N}$$

Dabei ist $\sum X$ die Summe der Meßwerte der *Population* und N die Anzahl dieser Werte. Wenn Sie nach der Berechnung eines Mittelwerts einer Stichprobe plötzlich erfahren, daß Ihre «Stichprobe» in Wirklichkeit die interessierende *Population* ist, müßten Sie Ihre Rechnung nicht noch einmal wiederholen; Sie würden einfach Ihren Mittelwert als μ statt als $\bar{X}$ angeben.

Die Schätzung von μ aus $\bar{X}$
Wenn Sie erfahren, daß Ihre «Stichprobe» in Wirklichkeit die gesamte Population ist, hat das eine noch viel wichtigere Auswirkung: Fehler, die möglicherweise auftreten, wenn man auf eine Population schließt, die man nicht hat beobachten können, brauchen Sie nicht zu kümmern.

Wenn dagegen Ihre «Stichprobe» *wirklich* nur eine Stichprobe aus der Zielpopulation ist, können Ihnen diese Fehler nicht egal sein: Sie müssen 1. die bestmöglichen Schätzungen wichtiger Parameter auswählen und 2. sich der *Reliabilität* (Zuverlässigkeit) dieser Schätzungen vergewissern.

Was den Parameter «Mittelwert» anbelangt, ist Ihre erste Aufgabe – die Auswahl der besten Schätzung – leicht zu lösen: *Die beste Schätzung des Mittelwerts einer Population ist der Mittelwert einer Stichprobe*, die aus dieser Population gezogen wurde.

Die Bestimmung der *Reliabilität* Ihrer Schätzung ist nicht ganz so einfach. Man braucht dazu einen neuen Begriff: *den Standardfehler des Mittelwerts*. Er ist ein Maß für die Streuung einer Verteilung von Stichprobenmittelwerten – ein Begriff, den ich noch in Kapitel 8 vorstellen werde. Die Streuung von Stichprobenmitteln hängt jedoch erheblich von der Streuung der individuellen Meßwerte in der Population ab; daher müssen wir uns zuerst damit befassen.

Die Beschreibung von Verteilungen mit Hilfe von S und σ und die Schätzung von σ aus S

Im vorangehenden Abschnitt habe ich behauptet, daß die beste Schätzung des Mittelwerts einer Population der Mittelwert der Stichprobe ist. Was die Standardabweichung betrifft, ist die Sachlage nicht annähernd so einfach.

Die Beschreibung von Verteilungen: S und σ
Sie erinnern sich vielleicht daran, daß ich in Kapitel 4 als eine Art Zusammenfassung unserer Diskussion der Standardabweichung vier Formeln aufgelistet habe, die auf die eine oder andere Art mit dem Begriff der Standardabweichung in Zusammenhang stehen. Ich wiederhole sie hier noch einmal für Sie:

$$\text{Mittelwert der Rohdaten} = \frac{\sum X}{n}$$

$$\text{durchschnittliche Abweichung} = \frac{\sum |x|}{n}$$

$$\text{Varianz} = \frac{\sum x^2}{n}$$

$$\text{Standardabweichung} = \sqrt{\frac{\sum x^2}{n}}$$

Die Zahlen, die Sie in diese Formeln einsetzen, gewinnen Sie unmittelbar aus Ihrer Stichprobe, und die Zahlen, die herauskommen, beziehen sich direkt auf

Die Beschreibung von Verteilungen mit Hilfe von S und σ

diese Stichprobe. Das Wort «Stichprobe» impliziert jedoch, daß Sie sich nicht in allererster Linie für die Stichprobe interessieren. Sie interessieren sich mehr für die Population, aus der die Stichprobe entstammt: mehr für die *Parameter* als für die *Statistiken* an sich. Tatsächlich würden Sie, wenn die Population klein genug wäre, nicht einmal eine Stichprobe ziehen.

In Kapitel 1 haben wir Beschreibung und verallgemeinernde Schlußfolgerung miteinander verglichen, und ich habe für beides Beispiele angeführt. Einige dieser Beispiele finden sich in Tabelle 7.1 wieder, zusammen mit Kommentaren zu den dazugehörigen Beschreibungen oder Schlußfolgerungen. Schauen Sie sich diese Tabelle genau an.

Beispiel	Kommentar
1. Ein Lehrer prüft eine Klasse in einem bestimmten Fachgebiet.	Beschreibung der *gesamten* Population, nämlich dieser bestimmten Klasse. Schlußfolgerung unnötig.
2. Ein Meinungsforschungsinstitut befragt 1000 Wahlberechtigte vor einer Bundestagswahl.	Schlußfolgerung auf die Präferenzen der gesamten Wählerschaft aus denen der Stichprobe.
3. Eine Bundestagswahl wird abgehalten.	Beschreibung der Population, nämlich der *gesamten* Wählerschaft.
4. Ein Pharmakologe überwacht klinische Studien an 500 Patienten für ein neues Medikament.	Schlußfolgerung (aus einer bestimmten Wirkung des Medikaments) auf *alle* potentiellen Patienten. Beschreibung der Population unmöglich.
5. Die durchschnittliche Torausbeute pro Einsatz eines jeden Spielers wird den Reportern eines Fußballspiels mitgeteilt.	Beschreibung *aller* Einsätze. Beschreibung trotz eventuell sehr großer Zahl der Einsätze hier möglich, weil jeder beobachtet und sein Ergebnis festgehalten wurde.

Tabelle 7.1 Beispiele für Beschreibung und statistische Inferenz
(Stichproben werden immer beschrieben, aber die Eigenschaften einer Population können aus denen der Stichprobe geschlossen werden.)

Ein Aspekt dieser ganzen Diskussion ist der, daß die Standardabweichung einer Stichprobe (S) nur theoretische Bedeutung hat. Denn bei jeder Stichprobenziehung aus einer Population interessiert man sich in erster Linie für die Population, nicht für die Stichprobe. Außer theoretisch ist eine Stichprobe nur insofern nützlich, als sich durch sie etwas über die Population in Erfahrung bringen läßt.

Dummerweise ist die Standardabweichung einer Stichprobe (S) bloß eine einseitige Schätzung der Standardabweichung ihrer Ausgangspopulation (σ).[1]) Also jetzt, wo Sie S endlich begriffen haben, sage ich Ihnen, daß man es nie braucht!

«Aber», sollten Sie jetzt fragen, «was ist mit Fällen, wo ich die *gesamte Population* untersuchen kann, wie bei den Beispielen 1, 3 und 5 in Tabelle 7.1? Welche Formel gibt mir dann die Standardabweichung der Population?»

Die Antwort sollte Ihr Gedächtnis irgendwo gespeichert haben. Wenn Sie sich nicht sofort daran erinnern können, schlagen Sie noch einmal die Formeln 4.2 und 4.3 auf Seite 38 nach. Ein kurzer Blick darauf wird Sie daran erinnern, daß *die beiden Formeln identisch sind* (außer den Symbolen, die sich auf die Stichprobe respektive auf die Population beziehen). Das ist auch sinnvoll, da man in beiden Fällen eine Reihe von tatsächlich gemachten Beobachtungen *beschreibt* und nicht auf die Natur einer Reihe von nicht angestellten Beobachtungen *schließt*.

Die Schätzung von σ aus S – eine neue Statistik: s

Wenn man ein Merkmal (Parameter) einer Population schätzen möchte, die man bis auf eine kleine Stichprobe *nicht* untersucht hat, ist die Sachlage anders. Wie ich schon sagte, ist die Standardabweichung einer Stichprobe (S) eine einseitige Schätzung der Standardabweichung der Population (σ). Genauer gesagt, unterschätzt S in der Regel σ.

Die Standardabweichung der Stichprobe ist jedoch die nächste Annäherung an die Standardabweichung der Population. Deshalb wollen wir mit ihr anfangen und sie dann modifizieren, um ihre Tendenz, σ zu unterschätzen, zu korrigieren. Die Verkleinerung des Nenners (n) des Bruchs in der Formel

$$S = \sqrt{\frac{\sum x^2_{\text{Stichprobe}}}{n}}$$

würde einen Wert ergeben, der größer ist als S, und genau das machen wir jetzt: Die Formel für die geschätzte Standardabweichung einer Population ist

$$s = \sqrt{\frac{\sum x^2_{\text{Stichprobe}}}{n-1}} \quad (7.1)$$

Dabei ist s die Standardabweichung der Population, wie sie aus den Daten der Stichprobe geschätzt wurde. $\sum x^2_{\text{Stichprobe}}$ ist die Summe der quadrierten Abweichungen in der Stichprobe, und $n - 1$ ist die *Anzahl der Freiheitsgrade*.

Die Anzahl der Freiheitsgrade in einer Berechnung ist die Anzahl der Werte, die frei variieren dürfen, welche mathematischen Einschränkungen es auch immer bei dieser Berechnung gibt.[a] Die Schätzung der Standardabweichung einer

---

1) Falls man ein S für jede von unendlich vielen Stichproben berechnen würde, wäre der Mittelwert dieser S nicht gleich σ.

Population bringt eine Einschränkung mit sich und folglich den Verlust eines Freiheitsgrades. Dies ist jedoch nicht die einzige Möglichkeit; die Anzahl der Freiheitsgrade (f) kann n sein (wenn es *keine* Einschränkungen gibt), $n - 1$ (wie im vorliegenden Fall), $n - 2$, $n - 3$ oder noch kleiner.

Wenn sich eine Formel mit der einfachen *Beschreibung* befaßt, ist die Anzahl der Freiheitsgrade n. Wenn man mit seinen Berechnungen *verallgemeinern* will, gelten einige Einschränkungen, so daß die Anzahl der Freiheitsgrade kleiner als n ist (z.B. $n - 1$, $n - 2$, $n - 3$ usw.). Sie können sich darauf gefaßt machen, noch mehr Beispielen für f kleiner als n zu begegnen, weil es ab jetzt vor allem um die statistische Inferenz gehen wird.

Zusammenfassung

Die vorangegangenen Kapitel zeigten, wie man eine Verteilung von einzelnen Meßwerten differenziert *beschreibt*; dieses hier bereitet Sie auf die späteren Kapitel vor, wo solche Daten dazu verwendet werden, auf Eigenschaften einer Verteilung zu *schließen*, die man nicht in ihrer Gesamtheit erfassen kann. Dabei spielen zwei Arten von Maßen eine Rolle – ein Lagemaß (der Mittelwert) und ein Streuungsmaß (die Standardabweichung).

Was den Mittelwert betrifft, ist die Sache einfach: Der Mittelwert einer beliebigen Stichprobe aus der interessierenden Population ist eine recht gute Schätzung des Mittelwerts der Population.

Der Fall der Standardabweichung ist komplizierter, kann aber wie folgt kurz zusammengefaßt werden:

1. Die Standardabweichung einer Stichprobe

$$S = \sqrt{\frac{\sum x^2_{\text{Stichprobe}}}{n}}$$

kann direkt aus den Daten berechnet werden. Sie werden das aber kaum brauchen, denn wenn Sie eine Stichprobe aus einer Population ziehen, interessieren Sie sich für die Population.

2. Die Standardabweichung der Population

$$\sigma = \sqrt{\frac{\sum x^2_{\text{Pop.}}}{N}}$$

wird, wann immer möglich, direkt aus den Meßergebnissen berechnet. Ihre Formel ist im wesentlichen dieselbe wie die von S.

3. S unterschätzt σ.

$\bar{X}$ = Mittelwert einer Stichprobe	$\dfrac{\sum X_{\text{Stichprobe}}}{n}$
μ = Mittelwert der Population	$\dfrac{\sum X_{\text{Population}}}{N}$
$\bar{X}$ = aus einer Stichprobe geschätzter Mittelwert der Population	$\dfrac{\sum X_{\text{Stichprobe}}}{n}$
S = Standardabweichung einer Stichprobe	$\sqrt{\dfrac{\sum x^2_{\text{Stichprobe}}}{n}}$
σ = Standardabweichung der Population	$\sqrt{\dfrac{\sum x^2_{\text{Population}}}{N}}$
s = aus einer Stichprobe geschätzte Standardabweichung der Population	$\sqrt{\dfrac{\sum x^2_{\text{Stichprobe}}}{n-1}}$

Tabelle 7.2 Sechs wichtige Begriffe mit ihren Symbolen und Formeln
(Wenn das Wort «geschätzt» nicht bei einem Symbol dabeisteht, wird der von ihm repräsentierte Betrag direkt aus den Daten berechnet.)

4. Die aus der Standardabweichung einer Stichprobe geschätzte Standardabweichung der Population kompensiert diese Unterschätzung. Mit anderen Worten:

$$s = \sqrt{\dfrac{\sum x^2_{\text{Stichprobe}}}{n-1}}$$

Das heißt, s ist dasselbe wie S mit dem einzigen Unterschied, daß die Anzahl der Freiheitsgrade um 1 vermindert ist (die «-1» im Nenner).

Tabelle 7.2 faßt noch einmal die Hauptbegriffe dieses Kapitels mit ihren Symbolen und Definitionsformeln in leicht überschaubarer Form zusammen. Rechenkästen gibt es in diesem Kapitel nicht, da Sie bereits all diese Maße berechnet haben, mit Ausnahme der aus den Daten einer Stichprobe geschätzten Standardabweichung der Population (s). Diese ist aber bis auf $n-1$ statt n mit S identisch, was Sie ja schon berechnet haben (siehe Kasten 4.1, Seite 40).

8 Die Genauigkeit der statistischen Inferenz

Wenn Joe Cawledge beim sprachlichen Test 30 Punkte erhält, geben wir entweder seine im Test erzielte Punktzahl (Rohdatum), seinen standardisierten Wert oder ein oder mehr Perzentile an. Wenn jemand den Durchschnittswert einer Gruppe von Zweitsemestern in einem psychologischen Experiment wissen wollte, hätten wir hier dieselben Optionen. Natürlich hätte keines der Rohdaten für sich allein irgendeine Aussagekraft, aber wie steht es mit den anderen beiden (dem standardisierten Wert und dem Perzentil)? Das haben Sie doch in Kapitel 5 gelernt, oder?

Ja und nein. Wir haben das Problem, aus einer Stichprobe zu verallgemeinern, kurz angeschnitten: die Frage, ob es angemessen ist, nach Auswertung einer Stichprobe Aussagen über eine Population zu treffen, die – wie wir sagen – durch die Stichprobe repräsentiert wird. Eigentlich ist das keine Frage des Entweder – Oder. Eine richtige Antwort würde die statistische Sicherheit angeben müssen, mit der wir diese Antwort geben. Oft ebenso wichtig wie die Schlußfolgerung selbst ist es zu wissen, wie hoch die *Irrtumswahrscheinlichkeit* bei einer solchen Schlußfolgerung ist.

In diesem Kapitel geht es deshalb ausschließlich um Fehler.[a] Die Kapitelüberschrift ist aber nicht falsch gewählt, denn gerade indem wir die wahrscheinlichen Grenzen der Fehler feststellen, bestimmen wir die Genauigkeit unserer Schlußfolgerungen. Bei vielen Anwendungen ist diese Festlegung der Grenzen sogar wichtiger als der Meßwert. Es hat keinen Sinn, Parameter zu schätzen, wenn unsere Schätzungen keine *Reliabilität* besitzen.

Standardfehler

Die Begriffe «Stichprobenverteilung», «Stichprobenfehler» und «Standardfehler» hängen eng zusammen. Eine *Stichprobenverteilung* ist eine Verteilung von Schätzungen (aus Stichprobenbefunden) der Ausprägung eines bestimmten Merkmals einer Population. Der *Stichprobenfehler* bezieht sich auf die Streuung dieser Schätzungen, und der *Standardfehler* ist ein Kennwert für diese Streuung – nämlich die Standardabweichung der Stichprobenverteilung.

Ein Beispiel soll dies veranschaulichen.

Der Standardfehler des Mittelwerts ($s_{\bar{x}}$)
Eines der wichtigsten Merkmale des Mittelwerts einer Stichprobe besteht darin, daß er in einer normal verteilten Population das stabilste Lagemaß ist. Mit «stabilste» meine ich, daß er bei wiederholten Zufallsstichproben aus derselben Population am wenigsten variiert. Nehmen wir an, wir wollen mit dem Wechsler-Test für Erwachsene den Durchschnitts-IQ amerikanischer College-Studenten herausfinden. Der Einfachheit halber gehen wir davon aus, daß die Population während der Zeit der Stichprobenerhebung stabil bleibt. Diese Population wäre wahrscheinlich in bezug auf den Intelligenzquotienten normal verteilt; das nehmen wir jetzt

jedenfalls einmal an. Sie ist zu groß, um in ihrer Gänze erfaßt zu werden, weshalb wir eine Stichprobe ziehen und aus ihr auf den Durchschnitts-IQ der Population schließen müssen.

Man kann Stichproben auf verschiedene Weise auswählen. Die einfachste Methode ist die *zufällige* Auswahl, bei der die Zusammensetzung der Stichprobe vollkommen vom Zufall abhängt. Der Idealfall wäre dem Ziehen von Losnummern aus einem Tombola-Topf vergleichbar: Jedes Los steht für einen Studenten, der ganze Topf für die gesamte Studentenschaft. Dann würden wir alle die Personen testen, deren Losnummern wir gezogen haben (sie bilden unsere Stichprobe der Population in bezug auf den Intelligenzquotienten).

Nun zurück zur Stabilität des Mittelwerts. Wenn wir, sagen wir mal, 1000 Personen, so wie eben beschrieben, auswählen, können wir den Mittelwert ihrer IQs berechnen. Wenn wir diese 1000 in die Population zurückgeben und dann eine weitere, gleich große Stichprobe auf die gleiche Weise wählen, können wir einen zweiten Mittelwert berechnen. Genauso können wir auch eine dritte und vierte Stichprobe ziehen, und endlos so weiter. Jede Stichprobe besäße einen Mittelwert, aber nicht alle diese Mittelwerte wären gleich. Tatsächlich würden sie eine Verteilung ergeben – eine Verteilung, die dieselbe Glockenform hätte wie die der Population und die jeder ihrer Stichproben.[b,c] Die Verteilung wäre jedoch viel gedrängter als jede Verteilung von Individuen. Abbildung 8.1 stellt die Verteilung der Population, einer einzelnen Stichprobe und der Mittelwerte vieler Stichproben auf einer gemeinsamen Skala von IQs dar.

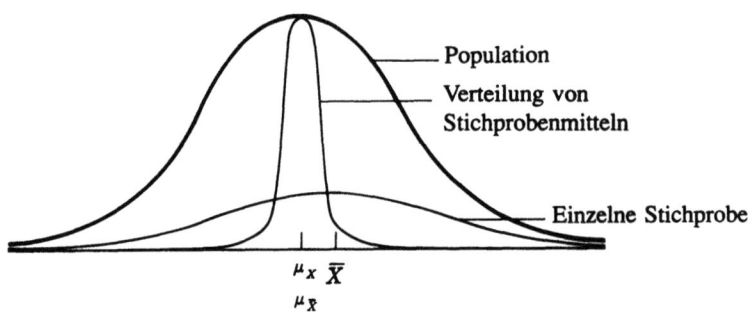

Abb. 8.1 Übereinanderprojizierte Verteilungen der Population, einer Stichprobe und einer unendlich großen Zahl von Stichprobenmitteln. μ_x = (hypothetischer) Mittelwert der Population; $\bar{X}$ = (tatsächlich erhaltener) Mittelwert einer gezogenen Stichprobe; $\mu_{\bar{x}}$ = (hypothetischer) Mittelwert einer unendlich großen Zahl von Stichprobenmitteln. Der Mittelwert der Population ist ein Beispiel für einen Parameter; der Mittelwert einer Stichprobe ist ein Beispiel für eine Statistik. Zu beachten ist, daß der Mittelwert der unendlich großen Zahl von Stichprobenmitteln gleich dem Mittelwert der Population ist.

In Abbildung 8.1 wurde eines der üblichen Symbole für den Mittelwert der Mittelwerte ($\mu_{\bar{x}}$) an der Stelle des Mittelwerts der Population (μ_x) eingetragen,

Standardfehler

und tatsächlich besitzen unendlich viele Mittelwerte denselben Mittelwert wie die Population. Aber da man natürlich niemals unendlich viele Mittelwerte hat, kann man nie ganz genau wissen, wo der Mittelwert der Population nun wirklich liegt. (Denken Sie daran, daß wir die Population nur durch die aus ihr gezogenen Stichproben kennen.)

Was wir aber tun *können*, ist, die Grenzen zu bestimmen, in denen der Mittelwert der Population wahrscheinlich liegt. Die Kurve mit der schmalen Basis in Abbildung 8.1 stellt die Verteilung von Stichprobenmittelwerten dar. *Wenn eine solche Kurve schmal ist*, wissen wir, daß *der Mittelwert der Population nahe bei unserem Stichprobenmittel liegt*, da dann der Mittelwert der Population nahe bei *jedem* Stichprobenmittel liegt.

Also haben wir genau das gefunden, was wir suchten! Doch leider können wir nur in unserer Phantasie eine sehr große Zahl von Stichproben untersuchen. Im wirklichen Leben haben wir nur eine einzige vor uns. Also wozu das Ganze? Es ist insofern ganz hilfreich, als wir aus der Streuung und dem Umfang der Stichprobe *schätzen* können, wie groß die Streuung einer Verteilung von Stichprobenmitteln sein wird – auch wenn uns die Kenntnis des Stichprobenmittels nie den Mittelwert der Population verraten wird. Unsere Schätzung der Standardabweichung einer hypothetischen Verteilung von Stichprobenmitteln heißt *Standardfehler des Mittelwertes*, und seine Definitionsformel berücksichtigt sowohl die Streuung als auch den Umfang der Stichprobe:

$$s_{\bar{x}} = \frac{s}{\sqrt{n}} \tag{8.1}$$

Dabei ist $s_{\bar{x}}$ der geschätzte Standardfehler des Mittelwerts, s die geschätzte Standardabweichung der Population und n der Umfang der einen Stichprobe, die Sie untersucht haben. Ab hier werde ich jedoch nur noch vom «Standardfehler des Mittelwerts» sprechen und das Wort «geschätzt» weglassen, da man diesen Begriff sowieso nur gebraucht, wenn man keinen Zugang zu der gesamten Population hat. Falls man diesen Zugang jedoch *hat*, *braucht* man keinen Standardfehler, weil es eben keinen Fehler gibt.

Formel 8.1 impliziert, daß der Standardfehler *klein* ist, wenn die Stichprobe durch eine *geringe* Streuung bei einer *großen* Zahl von Meßwerten charakterisiert ist. Ein kleiner Standardfehler bedeutet, daß Stichproben mit diesem Umfang und dieser Streuung Mittelwerte haben, die sehr dicht beieinander liegen. Das wiederum bedeutet, daß sich der Mittelwert unserer Stichprobe wahrscheinlich nicht sehr stark von den Mittelwerten anderer Stichproben unterscheidet, die wir der Population «IQs von College-Studenten» entnommen haben. Das heißt, daß die erhaltene Maßzahl (Statistik) *zuverlässig* ist.

Da Sie schon wissen, wie man eine Standardabweichung (s) berechnet, ist die Berechnung des Standardfehlers eines Mittelwertes ganz einfach, wie Sie aus Kasten 8.1 ersehen können.

> **Kasten 8.1 Berechnung des Standardfehlers des Mittelwerts für das Beispiel der IQs der College-Studenten**
>
> $$\boxed{s_{\bar{x}} = \frac{s}{\sqrt{n}}} \qquad s_{\bar{x}} = \frac{10,2}{\sqrt{10000}} = \frac{10,2}{100} = 0,102$$
>
> Um den *Standardfehler des Mittelwerts* zu berechnen, braucht man nur den *Umfang der Stichprobe* und die *geschätzte Standardabweichung der Population*. In diesem Fall ist $n = 10000$ und $s = 10,2$.
>
> $$n = 10000 \qquad s = 10,2$$
>
> Und natürlich kann man diese Standardabweichung nur berechnen, wenn man den *Mittelwert der Stichprobe* kennt:
>
> $$\bar{X} = 115,5$$

Andere Standardfehler

In der ganzen vorangegangenen Diskussion über Standardfehler ging es eigentlich nur um einen bestimmten Typ – den Standardfehler des Mittelwertes. Diese Beschränkung bot sich an, weil sich das Konzept, einmal verstanden, leicht auf andere Situationen übertragen läßt – auch wenn der Standardfehler am Anfang vielleicht ein bißchen schwer zu begreifen ist. Derselben Logik folgt unter anderem der Standardfehler einer Standardabweichung, eines Meßwertes, einer Differenz zwischen Mittelwerten (Kapitel 9) und eines Korrelationskoeffizienten. In jedem Fall sagt uns ein *kleiner* Standardfehler, daß die Statistik der Stichprobe eine verläßliche Schätzung des entsprechenden Parameters der Population ist.

Vertrauensintervalle und Verläßlichkeitsniveaus

Wir haben jetzt ein gutes Werkzeug an der Hand, wenn wir versuchen, den Mittelwert der Population zu bestimmen. Denn jetzt können wir einige Hypothesen prüfen und die Wahrscheinlichkeit bestimmen, mit der sie gültig sind. Abbildung 8.2 zeigt graphisch, wie das im Falle des Durchschnitts-IQs der College-Studenten geschehen kann, wenn der Standardfehler des Mittelwertes $s_{\bar{x}} = 0,102$ ist (das ist der aus der Stichprobe in Kasten 8.1 berechnete Wert).

Das zugrundeliegende Konzept

Der in der Stichprobe erhaltene Mittelwert für den IQ ist 115,5. Abbildung 8.2 zeigt, wie diese Statistik plus der Standardfehler des Mittelwertes dazu benutzt werden können, die Frage zu beantworten, «Innerhalb welcher *Grenzen* dürfen wir den Mittelwert der Population einigermaßen sicher vermuten?» Das von diesen Grenzen umschlossene Intervall heißt *Vertrauens-* oder *Konfidenzintervall* und das «einigermaßen sicher» in der Frage oben wird quantitativ als *Verläßlichkeitsniveau* ausgedrückt. Jeder dieser beiden wichtigen Begriffe hängt in seiner Bedeutung vom

Vertrauensintervalle und Verläßlichkeitsniveaus

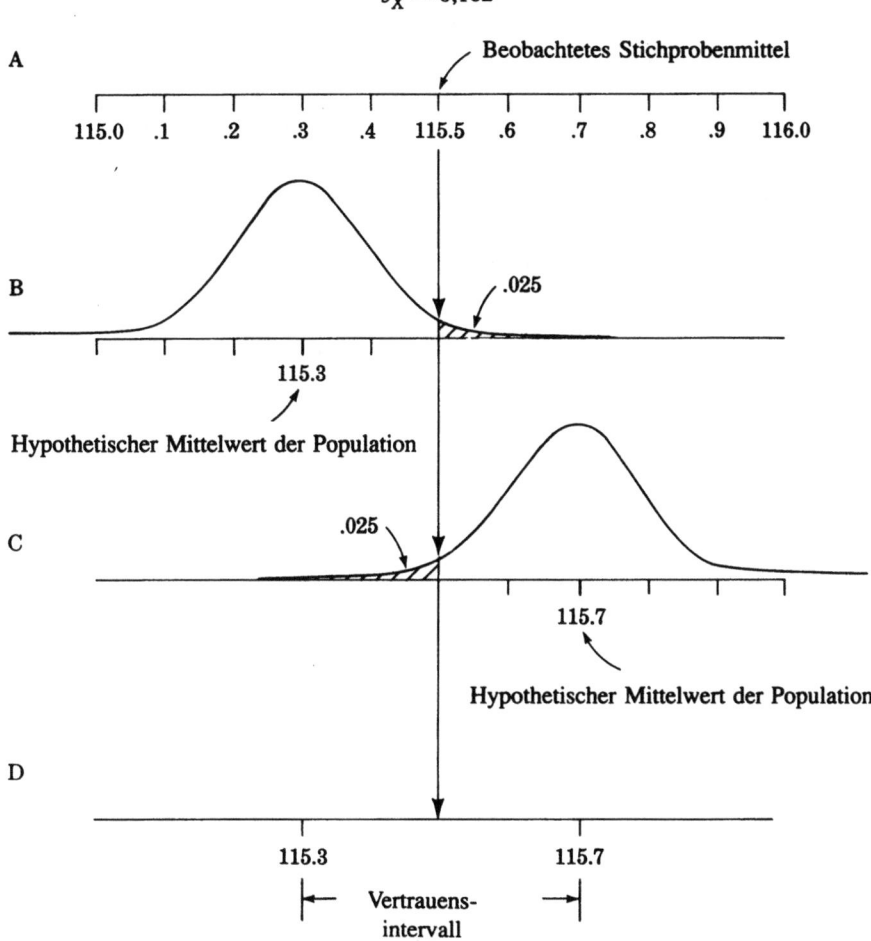

Abb. 8.2 Bildung eines Vertrauensintervalls auf dem 95-Prozent-Niveau der Verläßlichkeit.

anderen ab. Wenn ich Ihnen sagte, daß ich hundertprozentig sicher bin, daß der wahre Mittelwert *irgendwo* liegt, was erführen Sie dann über seine Lage? Und welche Information hätten Sie, wenn ich Ihnen sagte, daß der wahre Mittelwert *möglicherweise* zwischen 115,3 und 115,7 liegt? Sie müssen also das Intervall kennen, wenn das Verläßlichkeitsniveau irgendetwas bedeuten soll, und umgekehrt.

Tatsächlich sind Vertrauensintervall und Verläßlichkeitsniveau streng proportional. Ein kleiner Standardfehler des Mittelwerts vorausgesetzt, können wir mit einer *großen* statistischen Sicherheit sagen, daß der wahre Mittelwert innerhalb eines *großen* Intervalls liegt. Aber wenn wir das Intervall verkleinern, vermindern wir die Wahrscheinlichkeit, daß der wahre Mittelwert in diesem kleineren Intervall liegt. Wenn Sie einen Augenblick darüber nachdenken, werden Sie sehen, daß das immer so sein muß.

Sie werden sich daran erinnern, daß es eine Streuung bei den Mittelwerten von Zufallsstichproben aus derselben Population gibt. Wenn der Mittelwert der Population also zum Beispiel 0,2 Punkte *unterhalb* des von uns erhaltenen Stichprobenmittels läge (Abbildung 8.2B), wieviele von tausend Stichprobenmitteln wären dann so *hoch* wie das aus unserer Stichprobe? Aus der Zeichnung können Sie ablesen, daß 0,025 Stichprobenmittel (oder 25 von tausend) so groß sind. Wir können jetzt behaupten, daß der Mittelwert der Population nicht unter 115,3 liegt, und zwar auf einem Verläßlichkeitsniveau von $1,0 - 0,025 = 0,975$.

Die untere Grenze ist nur die eine Hälfte dessen, was wir zur Bestimmung eines Vertrauensintervalls brauchen; aber wenn wir die einmal haben, ist der Rest einfach. Wir brauchen bloß das eben geschilderte Verfahren zu wiederholen, nur daß wir diesmal die Hypothese prüfen, daß der Mittelwert der Population *oberhalb* des erhaltenen Mittelwertes liegt. Jetzt fragen wir: «Wenn der Mittelwert der Population 0,2 Punkte *über* dem von uns erhaltenen Stichprobenmittel läge (Abbildung 8.2C), wie groß ist dann die Wahrscheinlichkeit, daß ein so *kleines* Stichprobenmittel wie unseres vorkommt?» Wieder ist die Wahrscheinlichkeit 0,025.

Die Prüfung unserer ersten Hypothese zeigte uns, daß die Wahrscheinlichkeit nur 0,025 beträgt, daß man einen Mittelwert erhält, der niedriger ist als 115,3; der zweite Test ergab eine Wahrscheinlichkeit von 0,025, daß er höher ist als 115,7. Jetzt wollen wir die beiden Hypothesen miteinander verbinden: «Wie groß ist die Wahrscheinlichkeit, daß der Mittelwert der Population außerhalb des Intervalls von 115,3–115,7 liegt?» Die Antwort ist natürlich $0,025 + 0,025$ oder 0,05. Wenn wir also sagen, daß der Mittelwert der Population irgendwo in diesem Intervall *liegt*, dann können wir das auf einem *Verläßlichkeitsniveau* von $1,0 - 0,05 = 0,95$ tun und vom *95-Prozent-Niveau der Verläßlichkeit* sprechen.

Übungen zur Vertiefung des Stoffs
Das Ausmaß der Abweichung eines beobachteten Stichprobenmittels vom Mittelwert einer hypothetischen Population ist ein bißchen willkürlich; denn es hängt davon ab, wo man den wirklichen Mittelwert vermutet. Die Form der Verteilung von Stichprobenmitteln in Abbildung 8.2 ist jedoch *nicht* willkürlich; sie wurde geschätzt aus dem Umfang und der Streuung der Stichprobe, indem man den Standardfehler des Mittelwertes berechnete.

Die Abweichung eines Stichprobenmittels vom Mittelwert einer Population ist ein Abweichungswert. Der Standardfehler des Mittelwertes ($s_{\bar{x}}$) ist im wesentlichen eine Standardabweichung. Ein Abweichungswert geteilt durch eine Standardabweichung ist ein standardisierter Wert. Teilen wir also unsere vermutete Abweichung durch unsere hypothetische Standardabweichung, dann erhalten wir einen standardisierten Wert. In Abbildung 8.2B ist der Abweichungswert 0,2 und die Standardabweichung 0,102; der sich daraus ergebende standardisierte Wert ist $0,2/0,102 = 1,96$. Wenn wir in einer Tabelle eine Normalverteilungskurve mit einem standardisierten Wert von 1,96 nachschlagen, sehen wir, daß die Fläche unter dem kleineren Teil der Kurve tatsächlich 0,025 ist. Wenn Sie hier lernen würden, wie man die statistische Inferenz *anwendet*, befände sich eine solche Tabelle im

Anhang Ihres Buches, und sie würden sie häufig brauchen. Da es jedoch Ihr Ziel ist, statistische Inferenzen zu *verstehen*, ist es besser, solche Probleme graphisch zu behandeln. Die folgenden Übungen werden Ihnen dazu mehrfach Gelegenheit geben. Überspringen Sie sie nicht. Seien Sie auf der anderen Seite nicht allzu sehr um Genauigkeit bemüht; tun Sie bloß das, was richtig *aussieht*. Das reicht für unsere Zwecke. Wenn Sie aber denken, daß Sie Hilfe brauchen, die Flächen unter einer Normalverteilungskurve zu bestimmen, schlagen Sie Abbildung 5.4 auf Seite 55 nach.

Pausen Sie die Kurve in Abbildung 8.2 auf ein Stück Papier durch und schneiden Sie sie aus, so daß Sie eine Verteilung haben, die Sie herumschieben können, um verschiedene Hypothesen zu prüfen. Prüfen Sie die Grenzen von 115,4–115,6, 115,2–115,8, 115,1–115,9 und 115,0–116,0; schätzen Sie jedesmal die Wahrscheinlichkeit, daß das Stichprobenmittel *außerhalb* des Intervalls liegt, und dann schätzen Sie die Wahrscheinlichkeit, daß es innerhalb liegt. Sie können das für jedes beliebige Intervall tun, aber in einer realen Situation würden Sie vorher entscheiden, eine wie große Irrtumswahrscheinlichkeit Sie akzeptieren würden bzw. welches Verläßlichkeitsniveau Sie haben möchten. Dann würden Sie die Intervallgrenzen suchen, die diesem Verläßlichkeitsniveau entsprechen.

Mit anderen Worten, Sie würden genau das tun, was ich in Abbildung 8.2 gemacht habe. Als erstes habe ich mich entschieden, daß ich ein Verläßlichkeitsniveau von 0,95 darstellen möchte, was eine Wahrscheinlichkeit von 0,05 läßt, daß der erhaltene Mittelwert *außerhalb* des Konfidenzintervalls liegt. Die Hälfte dieser 0,05 (d.h. 0,025) befindet sich oberhalb, die andere Hälfte unterhalb dieses Intervalls. Ich bin also wie folgt vorgegangen:

1. Zuerst habe ich die hypothetische Mittelwertsverteilung von 115,5 nach unten verschoben, bis die senkrechten Linie des beobachteten Stichprobenmittels etwa 0,025 der Verteilung abschnitt. Dann bestimmte ich den Mittelwert dieser Verteilung als die untere Grenze meines Vertrauensintervalls. Falls der Mittelwert der Population niedriger ist, kann man davon ausgehen, daß weniger als 0,025 der wiederholten Stichproben Mittelwerte haben, die so hoch sind wie der in meiner Stichprobe.

2. Nachdem ich die untere Grenze festgelegt hatte, wiederholte ich dieselbe Prozedur, um die obere Grenze zu finden. Ich fragte, wie hoch die Verteilung der Stichprobenmittel sein müßte, damit nur 0,025 von ihnen unter dem von mir erhaltenen Stichprobenmittel liegen.

3. Danach hatte ich die beiden Grenzen des Vertrauensintervalls, das einem Verläßlichkeitsniveau von 0,95 entsprach.

Die Auswirkung von *n* auf den Standardfehler

Wir haben bereits festgestellt, daß die Streuung einer hypothetischen Verteilung von Mittelwerten ($s_{\bar{x}}$) aus der Streuung einer wirklichen Verteilung individueller

102   8 Die Genauigkeit der statistischen Inferenz

Fälle (S) geschlossen werden kann. Es gibt aber noch einen weiteren extrem wichtigen Faktor bei dieser Schätzung: die *Zahl* der Individuen (n) in der Stichprobe.

Die Beziehung zwischen n und $s_{\bar{x}}$ ist vielleicht am Anfang weniger leicht verständlich als die zwischen s und $s_{\bar{x}}$, da letztere zwischen zwei Formen desselben Begriffs besteht. Die Beziehung zu n läßt sich jedoch mit Hilfe von ein paar einfachen Diagrammen schnell verdeutlichen. Abbildung 8.3A stellt die wirkliche Verteilung einer gesamten Population dar; jeder Fall in der Verteilung ist

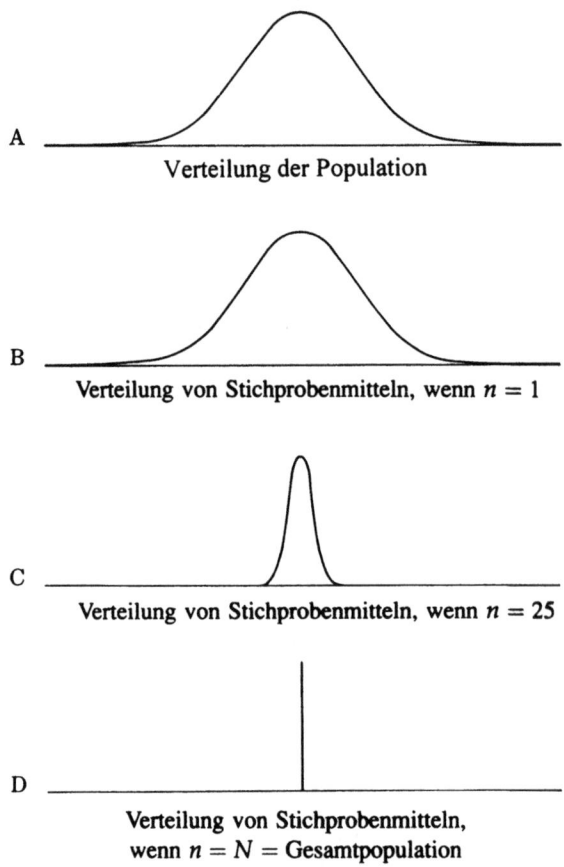

Abb. 8.3 Verteilungen von individuellen Fällen und von Mittelwerten drei verschieden großer Stichproben.

ein individuelles Mitglied dieser Population. Die drei Zeichnungen darunter stellen hypothetische Verteilungen dar; der einzelne Fall ist hier der Mittelwert einer Stichprobe aus der oberen Population von Individuen. Die Unterschiede zwischen den drei Verteilungen sind frappant – und diese Unterschiede resultieren aus den Unterschieden in n.

Vielleicht sind Sie überrascht zu sehen, daß die erste der hypothetischen Verteilungen von Mittelwerten (Abbildung 8.3B) genauso aussieht wie die ursprüngliche Verteilung der einzelnen Fälle. Aber wenn Sie einen Moment nachdenken, werden Sie sehen, daß es gar nicht anders sein kann. Denn wenn $n = 1$ ist, ist jede Stichprobe ein individueller Fall. Ebenso können Sie sehen, daß die Streuung der Stichprobenmittel genau null sein muß (jeder Mittelwert ist genau wie jeder andere) und daß die Statistik $\bar{X}$ (die hier gleich μ ist) *absolut zuverlässig* ist, wenn jede Stichprobe die gesamte Population umfaßt (Abbildung 8.3D). Abbildung 8.3C stellt eine Situation dazwischen dar, in der jede Stichprobe ein n von 25 hat. Hier können Sie eine gewisse Streuung beobachten, die aber nicht annähernd so breit ist wie da, wo die Verteilung aus Stichproben mit einem n von 1 besteht (Abbildung 8.3B). Jedesmal ist die Auswahl der Stichproben zufällig, und jede Stichprobe wird der Population zurückgegeben, bevor die nächste gezogen wird.

Zwei Arten von Reliabilität

Sie sind einem Kennwert für Reliabilität (Zuverlässigkeit) bereits in Kapitel 6 begegnet: dem Koeffizienten r_{xx}, der sich ergibt, wenn man Test X mit sich selbst korreliert. Auch wenn es noch verschiedene andere Methoden gibt, einen Reliabilitätskoeffizienten zu ermitteln, so bietet diese hier doch einen ganz guten Zugang zur Reliabilität von der Seite der Korrelation her. Es ist die Methode der wiederholten Tests: Man testet eine Gruppe und läßt dann, vielleicht am folgenden Tag, dieselbe Gruppe den Test noch einmal machen. Wenn die beiden Tests Wertreihen ergeben, die stark miteinander korreliert sind, kann man davon ausgehen, daß man bei einer nochmaligen Wiederholung sehr ähnliche Resultate erhält: Im allgemeinen erzielen dieselben Personen die höchsten Punktzahlen im zweiten und dritten wie auch im ersten Test, dieselben Leute bekommen die niedrigsten Punkte, und ähnlich ist es dazwischen. Mit anderen Worten, Sie können sicher sein, daß der Test zuverlässig ist.

Die Genauigkeit der statistischen Inferenz hängt von der Zuverlässigkeit der Messungen ab. In Abbildung 8.2 ist das Vertrauensintervall klein (die Messung ist genau), weil bei einem gegebenen Verläßlichkeitsniveau (in diesem Fall 0,95) die interessierende Statistik (in diesem Fall der Mittelwert) von Stichprobe zu Stichprobe nicht besonders streut. Wenn wir in der Lage gewesen wären, die gesamte Population in unsere Rechnung einzubeziehen, hätte diese Statistik überhaupt nicht gestreut (Abbildung 8.3D), und die Reliabilität und die Genauigkeit wären extrem gewesen.

Jetzt sind Sie also mit zwei Kennwerten der Reliabilität vertraut. Der eine, der Korrelationskoeffizient, quantifiziert die Tendenz von vielen Individuen, bei wiederholten Messungen miteinander in derselben Beziehung zu stehen. Der andere, der Standardfehler, quantifiziert den Stichprobenfehler einer einzelnen Statistik. Die beiden Kennwerte sind insofern verschieden. Auf der anderen Seite haben beide etwas mit Reliabilität zu tun: wegen der Ähnlichkeit der Resultate bei wiederholten Versuchen. Diese Ähnlichkeit kann man graphisch darstellen 1. als Gedrängtheit eines Streudiagramms von individuellen Werten bei zwei aufeinander folgenden Anwendungen desselben Tests (siehe Abbildung 8.4) und 2. als die Gedrängtheit einer Verteilung von Stichprobenstatistiken (siehe Abbildungen 8.2 und 8.3).

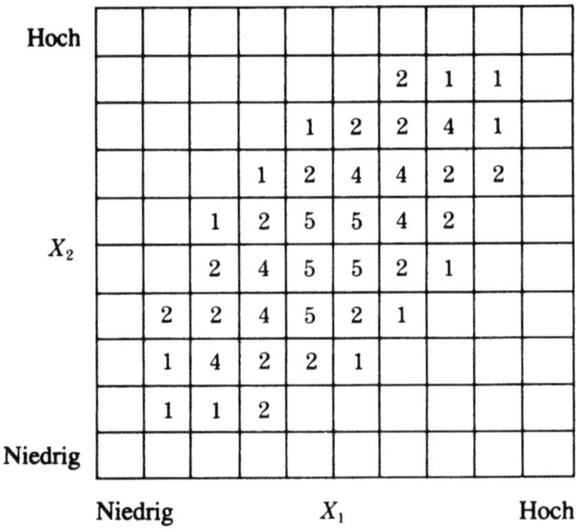

	Hoch									
							2	1	1	
						1	2	2	4	1
					1	2	4	4	2	2
X_2				1	2	5	5	4	2	
				2	4	5	5	2	1	
			2	2	4	5	2	1		
			1	4	2	2	1			
			1	1	2					
Niedrig										
	Niedrig			X_1				Hoch		

Abb. 8.4 Streudiagramm von zwei aufeinanderfolgenden Anwendungen desselben Tests. Die Ziffern repräsentieren Testergebnisse, die sich aufeinanderstapeln lassen, so daß nur das oberste zu sehen ist. Die Ziffer in jeder Zelle steht für die Anzahl Personen, deren Punktzahl in dieser Zelle liegt. Die Korrelation beträgt $r_{xx} = 0,75$, was ziemlich wenig für einen Korrelationskoeffizienten ist.

Zusammenfassung

Jede Messung wird aus einer Stichprobe gewonnen, und obwohl Stichproben per Definition repräsentativ sind für die Population, aus der sie entstammen, unterscheiden sie sich voneinander, selbst wenn sie aus derselben Population gezogen wurden. Wenn es keine *systematischen* (einseitigen) Abweichungen der Merkmale der Stichprobe von den Merkmalen der Ausgangspopulation gibt, sagt man, daß die Abweichungen *zufällig* sind, und bezeichnet sie kollektiv als *Fehlervarianz*.

Nun, wenn es schon Fehler bei unseren Messungen gibt, dann sollten wir wenigstens ihr Ausmaß kennen – oder eher ihr *wahrscheinliches* Ausmaß –, denn sonst wären wir uns vielleicht unserer Sache zu sicher, wenn wir Aussagen über die Population machen, aus der eine Stichprobe entstammt. Die gebräuchlichste Methode, einen Fehler zu quantifizieren, ist die Berechnung des *Standardfehlers* für jede beliebige Statistik, die wir angeben möchten.

Anwendungsbeispiele 105

Ein Standardfehler schätzt die Standardabweichung einer hypothetischen Verteilung von Werten, die man für eine bestimmte Statistik erhielte, wenn man aus derselben Population wiederholt Stichproben zöge. Wenn diese Statistik beispielsweise der Mittelwert ist, kann man die Streuung einer Verteilung von Mittelwerten von aufeinanderfolgenden, gleich großen Stichproben aus derselben Population schätzen. Die Standardabweichung dieser Verteilung wird durch den *Standardfehler des Mittelwerts* geschätzt.

Der Standardfehler des Mittelwerts ist deshalb wichtig, weil man damit die *Grenzen* festlegen kann, in denen der Mittelwert der Verteilung wahrscheinlich liegt, und weil man bestimmen kann, wie groß diese Wahrscheinlichkeit ist. Technisch gesprochen können wir das *Verläßlichkeitsniveau* für unsere Hypothese benennen, daß der Mittelwert der Population innerhalb des angegebenen *Vertrauens-* oder *Konfidenzintervalls* liegt.

Die Größe des Standardfehlers des Mittelwerts ($s_{\bar{x}}$) ist eine Funktion der Streuung der Stichprobe, wie oben schon erwähnt. Aber sie ist auch eine Funktion der *Anzahl der Individuen* (n) in der Stichprobe. n streut von dem *einen* Individuum am einen Extrem über *alle Individuen in der Population* bis zum anderen Extrem. Wenn jede Stichprobe nur einen Einzelfall umfaßt, ist der Standardfehler so groß, wie die Standardabweichung der Population wäre, wenn wir sie vollständig erfassen könnten. Wenn der Umfang der Stichprobe gleich dem der Population ist, ist der Standardfehler null, weil wiederholte Stichproben alle denselben Mittelwert ergäben. Die Auswirkungen anderer Stichprobengrößen auf den Standardfehler liegen irgendwo dazwischen.

Der Standardfehler des Mittelwerts diente hier zur Veranschaulichung des Begriffs des *Stichprobenfehlers*. Alles, was hier dazu gesagt wurde, läßt sich auch über die Standardfehler anderer Statistiken sagen.

Der Standardfehler ist eine Art von *Reliabilität*. Eine andere ist die Korrelation eines Tests mit sich selbst (siehe Kapitel 6).

Anwendungsbeispiele

Pädagogik
Sie sind Schulinspektor für einen großen städtischen Schulbezirk. Sie wollen das durchschnittliche Leistungsniveau von Grundschülern in jeder Klassenstufe wissen. Ihr Budget ist begrenzt, weshalb Sie eine Zufallsstichprobe von 10 Prozent der Schüler in jeder Klassenstufe untersuchen, und zwar mit einer ganzen Reihe von auf nationaler Ebene standardisierten Leistungstests. Aus den daraus gewonnenen Informationen berechnen Sie für jede Klassenstufe das durchschnittliche Leistungsniveau der Stichprobe. Was außer dem Mittelwert könnte Sie noch interessieren?

Politologie
Sie haben einen Index der politischen Mitbestimmung entwickelt und ihn, als Teil des Standardisierungsverfahrens, in verschiedenen besseren Wohngebieten ange-

wendet. Sie teilen den potentiellen Benutzern des Indexes den Mittelwert der Ergebnisse (50 Punkte) mit, aber da keine Messung hundertprozentig verläßlich ist, wollen Sie auch die Grenzen angeben, innerhalb deren der *wirkliche* Mittelwert wahrscheinlich liegt. Wie gehen Sie vor?

Psychologie
Sie haben einen zehnjährigen Jungen einen Formdeutetest machen lassen. Das Ergebnis läßt vermuten, daß der Junge leicht gestört ist und Psychotherapie braucht. Da Sie aber wissen, daß der Formdeutetest nicht absolut zuverlässig ist (das heißt, die Ergebnisse können vom einen zum anderen Mal variieren), fragen Sie sich, ob eine Psychotherapie wirklich empfehlenswert ist. (Der nächste Formdeutetest könnte ergeben, daß der Junge sich noch im Normbereich befindet.) Ihr Handbuch enthält vielleicht etwas, was Ihnen bei Ihrer Entscheidung hilft, wieviel Vertrauen Sie in das Testergebnis setzen sollten. Wonach würden Sie in dem Handbuch suchen?

Sozialarbeit
Eine Familienberatungsstelle verwendet einen bestimmten Test, um die psychologische Gesundheit einer Familie zu untersuchen. Die Skala ist eingeteilt in Einheiten, die angeben, ob eine Familie ungenügend, einigermaßen oder gut funktioniert. Bei Ihrer Beurteilung einer Familie erhalten Sie ein Testergebnis, das auf eine einigermaßen funktionierende Familie deutet. Aber Sie fragen sich, wie genau dieses Testergebnis ist – wie sicher Sie sich bei der Beurteilung sein können. Wie läßt sich diese Unsicherheit quantifizieren?

Soziologie
Ein Mitglied Ihrer Forschungsgruppe stellt fest, daß Sie in der in Kapitel 5 (Seite 58) vorgestellten Studie über autoritäres Verhalten nur eine *Stichprobe* von Dozenten haben. Er behauptet, daß Sie eigentlich, da Sie ja nur eine Stichprobe haben, den wirklichen Mittelwert der Population nicht kennen und daß folglich Ihre Schlußfolgerungen ohne Bedeutung sind. Was entgegnen Sie?

9 Die Signifikanz eines Unterschieds zwischen zwei Mittelwerten

Sowohl in der Grundlagen- als auch in der angewandten Forschung will man oft wissen, ob sich zwei Populationen voneinander unterscheiden. Aus der Sicht des Forschers wird die Frage besser andersherum formuliert: *Sind die beiden von mir untersuchten Stichproben nur zwei zufällige Stichproben aus derselben Population?* Die richtige Antwort auf diese Frage ist entweder ja oder nein, aber man kann sie nie mit absoluter Sicherheit wissen. Man muß deshalb seine Antwort in Wahrscheinlichkeiten angeben. Die Wahrscheinlichkeit, daß die richtige Antwort ja ist (daß die beiden Stichproben derselben Population entstammen), hängt von zwei Faktoren ab: 1. der Größe und Richtung des festgestellten Unterschieds zwischen den beiden Mittelwerten und 2. der Streuung einer hypothetischen Verteilung von Mittelwertsdifferenzen, wenn jeweils zwei Zufallsstichproben aus derselben Population gezogen werden. Richten Sie beim Lesen des Kapitels Ihr Augenmerk auf die Auswirkungen dieser beiden Faktoren.

Eine Methode, die Auswirkung der Streuung aufzuzeigen, ist die sorgfältige Analyse eines einzelnen Beispiels. Im folgenden Abschnitt werden wir daher eine experimentelle Studie auf dem Gebiet der Pädagogik untersuchen, und zwar von der Anlage des Versuchs bis zur Publikation der Ergebnisse. Dabei werden wir uns wieder nicht auf das Rechnen, sondern auf die zugrundeliegenden Ideen konzentrieren.

Ein Beispiel

Nehmen wir an, wir hätten eine neue – und hoffentlich bessere – Methode entwickelt, amerikanischen High-School-Schülern, die keinerlei Vorkenntnisse besitzen, die französische Grammatik beizubringen. Ist unsere Methode wirklich besser als die übliche? Um das herauszufinden, ziehen wir zwei Stichproben aus der Population «amerikanische High-School-Schüler ohne Vorkenntnisse», vergewissern uns, daß beide ursprünglich Zufallsstichproben aus derselben Population sind, und unterrichten die eine Gruppe (die ab jetzt *Kontrollgruppe* genannt wird) nach der traditionellen Methode und die andere (die *Versuchsgruppe*) nach der neuen Methode. Dann, nach 150 Unterrichtsstunden, testen wir beide Gruppen und vergleichen die Mittelwerte ihrer Resultate. Der Zweck unserer Studie besteht darin zu ermitteln, ob die beiden *immer noch* Zufallsstichproben aus derselben Population sind, was die Kenntnis der französischen Grammatik betrifft.

Sagen wir, daß der Unterschied zwischen den Mittelwerten der beiden Gruppen 10 Punkte beträgt. Ist der festgestellte Unterschied von Bedeutung, das heißt signifikant? Ist er so groß, daß wir die Hypothese zurückweisen können, daß Kontroll- und Versuchsgruppe noch immer, nach dem Unterricht genauso wie zuvor, Zufallsstichproben aus derselben Population sind, was die Kenntnis der französischen Grammatik anbelangt? Diese eine Population könnte jetzt «amerikanische

High-School-Schüler nach 150 Unterrichtsstunden in französischer Grammatik» heißen. Wir hoffen aber, daß es statt dessen *zwei* Populationen gibt – die eine in Französisch besser als die andere – und daß die Versuchsgruppe die überlegene Population darstellt.

Dieses Beispiel ist zugegebenermaßen sehr abstrakt, weil man sich eine Population vorstellen muß, die es nicht gibt – das heißt eine Population, die aus einer unendlich großen Zahl amerikanischer High-School-Schüler besteht, die nach der neuen Methode in Französisch unterrichtet wurden. Wir nehmen an, daß diese hypothetische Population der anderen, uns vertrauteren, überlegen ist, aber bevor wir uns dessen sicher sein können, müssen wir die Hypothese widerlegen, daß die beiden Gruppen nur zwei Stichproben aus derselben Population sind. Das ist die Hypothese, daß kein echter Unterschied besteht, die sogenannte *Nullhypothese* (abgekürzt H_0). Unsere Prüfung der Signifikanz ist eigentlich eine Prüfung der Nullhypothese: Wir versuchen die Hypothese zu widerlegen, daß es keinen echten Unterschied zwischen den beiden Gruppen gibt – daß der beobachtete Unterschied nur ein zufälliger Unterschied ist, der aus einem gewöhnlichen Stichprobenfehler herrührt.

Das mag zwar einfach klingen, ist aber in Wirklichkeit recht kompliziert. Wie praktisch immer bei statistischen Argumentationen darf man auch diese Schlußfolgerung nicht absolut formulieren, sondern muß die Wahrscheinlichkeit angeben, mit der sie gilt. Unser statistischer Test liefert uns kein Ja oder Nein, sondern bloß die Wahrscheinlichkeit, daß wir *eine richtige Nullhypothese zurückweisen*. Obwohl diese Wahrscheinlichkeit, die Irrtumswahrscheinlichkeit, gegen null gehen kann, werden wir niemals ein uneingeschränktes, klares Nein bekommen.[1])

Wir legen deshalb willkürlich eine bestimmte Irrtumswahrscheinlichkeit fest, die eine für uns *akzeptable Annäherung* an null darstellt. Wenn der Test eine Irrtumswahrscheinlichkeit ergibt, die kleiner ist, lehnen wir die Nullhypothese ab. (Danach können wir andere Hypothesen aufstellen.) Ob eine bestimmte Differenz – wie die 10 Punkte, die wir nach dem Sprachunterricht zwischen Kontroll- und Versuchsgruppe beobachtet haben – das vorher festgelegte Kriterium erfüllt, hängt genauso von der *Streuung einer hypothetischen Verteilung* ab, wie die Größe des Konfidenzintervalls davon abhing; das haben wir bereits bei der Stabilität des Mittelwerts behandelt. Vielleicht wollen Sie sich diesen Abschnitt noch einmal anschauen, bevor Sie weitermachen; er beginnt auf Seite 95.

Die Kenntnis der Standardfehler der Mittelwerte beider Gruppen ist für unsere Zwecke unerläßlich. Diesmal haben wir es jedoch in erster Linie mit einer hypothetischen Verteilung nicht von Mittelwerten, sondern von *Unterschieden zwischen Mittelwerten* zu tun. In unserem Fall geht es um die Unterschiede zwischen den Mittelwerten von zwei Gruppen amerikanischer High-School-Schüler, die nach einer unterschiedlichen Methodik unterrichtet wurden.

---

1) Gelingt es nicht, die Nullhypothese zurückzuweisen, muß sie als haltbar gelten (die Daten reichen nicht aus, sie abzulehnen), aber nicht unbedingt als wahr.

Signifikanztest: der z-Wert

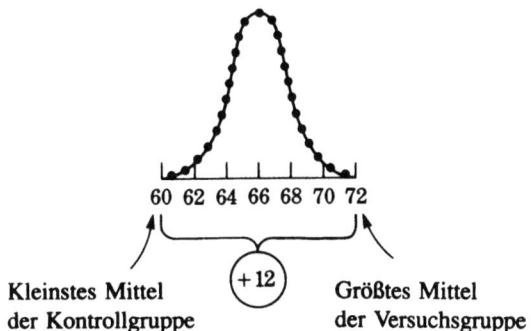

Abb. 9.1 Stichprobenmittel, $s_{\bar{x}} = 2$, wenn die Populationen der Kontroll- (—) und der Versuchsgruppe (• • •) identisch sind.

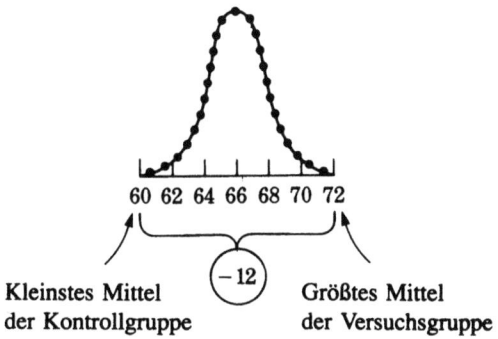

Abb. 9.2 Wie Abbildung 9.1, außer daß man andere extreme Mittelwerte bestimmt (Kontrolle: —; Versuchsgruppe: • • •).

Signifikanztest: der z-Wert

Ist ein Unterschied von 10 Punkten groß genug, um signifikant zu sein, oder ist er so klein, daß er leicht zufällig aufgetreten sein kann – durch einen gewöhnlichen Stichprobenfehler? Die Antwort hängt nicht nur von der Größe des Unterschieds selbst ab, sondern vor allem auch von den Stichprobenfehlern der beiden getesteten Gruppen – diese werden von den Standardfehlern der Mittelwerte angegeben. Die nächsten Abschnitte und die Abbildungen 9.1 bis 9.4 gelten für den Fall, daß der Standardfehler des Mittelwerts ziemlich klein und für beide Gruppen gleich ist. (Nehmen Sie meine Abbildungen, was die Standardfehler betrifft, in diesem Kapitel einfach mal so hin. Konzentrieren Sie sich jetzt darauf, was man mit einem Standardfehler *anfangen* kann, wenn man ihn bereits hat.) Vielleicht finden Sie es schwierig, dieser Diskussion beim ersten Mal zu folgen; es wäre sicherlich

110   9 *Die Signifikanz eines Unterschieds zwischen zwei Mittelwerten*

einfacher, bloß die Formeln zu lernen und wann man sie anwendet und fertig. Aber mit den Diagrammen haben Sie noch am ehesten eine Chance, wirklich zu verstehen, welcher Zusammenhang zwischen dem Standardfehler des Mittelwerts und dem Standardfehler einer Mittelwertdifferenz besteht und welche Aufgabe letzterem bei der Prüfung von Hypothesen zukommt.

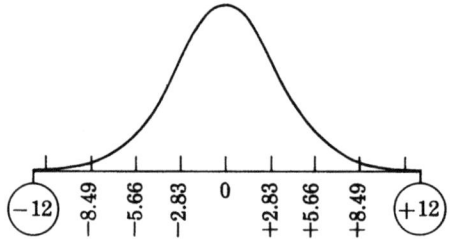

Abb. 9.3   Differenzen zwischen Mittelwerten auf einer in Rohdaten eingeteilten Skala, $s_{\bar{x}_V - \bar{x}_K} = 2{,}83$.

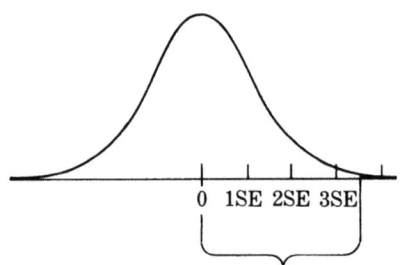

Abb. 9.4   Wie Abbildung 9.3, jedoch auf einer in Standardfehler eingeteilten Skala ($s_{\bar{x}_V - \bar{x}_K}$). Das geschwärzte Gebiet ist so klein, daß es kaum zu erkennen ist.

Betrachten Sie Abbildung 9.1. Sie zeigt zwei hypothetische Verteilungen von Stichprobenmitteln auf einer Punkteskala für den Französischtest. Die beiden Graphen sind identisch, weil die Zeichnung auf der Hypothese beruht, daß die beiden Gruppen hinsichtlich ihres Lernerfolgs in Französisch in Wirklichkeit *nicht* zwei verschiedenen Grundgesamtheiten entstammen, sondern nur zwei Zufallsstichproben aus derselben Population sind. Das ist natürlich die Nullhypothese (H_0), und wir werden unser Bestes geben, sie zu widerlegen (oder eher, sie unhaltbar zu machen).

Signifikanztest: der z-Wert

Um die Nullhypothese, daß also kein Unterschied besteht, zu testen, braucht man nicht eine Skala von Meßwerten, sondern eine Skala von *Unterschieden zwischen* Meßwerten – das heißt von Unterschieden zwischen den Mittelwerten der Kontrollgruppen und denen der Versuchsgruppen. Betrachten Sie noch einmal Abbildung 9.1 und stellen Sie sich vor, daß Sie nach dem Zufallsprinzip aus den beiden Verteilungen Mittelwertpaare bilden (bestehend aus einem Mitglied der Kontroll- und einem der Versuchsgruppe). Denken Sie daran, daß nach der Nullhypothese die beiden eigentlich *eine* Verteilung bilden. Die meisten der Differenzen innerhalb der Paare werden nahe bei null liegen, aber ein paar werden – bloß zufällig! – um einiges größer sein. Wenn Sie den größten Mittelwert der Versuchsgruppen mit dem kleinsten Mittelwert der Kontrollen in diesem Beispiel vergleichen, sehen Sie, daß der Unterschied 12 Testpunkte beträgt oder 6 Standardfehler in der Verteilung der Mittelwerte (Abbildung 9.1).

Diese Differenz, $\bar{X}_{\text{Versuch}} - \bar{X}_{\text{Kontrolle}}$, entspricht der Tendenz, die wir vorausgesagt haben, deshalb nennen wir sie positiv. Aber wenn alle Stichproben aus derselben Population gezogen werden, wie es die Nullhypothese verlangt, sollte es genauso viele negative wie positive Differenzen geben, und die größte negative Differenz sollte genauso beeindruckend sein wie die positive, die wir gerade gefunden haben. Abbildung 9.2 stellt dieselben beiden Verteilungen dar wie Abbildung 9.1. Wenn Sie den *niedrigsten* Mittelwert der Versuchsgruppe mit dem *höchsten* der Kontrollgruppe vergleichen, sehen Sie, daß die Differenz wieder 12 ist, diesmal aber in die negative Richtung.

Die Abbildungen 9.1 und 9.2 stellen also dieselben beiden Verteilungen dar, die aber auf zwei verschiedene Arten analysiert werden: einmal als positive, das andere Mal als negative Differenzen. Abbildung 9.3 kombiniert positive und negative Differenzen zu einer Verteilung von Differenzen. Positive befinden sich rechts, negative links, und der Mittelwert ist null – die Nullhypothese wieder einmal. Wenn wir eine unendlich große Zahl von Differenzen zwischen Mittelwertpaaren berechneten, wobei wir jedes Paar nach dem Zufallsprinzip aus derselben Population wählten, erhielten wir ungefähr diese Verteilung.

Nun sollte die Prüfung der Nullhypothese relativ einfach sein. Wir brauchen bloß unsere beobachtete Differenz in die hypothetische Verteilung der Differenzen einzutragen, wie in Abbildung 9.4, und können sofort sehen, daß nur sehr wenige positive Differenzen dieses Ausmaßes (10 oder größer) rein zufällig bei den Stichproben auftreten, die aus einer einzigen Population gezogen wurden. (Fragt man nur nach den positiven Differenzen, macht man einen *einseitigen Test*. Einseitige im Gegensatz zu zweiseitigen Tests werden auf den Seiten 117 ff. behandelt.)

Bei genauerem Hinsehen scheint es, als ob nur sehr wenige dieser Differenzen so groß sind wie die von uns beobachteten, wenn die Stichproben derselben Population entstammen; siehe Abbildung 9.4. Wir haben also recht, wenn wir die Nullhypothese (H_0) als unhaltbar zurückweisen. Formel 9.1 ermöglicht eine genauere Schätzung der Streuung von Differenzen zwischen Mittelwerten:[a]

$$s_{\bar{x}_V - \bar{x}_K} = \sqrt{s_{\bar{x}_K}^2 + s_{\bar{x}_V}^2} \tag{9.1}$$

112   9 Die Signifikanz eines Unterschieds zwischen zwei Mittelwerten

Dabei ist $s_{\bar{x}_V - \bar{x}_K}$ der Standardfehler der Mittelwertdifferenz,[2]) $s_{\bar{x}_K}$ ist der Standardfehler des Mittelwerts für die Kontrollgruppe und $s_{\bar{x}_V}$ der Standardfehler des Mittelwerts für die Versuchsgruppe. Da wir uns vor allem für die dem Signifikanztest innewohnende Logik interessieren und weniger für die genaue Formel, brauchen wir uns nur zu merken, daß die Formel zeigt, ebenso wie die Abbildungen 9.1 bis 9.4, daß die Streuung von Zufallsunterschieden zwischen Mittelwertpaaren ($s_{\bar{x}_V - \bar{x}_K}$) proportional ist der Streuung unter einzeln betrachteten Mittelwerten ($s_{\bar{x}_K}$ und $s_{\bar{x}_V}$).

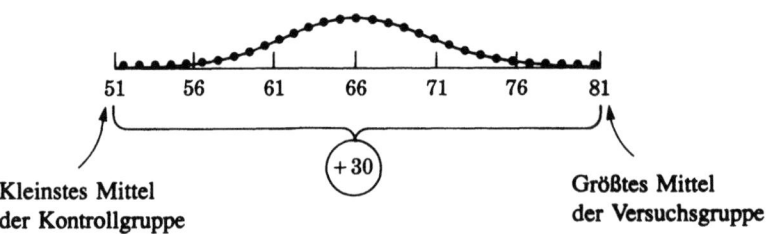

Abb. 9.5   Stichprobenmittel, $s_{\bar{x}} = 5$, wenn die Populationen der Kontroll- (—) und der Versuchsgruppe (• • •) identisch sind. Vergleiche Abbildung 9.1.

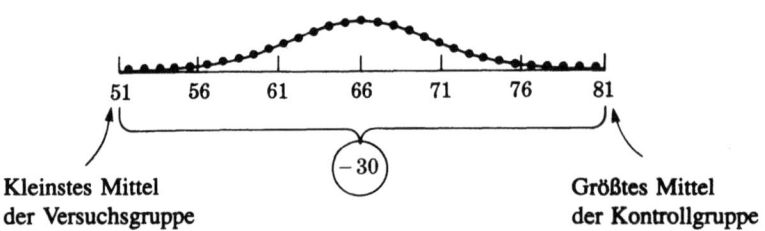

Abb. 9.6   Wie Abbildung 9.5, außer daß man andere extreme Mittelwerte bestimmt (Kontrolle: —; Versuchsgruppe: • • •). Vergleiche Abbildung 9.2.

Damit Ihnen dieser Punkt noch klarer wird und Sie die Bedeutung von $s_{\bar{x}}$ beim Prüfen der Nullhypothese ermessen können, schlagen Sie auf Seite 112 nach, um zu sehen, wie es unserer beobachteten 10-Punkte-Differenz bei weniger stabilen Stichprobenmitteln ergangen wäre (wie in den Abbildungen 9.5 bis 9.8 dargestellt). In den Abbildungen 9.5 und 9.6 ist der Standardfehler des Mittelwerts 5 (statt $s_{\bar{x}} = 2$ wie in den Abbildungen 9.1 und 9.2), und in den Abbildungen 9.7 und 9.8

---

[2]   Wieder ist dieser Standardfehler, wie der Standardfehler des Mittelwerts, natürlich nur «geschätzt».

Signifikanztest: der z-Wert 113

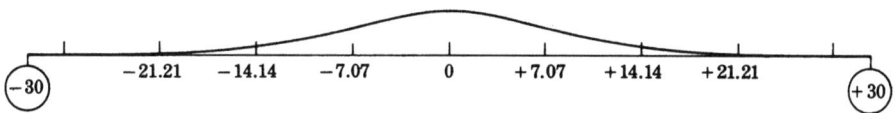

Abb. 9.7 Differenzen zwischen Mittelwerten auf einer in Rohdaten eingeteilten Skala, $s_{\bar{x}_V - \bar{x}_K} = 7,07$. Vergleiche Abbildung 9.3.

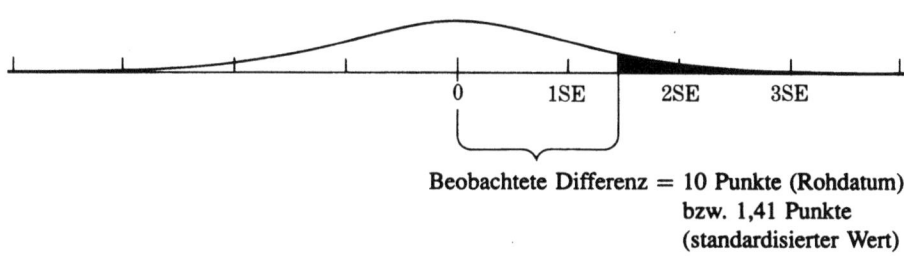

Abb. 9.8 Wie Abbildung 9.7, jedoch auf einer in Standardfehler eingeteilten Skala ($s_{\bar{x}_V - \bar{x}_K}$). Vergleiche Abbildung 9.4. Hier ist das geschwärzte Gebiet viel größer.

ist der Standardfehler der Differenz 7,07 (statt 2,83 wie in den Abbildungen 9.3 und 9.4). Während in Abbildung 9.4 unsere Differenz 3,53 Standardfehler ($z = 3,53$) über dem Mittelwert lag und eine Irrtumswahrscheinlichkeit von 0,0002 hatte, ist in Abbildung 9.8 eine Differenz von 10 nur 1,41 Standardfehler vom Mittelwert entfernt und hat eine Irrtumswahrscheinlichkeit von 0,0793.

Im zweiten Fall, wenn wir 1000 Stichprobenpaare nach dem Zufallsprinzip aus einer einzigen Population auswählen, wären 79 der Paardifferenzen mindestens so groß wie unsere und wiesen in dieselbe Richtung. Hätten wir unsere Differenz unter *diesen* Bedingungen erhalten, wären wir gezwungen gewesen, die Nullhypothese als haltbar zu akzeptieren. Lassen Sie sich übrigens nicht verwirren, wenn Sie nicht durch einen bloßen Blick auf die Graphen die genannten Zahlen mit der gleichen Genauigkeit schätzen können; ich habe dazu Formeln gebraucht.[b]

Zusammenfassend läßt sich sagen, daß die Abbildungen 9.1 bis 9.4 Tests der Signifikanz von Unterschieden darstellen, wenn $s_{\bar{x}_V}$ und $s_{\bar{x}_K}$ klein sind, und die Abbildungen 9.5 bis 9.8 das gleiche, wenn sie groß sind. Alle Verteilungen sind hypothetisch. Alle Beispiele in diesem Abschnitt wurden als Graphen dargestellt, um die Strukturen der beteiligten Rechenoperationen sichtbar zu machen. Normalerweise führt man diese Rechenoperationen wegen der größeren Genauigkeit jedoch algebraisch durch. In der Studie über Unterrichtsmethoden würde die Formel lauten:

$$z = \frac{(\bar{X}_V - \bar{X}_K) - 0}{s_{\bar{x}_V - \bar{x}_K}} \qquad (9.2)$$

> **Kasten 9.1 Berechnung eines Signifikanztests für eine Differenz zwischen zwei Mittelwerten (siehe Gleichung 9.2 und Abbildungen 9.1 bis 9.4)**
>
> (1) $\bar{X}_V - \bar{X}_K = 10$
>
> (2) $s_{\bar{x}_V} = 2 \quad s_{\bar{x}_K} = 2$
>
> (3) $s_{\bar{x}_V - \bar{x}_K} = \sqrt{s_{\bar{x}_K}^2 + s_{\bar{x}_V}^2} = \sqrt{8} = 2,83$
>
> $$\boxed{z = \frac{(\bar{X}_V - \bar{X}_K) - 0}{s_{\bar{x}_V - \bar{x}_K}}} = \frac{10}{2,83} = 3,53$$
>
> Bei 50 Schülern in der Kontrollgruppe und 50 in der Versuchsgruppe ist $p \leq 0,01$.
>
> Bevor man den Quotienten z aus einer Differenz zwischen Mittelwerten und dem Standardfehler einer Differenz zwischen Mittelwerten berechnen kann, muß man:
>
> jeden Einzelfall in beiden Stichproben messen,
> ihre Mittelwerte und die Differenz zwischen ihren Mittelwerten berechnen (Zeile 1),
> den Standardfehler des Mittelwerts für jede Stichprobe berechnen (Zeile 2) und
> den Standardfehler der Differenz zwischen Mittelwerten berechnen (Zeile 3).
>
> Der Quotient aus Zeile 1 und Zeile 3 ist:
>
> $$\frac{\text{Zeile 1}}{\text{Zeile 3}} = \frac{\text{Differenz zwischen Mittelwerten}}{\text{Standardfehler der Differenz zwischen Mittelwerten}} = z$$

Dabei ist z der Quotient aus einer beobachteten Differenz ($\bar{X}_V - \bar{X}_K$) und dem Standardfehler der Differenz zwischen Mittelwerten ($s_{\bar{x}_V - \bar{x}_K}$) in einer Verteilung von Differenzen, wo der Mittelwert der Verteilung null ist. In Abbildung 9.4 ist dieser Quotient 10/2,83, was viel größer ist als 10/7,07 aus Abbildung 9.8. Die Null in der Formel wirkt sich auf das Ergebnis nicht aus; sie steht nur da, um Sie daran zu erinnern, wozu genau die Formel gut ist: nämlich, um zu bestimmen, wie weit unsere beobachtete Differenz vom Mittelwert einer Verteilung von Differenzen entfernt ist, die alle das Ergebnis von Stichprobenfehlern sind. Der Mittelwert dieser Verteilung ist tatsächlich null.[c]

Kasten 9.1 zeigt, wie sich z aus der Definitionsformel 9.2 errechnen läßt.

Signifikanztest: der *t*-Wert

Zwei wichtige Dinge lassen sich zu Formel 9.2 sagen: Erstens ist das angegebene Verhältnis formal dasselbe wie das durch Formel 5.1 ausgedrückte, so daß Sie hier anwenden können, was Sie dort gelernt haben. Dort haben wir einen Abweichungswert in einen standardisierten Wert umgewandelt, indem wir ihn durch die

Signifikanztest: der t-Wert

Standardabweichung einer Stichprobe geteilt haben. Hier wandeln wir eine Differenz zwischen Mittelwerten in einen standardisierten Wert um, indem wir ihn durch die Standardabweichung einer hypothetischen Verteilung von Mittelwertdifferenzen teilen. Das zweite, was zu Formel 9.2 zu sagen wäre, ist, daß ihr Inhalt irgendwie anders ist als der von Formel 5.1, auch wenn die Form dieses neuen Quotienten im wesentlichen dieselbe ist wie die von Formel 5.1. Um es genauer zu sagen, wir haben es hier mit einer hypothetischen und nicht mit einer wirklichen Verteilung zu tun; der z-Wert läßt sich aber nur anwenden, wenn es sich um eine reale Verteilung handelt – das heißt, wenn man jedes Mitglied der Population erfassen kann. Da es nicht immer durchführbar ist, jedes Mitglied der gesamten Population zu erfassen, brauchen wir einen Quotienten, der aussagekräftig ist, wenn wir nur eine *Stichprobe* aus der Population untersuchen können.

Gleichung 9.2 können wir als Grundformel für die Signifikanz eines Testergebnisses betrachten, weil sie den Zusammenhang zwischen der Differenz und dem Standardfehler der Differenz aufdeckt. Aber nur wenn man die gesamte Population erfaßt, verwendet man den z-Wert zur Prüfung der Signifikanz, sonst nimmt man die Testgröße t. Der t-Wert ist im wesentlichen das gleiche wie z, aber er dient zum Prüfen der Signifikanz bei Verteilungen, die ihre Form bei kleiner werdendem n verändern (weil die Wahrscheinlichkeit, die verschiedenen Werte in ihnen zu beobachten, sich ändert). Wenn n sehr groß ist, ist die Differenz zwischen z- und t-Verteilungen zu vernachlässigen; wenn n so groß ist wie die Population, sind beide identisch.

Weil t speziell für kleine Stichproben entwickelt wurde, muß man bei seiner Diskussion Freiheitsgrade (f) statt n benutzen (siehe die Seiten 90–93). In Abbildung 9.9 sieht man, daß bei einer t-Verteilung die an den verschiedenen Orten

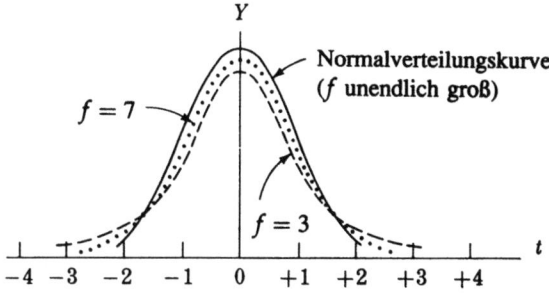

Abb. 9.9 t-Verteilung bei drei verschiedenen Stichprobengrößen. (Nach Henry L. Alder und Edward B. Roessler, Introduction to Probability and Statistics, 6. Aufl., W. H. Freedman and Company. Copyright © 1977.)

auf der Grundlinie ablesbaren Wahrscheinlichkeiten in vielen Fällen ganz anders ausfallen, je nachdem, ob die Anzahl der Freiheitsgrade eher klein oder groß ist. Besonders fällt auf, daß bei kleiner Anzahl der Freiheitsgrade sehr große t-Werte (entweder positiv oder negativ) einen größeren Teil der Verteilung ausmachen als sonst.

Weil er sowohl bei großen als auch bei kleinen Stichproben anwendbar ist, wird der t-Test fast überall statt z benutzt, wenn man von zugänglichen Stichproben auf nicht erfaßbare Populationen schließen muß. Aber weil z ein Gedankengebäude ist, das Sie schon verstehen, ist es am einfachsten, sich t als ein modifiziertes z vorzustellen.

Signifikanzniveaus (Irrtumswahrscheinlichkeiten)

Wir haben in den Abbildungen 9.5 bis 9.8 gesehen, daß eine Differenz von 10 Punkten zwischen zwei Stichprobenmitteln unter bestimmten Umständen häufig zufällig auftreten kann. Unsere beobachtete Differenz kam jedoch nicht unter den in den Abbildungen 9.5 bis 9.8 dargestellten Bedingungen zustande, sondern unter denen in den Abbildungen 9.1 bis 9.4. Dort ist offensichtlich, daß die Wahrscheinlichkeit extrem gering ist, daß unsere Kontroll- und Versuchsgruppen hinsichtlich ihres Lernerfolgs in französischer Grammatik Zufallsstichproben aus derselben Population sind. Jetzt können wir einer gespannten Öffentlichkeit mitteilen, daß unsere neue Methode, Französisch zu unterrichten, mit großer Sicherheit besser ist als die traditionelle Methode – jedenfalls unter den in unserem Experiment herrschenden Bedingungen. Wir verkünden diese Überlegenheit auf einem *Signifikanzniveau* von 0,0002, weil die Wahrscheinlichkeit nur so groß ist, daß wir uns geirrt haben – daß wir eine richtige Nullhypothese zurückweisen.

Sie haben vielleicht erwartet, daß das Signifikanzniveau in diesem Beispiel $1,000 - 0,0002$, also 0,9998 ist. Aber das Niveau muß als *die Irrtumswahrscheinlichkeit*, das heißt als *die Wahrscheinlichkeit* ausgedrückt werden, *daß man eine richtige Nullhypothese als falsch zurückweist*. Das heißt, je *niedriger* das Signifikanzniveau ist, desto *höher* ist unsere Sicherheit, daß der von uns beobachtete Effekt «echt» ist – daß er *zuverlässig* ist.[d]

Traditionell unterscheidet man zwischen zwei Niveaus, die man als signifikant bzw. sehr signifikant bezeichnet. Man nennt einen Unterschied *signifikant*, der so groß ist, daß er nur *fünfmal* (oder weniger) bei 100 Vergleichen auftreten würde, wenn jede Stichprobe nach dem *Zufallsprinzip* aus derselben Population gezogen wird. Ein *sehr signifikanter* Unterschied ist einer, der höchstens *einmal* zufällig bei 100 Vergleichen aufträte. Man bezeichnet sie manchmal als das 5-Prozent- bzw. 1-Prozent-Signifikanzniveau oder als $p \leq 0,05$ bzw. $p \leq 0,01$. In Tabellen und anderswo, wo man die kürzestmöglichen Abkürzungen benutzt, wird ein signifikanter Unterschied manchmal durch ein bloßes «s» symbolisiert und ein sehr signifikanter durch «s.s». Diese beiden Niveaus werden in der Praxis oft zitiert, aber oft auch ignoriert. Ein Forscher zum Beispiel, der eine so beeindruckende Differenz beobachtet, wie wir sie in unserer Unterrichtsstudie zwischen Kontroll- und Versuchsgruppe festgestellt haben ($p \leq 0,0002$), würde wahrscheinlich sein Licht nicht unter den Scheffel stellen und sagen, er habe ein p «kleiner als 0,01»!

Ein- und zweiseitiger Test

Ein verbreitetes Mißverständnis

Mit der Information, daß $p \leq 0,01$ ist, könnte man versucht sein zu sagen, daß eine Wahrscheinlichkeit von mindestens 0,99 besteht, daß die beobachtete Differenz «echt» ist, weil ja die Wahrscheinlichkeit höchstens 0,01 ist, daß eine so große Differenz wie die beobachtete reiner Zufall ist. Aber der Signifikanztest befaßt sich nur mit der Nullhypothese, und die Nullhypothese behauptet, daß die «echte» Differenz *null* ist. Ein p von 0,01 sagt uns nur: Wenn die beiden untersuchten Gruppen zwei Zufallsstichproben aus ein und derselben Population sind – wenn also die Nullhypothese stimmt –, dann ist entweder

1. die Wahrscheinlichkeit nicht größer als 0,01, eine so große Differenz zu erhalten (zweiseitiger Test), oder

2. die Wahrscheinlichkeit nicht größer als 0,01, eine so große Differenz *in der erwarteten Richtung* (einseitiger Test) zu erhalten.

In beiden Fällen ist die wirkliche Differenz null.

Ein- und zweiseitiger Test

Ich habe gerade die Ausdrücke *einseitiger Test* und *zweiseitiger Test* gebraucht. Der Wortbestandteil «-seitig» bezieht sich auf das obere oder untere Ende einer normalen Häufigkeitsverteilung, da, wo die Kurve nahe an der Grundlinie verläuft. Abbildung 9.4 zeigt einen einseitigen Test. Der schwarze Teil *an der rechten Seite* ist sehr klein: Genauer gesagt steht er für eine Wahrscheinlichkeit von 0,0002, daß eine Differenz von 10 Punkten, *und zwar in der erwarteten Richtung*, rein zufällig auftritt.

Die Alternative dazu ist ein zweiseitiger Test, der immer dann anzuwenden ist, wenn wir die Richtung der Differenz *nicht vorhergesagt haben*. Wenn Sie sich noch einmal Abbildung 9.3 anschauen, werden Sie sehen, daß die Wahrscheinlichkeit einer Differenz von 10 in *beide* Richtungen doppelt so hoch ist wie die einer Differenz in *eine* Richtung. Das heißt, daß eine bestimmte Differenz den Signifikanztest möglicherweise nicht besteht, wenn man die Richtung nicht vorausgesagt hat, ihn aber besteht, wenn man eine Voraussage getroffen hat (vorausgesetzt natürlich, daß das Ergebnis der Vorhersage entspricht). Wir können keinen der beiden Tests frei wählen. Wenn es keinen Grund gibt, einen Unterschied eher in die eine als in die andere Richtung anzunehmen, müssen wir den zweiseitigen Test anwenden. Nur wenn ein solcher Grund besteht, *wenn wir eine Vorhersage machen können* und die Ergebnisse die Vorhersage bestätigen, dürfen wir den einseitigen Test anwenden.[e]

Statistische versus praktische Signifikanz

Dieser Abschnitt ist kaum länger als eine lange Fußnote, aber er behandelt einen wichtigen Begriff, den man leicht übersieht, wenn er nicht besonders hervorgehoben wird: Auch wenn sich eine Differenz als statistisch signifikant erweist, kann es sein, daß ihr keine *praktische* Signifikanz zukommt.

Das Ergebnis unseres Sprachunterricht-Experiments war sehr überzeugend; es kann praktisch kein Zweifel daran bestehen, daß der Unterschied zwischen den beiden Gruppen am Ende der Unterrichtseinheit echt war. Aber wie beeinflußt diese Information die Entscheidungen eines Oberschulamtsbeamten, der darüber befinden muß, ob er die neue Methode übernimmt? Das hängt von vielen Überlegungen ab, von denen einige nichts mit Statistik zu tun haben. In hohem Maße hängt es davon ab, wie teuer die Einführung der neuen Unterrichtsmethode ist – ob sie teure Apparate oder speziell ausgebildete Lehrer verlangt. Die Entscheidung des Beamten kann auch von der absoluten Größe des Unterschiedes abhängen. Das klingt wie ein Widerspruch zu allem, was wir bisher gesagt haben, und das ist es auch – wenn wir nicht zwischen statistischer und praktischer Signifikanz unterscheiden.

Der Joker liegt beim Term des Standardfehlers – genauer gesagt bei der Bedeutung von n bei der Bestimmung der Größe dieses Terms. Wenn Sie die Abbildungen 9.1 bis 9.8 analysieren oder auch Formel 9.1, werden Sie merken, daß die Größe des Standardfehlers der Differenz proportional ist den Standardfehlern der Mittelwerte der beiden Stichproben. Die Größe eines Standardfehlers des Mittelwerts (Formel 8.1) wird teils durch die *Streuung* in der Stichprobe und teils durch ihre *Größe* bestimmt:

$$s_{\bar{x}} = \frac{s}{\sqrt{n}}$$

Nun hängt aber die Signifikanz einer beobachteten Differenz von dem Verhältnis ab, das zwischen dieser Differenz und dem Standardfehler der Differenz besteht:

$$z_{\bar{x}_V - \bar{x}_K} = \frac{\bar{X}_V - \bar{X}_K}{s_{\bar{x}_V - \bar{x}_K}} \qquad (9.3)$$

Dabei ist $z_{\bar{x}_V - \bar{x}_K}$ die Differenz zwischen zwei Mittelwerten in Einheiten des Standardfehlers, $\bar{X}_V - \bar{X}_K$ die Differenz zwischen zwei Mittelwerten in Rohdaten-Einheiten und $s_{\bar{x}_V - \bar{x}_K}$ der Standardfehler der Differenz. Die Anwesenheit von n im Nenner der Formel für $s_{\bar{x}}$ bedeutet, daß ein großes n ein kleines $s_{\bar{x}}$ ergibt. Das vermindert, wie wir wissen, den Standardfehler der Differenz, und weil z mit abnehmendem Standardfehler größer wird, ist die letzte Konsequenz eines großen n eine hohe Signifikanz. Wenn unsere Stichproben nur groß genug sind, wird deshalb *jede* auch noch so kleine Differenz statistisch signifikant sein. Deshalb kann, auch wenn ein z-Wert von 3,53 anzeigt, daß der Unterschied, egal wie klein, wahrscheinlich echt ist, ein Schulamtsbeamter zu der Auffassung gelangen, daß eine sehr *kleine* Differenz nicht die zusätzlichen Kosten lohnt, selbst wenn sie *absolut* zuverlässig ist – das heißt, selbst wenn $s_{\bar{x}_V - \bar{x}_K}$ null ist.

Kurz, die Größe einer Differenz wird in keiner Weise durch ihre Zuverlässigkeit (Reliabilität) beeinflußt. Den verlockenden Schluß zu ziehen, daß das doch so ist, sollte man tunlichst unterlassen.

Zusammenfassung

Manchmal will man wissen, ob zwei Gruppen sich voneinander unterscheiden – oder eher, *ob sie repräsentativ für zwei verschiedene Populationen sind*. In diesem Kapitel haben wir den Lernerfolg zweier Schülergruppen verglichen, die nach einer unterschiedlichen Methodik unterrichtet wurden. Die eine Gruppe, diejenige, die nach der herkömmlichen Methode unterrichtet wurde, hieß *Kontrollgruppe*. Die andere, nach einer neuen Methode unterrichtete Gruppe war die *Versuchsgruppe*. Die Versuchsgruppe erzielte bessere Resultate als die Kontrolle.

Aber auch zwei *gleich* behandelte Gruppen können zufällig verschiedene Ergebnisse erzielen, und in diesem Fall müßten wir zugeben, daß der ermittelte Unterschied ein *Stichprobenfehler* war – daß die beiden Gruppen in Wirklichkeit nur zwei Stichproben aus derselben Population in bezug auf die getestete Leistung sind. Wir müssen die Möglichkeit in Betracht ziehen, daß das auch bei unserer Kontroll- und unserer Versuchsgruppe der Fall ist – daß die ermittelte Differenz ganz und gar auf einem Stichprobenfehler beruhte und die beiden Gruppen in Wirklichkeit zwei Stichproben aus derselben Population sind. Diese Möglichkeit bezeichnet man als *Nullhypothese*, als Hypothese, daß es keinen Unterschied gibt.

Die eigentliche Frage lautet also: «Wie groß muß eine beobachtete Differenz sein, bevor wir zu recht die Nullhypothese zurückweisen können?» Das Verfahren, mit dem man diese Frage beantwortet, heißt *Signifikanztest*. In unserem Fall präzisieren wir die Frage, nämlich: «Ist unsere beobachtete Differenz so groß, daß wir die Nullhypothese zurückweisen können?»

Die Antwort ist nicht einfach ja oder nein; man muß die *Wahrscheinlichkeit* angeben, mit der sie gilt. Wie groß ist die Wahrscheinlichkeit, daß eine so große Differenz wie die von uns beobachtete auftritt, wenn kein echter Unterschied in der Effektivität der beiden Unterrichtsmethoden besteht? Welche *Irrtumswahrscheinlichkeit* man akzeptiert, ist im Grunde willkürlich, aber zwei typische *Signifikanzniveaus* befinden sich bei 0,05 und 0,01. Dennoch wird ein Forscher, der eine Nullhypothese mit einer Wahrscheinlichkeit von weit unter 0,01 zurückweisen kann, diese wohl lieber genau angeben. Denn je niedriger seine Irrtumswahrscheinlichkeit ist, desto bedeutender ist das Ergebnis seiner Untersuchung.

Ist es möglich, all diese Fragen bei jeder Messung von zwei beliebigen Gruppen von Subjekten zu stellen? Wir könnten den Signifikanztest zur reinen Erkundung benutzen – um Unterschiede zu finden, die es wert sind, weiter untersucht zu werden. Aber im oben beschriebenen Falle der beiden Unterrichtsmethoden haben wir nicht erst sondiert. Wir haben *erwartet*, daß die Versuchsgruppe besser abschneidet als die Kontrolle. Das ist eine wichtige Unterscheidung, denn wenn wir unsere Erwartung vorher ausdrücken können, dürfen wir einen *einseitigen Test* statt eines *zweiseitigen Signifikanztests* verwenden. Wenn wir bloß Vorstudien betreiben, müssen wir fragen: «Wie groß ist die Wahrscheinlichkeit für einen so großen Stichprobenfehler *in beide Richtungen*?» Wenn wir dagegen unsere Erwartung formuliert haben, müssen wir statt dessen fragen: «Wie groß ist die Wahrscheinlichkeit, einen so großen Fehler *zugunsten der Versuchsgruppe* zu erhalten?» Da die Wahrscheinlichkeit einer Differenz in *eine bestimmte* Richtung genau die Hälfte der Wahrscheinlichkeit einer gleich großen Differenz in *beide* Richtungen ist, ist der einseitige Test doppelt so empfindlich wie der zweiseitige, den wir anwenden müssen, wenn wir etwas ohne eine bestimmte Erwartung untersuchen. Egal, wo genau wir das Signifikanzniveau festlegen – es genügt eine nur halb so große Differenz, um ein auf diesem Niveau statistisch signifikantes Ergebnis zu erhalten. Schließlich sagt uns ein Test der statistischen Signifikanz, wie *zuverlässig* unsere Differenz ist, aber das ist nur einer von den vielen Faktoren, die bei Entscheidungen in der Praxis eine Rolle spielen.

Anwendungsbeispiele

Pädagogik
Sie sind Rektorin einer High-School. Lehrer, Psychologen und Schulbehörde haben ein einsemestriges Gruppenprojekt für Störenfriede im Unterricht entwickelt, um diesen Schülern zu helfen, geeignetere Methoden der Konfliktlösung zu finden, und um sie besser in die Klasse zu integrieren. Um festzustellen, ob dieses Programm wirklich die Störung des Unterrichts vermindert, teilen Sie die Hälfte der 50 problematischsten Schüler für das Projekt ein. Am Ende des Halbjahrs beurteilen die Lehrer das störende Verhalten aller 50 Schüler. Was fangen Sie mit den gesammelten Daten an?

Politologie
In den letzten Jahren haben Politologen immer öfter mit Hilfe von statistischen Methoden versucht, die Effektivität staatlicher Programme zu beurteilen. Ein Beispiel dafür ist der folgende Fall eines Projekts zur Eindämmung der Kriminalität. Die Bürger von Grobstadt haben von der Stadtverwaltung verlangt, etwas gegen die vielen Einbrüche zu unternehmen. Sie sind Polizeichef. Als ersten Schritt schlagen Sie vor, daß der Stadtrat eine Spezialeinheit aufstellt, die in allen Stadtteilen Veranstaltungen abhält, um die Bürger zu beraten, wie sie sich gegen Einbrüche schützen können. Der Stadtrat zögert, die Kosten für die Spezialeinheit unbefristet zu übernehmen, weil es für ihn nicht erwiesen ist, daß damit die Zahl der Einbrüche wirklich zurückgeht. Deshalb einigen sich die Mitglieder darauf, erst dann eine Entscheidung zu treffen, wenn sie die Daten eines Pilotprojekts ausgewertet haben. Um dieses Projekt zu starten, ziehen Sie zwei Zufallsstichproben aus der Population, die in diesem Fall aus all den einzelnen Stadtteilen besteht. Die Bewohner aus der einen Gruppe werden dann von der Spezialeinheit beraten; die Bewohner aus der anderen Gruppe nicht. Nach drei Monaten vergleichen Sie

Anwendungsbeispiele 121

die durchschnittliche Zahl der Einbrüche in den Stadtteilen, in denen Informationsveranstaltungen stattgefunden haben, mit derjenigen in den Stadtteilen ohne Beratung. Welche Statistik ist für diesen Vergleich geeignet?

Psychologie
Als klinische Forscherin wollen Sie herausfinden, wie Übungen zur Muskelentspannung nach einer bestimmten Zeit im Vergleich zur medikamentösen Behandlung abschneiden, wenn man Hyperaktivität bei kleinen Kindern reduzieren will. Sie teilen die Hälfte der medizinisch als hyperaktiv eingestuften Kinder in das Entspannungsprogramm ein, die andere Hälfte bekommt Medikamente. Nach dreißigtägiger Interventionsdauer wird das Aktivitätsniveau aller an der Studie teilnehmenden Kinder anhand einer Skala beurteilt. Es wird mit großer Sicherheit irgendeinen Unterschied zwischen den beiden Gruppen geben. Wie können Sie sagen, ob die Differenz signifikant ist?

Sozialarbeit
Als Sozialarbeiter in einem Zentrum für Senioren liegt Ihnen die Gesundheit und Vitalität der Senioren am Herzen, die das Zentrum besuchen. Sie sind der Meinung, daß das gegenwärtige Angebot des Zentrums an Billard, Kartenspielen, Handarbeit, Filmen und gelegentlichen Ausflügen nicht ausreicht, um die Senioren aktiv und geistig frisch zu halten, denn sie leiden an zahlreichen Krankheiten wie Schlaganfall, Herzinfarkt, Atemwegserkrankungen und psychischen Störungen wie Depression und Angstzuständen. Nachdem Sie an einem Workshop über den Dienst an älteren Menschen teilgenommen haben, wollen Sie ein neues Projekt aufziehen mit Gruppendiskussionen, Meditation und Sport. Das Projekt ist strukturiert; die Senioren treffen sich zweimal die Woche für jeweils zwei Stunden. Um die Wirkung dieses neuen Projekts zu bestimmen, wählen Sie nach dem Zufallsprinzip die eine Hälfte der Senioren aus und lassen sie für ein Jahr an dem Projekt teilnehmen. Sie wollen dann diese Gruppe mit der anderen Hälfte vergleichen, die weiter den alten Beschäftigungen nachgegangen ist. Nachdem Sie die Gesundheitsdaten von allen Personen erhoben haben, stellen Sie eine Differenz zugunsten der Versuchsgruppe fest. Wie können Sie die Wahrscheinlichkeit einschätzen, daß diese Differenz rein zufällig auftrat?

Soziologie
Eine Familienberatungsstelle möchte von Ihnen wissen, ob katholische Familien in Ihrem Land größer sind als nicht-katholische Familien. Sie ziehen eine Zufallsstichprobe aus den Daten der letzten Volkszählung und stellen fest, daß die Durchschnittsgröße katholischer Familien tatsächlich größer ist als die nicht-katholischer Familien. Wie können Sie die Signifikanz dieses Unterschieds prüfen?

10 Mehr über das Prüfen von Hypothesen

Ein Kapitel mit dieser Überschrift könnte leicht soviel Platz beanspruchen wie der gesamte Rest dieses Buches. Das wird es aber nicht, denn ich habe lediglich zwei Signifikanztests zur Illustration ausgewählt. Die anderen werden, wenn überhaupt, nur kurz erwähnt. Für unsere Zwecke brauchen wir sie nicht zu beschreiben. Wahrscheinlich läßt sich sogar das Wichtigste, was ich zu Ihrem Verständnis von Signifikanztests beitragen kann, auch *ohne* Beispiele sagen. Die Idee, auf der alle diese Tests beruhen, ist die: Jeder versteht sich als die *Prüfung einer Nullhypothese* – einer Hypothese, daß kein Unterschied besteht.

Der Unterschied, der sich bei unserem Experiment mit den beiden Methoden im Französischunterricht ergab, war ein *gradueller* Unterschied. Wir fragten, ob Schüler infolge einer neuen Methodik vergleichsweise besser abschnitten als Schüler, die nach der herkömmlichen Methode unterrichtet wurden. Technisch gesprochen fragten wir, ob der von uns beobachtete Unterschied dem Unterschied in den Unterrichtsmethoden zuzuschreiben war oder aber lediglich auf Stichprobenfehlern beruhte – das heißt, wir prüften die Nullhypothese. Wir hätten aber auch anders fragen können: Fallen bei der neuen Methode weniger Schüler durch als bei der alten, vorausgesetzt, die Grenze zwischen bestanden und nicht bestanden ist klar definiert? Diese Frage zielt auf die *Häufigkeit*. Tatsächlich geben Häufigkeiten oft Merkmalsausprägungen an, zum Beispiel wenn die Zahl der richtig geschriebenen Wörter den Grad der Fertigkeit im Schreibmaschineschreiben angibt oder die Zahl der Schläge die Meisterschaft im Golfspiel. Die in Kapitel 9 beschriebenen Signifikanztests lassen sich in diesen Fällen anwenden, und in modifizierter Form kann man mit ihnen auch die eben erwähnten, in Kategorien eingeteilten Fälle behandeln (bestanden – durchgefallen, ja – nein, innovativ – traditionell usw.). Öfter werden solche Fälle jedoch auf eine andere Art analysiert. Der erste Abschnitt dieses Kapitels wird sich mit einer Prüfung der Nullhypothese befassen, bei der alle Daten in Häufigkeiten angegeben sind.

Bei dem in Kapitel 9 besprochenen Beispiel gibt es ein Merkmal, das nicht typisch für alle Versuchsanordnungen ist: Es wurden nur zwei «Behandlungen» oder Versuchsbedingungen miteinander verglichen. Was tun wir, wenn wir die relative Effektivität von mehr als zwei Unterrichtsmethoden beurteilen wollen? Oder wenn wir vermuten, daß die eine Methode in der Hand des einen Lehrers effektiv ist, eine andere aber besser ist, wenn sie von einem anderen Lehrer angewandt wird? Die folgenden Abschnitte dieses Kapitels beschreiben eine Analysemethode, mit der sich diese beiden Fragen beantworten lassen.

Beachten Sie, daß jeder Signifikanztest eine Prüfung einer Nullhypothese ist; andersherum ist jede Prüfung der Nullhypothese ein Signifikanztest. Da jede beobachtete Differenz aus Stichprobenfehlern herrühren kann, läßt sich jede Differenz einem Signifikanztest unterziehen.

Vergleich zweier Häufigkeiten: Chi-Quadrat

In der Einleitung zu diesem Kapitel habe ich erwähnt, daß die in unserer Untersuchung über Unterrichtsmethoden verwendete Punkteskala auf zwei Werte hätte reduziert werden können: bestanden und nicht bestanden. Ich habe darauf hingewiesen, daß die Daten unter diesen Umständen wahrscheinlich Häufigkeiten wären, die angeben würden, wie viele Schüler jeweils bestanden haben.

In der Praxis werden Punkteskalen jedoch selten auf zwei Klassenintervalle reduziert; das würde den Verlust von Information bedeuten. Signifikanztests, die sich mit Häufigkeiten, Verhältnissen und Wahrscheinlichkeiten befassen, verwendet man gewöhnlich bei Fragestellungen, die gar keine klar unterteilten Skalen ergeben. Bei einer Meinungsumfrage zum Beispiel wird den Befragten normalerweise eine Frage vorgelegt, die sie nur mit ja oder nein, dafür oder dagegen usw. beantworten können. Es gibt zwar Methoden, differenziertere Antworten zu erhalten, sie sind aber mit mehr Aufwand verbunden als die einfache Frage. Außerdem ist ein relativ grober Index unter bestimmten Umständen oft am angemessensten. Beispielsweise bei der Vorhersage eines Wahlergebnisses, denn jedes Kreuz, das ein Wähler auf seinem Stimmzettel macht, stellt im Grunde eine Ja/Nein-Entscheidung dar.

Wir wollen nun kurz die Logik betrachten, die hinter der Prüfung der Signifikanz einer Reihe von Wahldaten steht. Nehmen wir an, daß ein bestimmter männlicher Kandidat für ein öffentliches Amt beträchtlich mehr Sex-Appeal besitzt als ein anderer, daß er sich aber sonst sehr wenig von seinem einzigen Gegenkandidaten (einem anderen Mann) zu unterscheiden scheint. Er gewinnt, und wir fragen uns, ob seine äußerliche Attraktivität bei seinem Sieg eine Rolle gespielt hat.

Wenn wir davon ausgehen, daß die Wähler beiderlei Geschlechts grundsätzlich heterosexuell ausgerichtet sind, können wir eine aufschlußreiche Antwort erhalten, wenn wir die Frage umformulieren: «Haben Frauen Mr. Sex-Appeal signifikant häufiger gewählt als Männer?» Die Daten lassen sich in einer Vierfeldertafel darstellen (Tabelle 10.1). Wenn es bei dieser Wahl 20000 Wähler gibt – 10000

	Stimmen für Mr. Sex-Appeal	
	Ja	Nein
Geschlecht der Wähler M		
W		

Tabelle 10.1 Anordnung der Daten bei der Wahlanalyse

Männer und 10000 Frauen –, von denen wir 1 Prozent als repräsentative Stichprobe haben, wenn Mr. Sex-Appeal 60 Prozent aller Stimmen auf sich vereinigen konnte und wenn kein Unterschied zwischen männlichem und weiblichem Wahlverhalten besteht, dann sieht die Tabelle aus wie Tabelle 10.2.

Vergleich zweier Häufigkeiten: Chi-Quadrat 125

Stimmen für Mr. Sex-Appeal

		Ja	Nein	Summe
Geschlecht der Wähler	M	60	40	100
	W	60	40	100
	Total	120	80	200

Tabelle 10.2 Erwartete Häufigkeiten unter der Nullhypothese

Sie sollten dieses letzte «wenn» als die Nullhypothese wiedererkennen; unser Signifikanztest versucht zu zeigen, daß sie nicht haltbar ist. Dazu müssen wir beweisen, daß 1. sich unsere *beobachteten* Häufigkeiten von denen unterscheiden, die zu *erwarten* wären, wenn es keinen echten Unterschied im männlichen und weiblichen Wahlverhalten gibt, und daß 2. der Unterschied größer ist als der, den wir durch Stichprobenfehler erhalten dürften.

Stimmen für Mr. Sex-Appeal

		Ja	Nein	Summe
Geschlecht der Wähler	M	50	50	100
	W	70	30	100
	Total	120	80	200

Tabelle 10.3 Beobachtete Häufigkeiten in der Stichprobe

Stimmen für Mr. Sex-Appeal

		Ja	Nein
Geschlecht der Wähler	M	50 −60 −−− −10	50 −40 −−− +10
	W	70 −60 −−− +10	30 −40 −−− −10

Tabelle 10.4 Beobachtete minus erwartete Häufigkeiten

Die Verteilung der Wählerstimmen in unserer Stichprobe wird in Tabelle 10.3 dargestellt. In Tabelle 10.4 stellen wir die theoretisch erwarteten und die tatsächlich beobachteten Häufigkeiten zusammen, um sie besser vergleichen zu können.

Aus ihr geht hervor, daß unser Kandidat einen größeren Anteil der weiblichen Wählerstimmen bekommen hat als der männlichen. Aber ist die Differenz *signifikant*? Wie groß ist die Wahrscheinlichkeit, daß eine so große Differenz (d.h. eigentlich vier Differenzen in Tabelle 10.4), wie wir sie festgestellt haben, in einer Zufallsstichprobe auftritt, wenn es überhaupt keinen Unterschied in der Population der Wähler gibt? (Die Nullhypothese besagt hier, daß die beiden Variablen – «Geschlecht der Wähler» und «Stimmen für Mr. Sex-Appeal» – *unabhängig* voneinander sind.)

Um das herauszufinden, können wir eine Statistik verwenden, die *Chi-Quadrat* heißt (χ^2). Die Formel dafür lautet:

$$\chi^2 = \sum \frac{(f_b - f_e)^2}{f_e} \qquad (10.1)$$

Dabei ist χ^2 Chi-Quadrat, f_b die beobachtete Häufigkeit und f_e die erwartete Häufigkeit.[a] Konzentrieren Sie sich nun für einen Augenblick auf den einen Teil dieser Formel

$$f_b - f_e$$

und Sie werden das Grundprinzip von Chi-Quadrat verstehen. In jedem Feld der Tafel wird Chi-Quadrat um so größer sein, je größer die Abweichung von der erwarteten Häufigkeit ist. Beachten Sie bei Formel 10.1, daß durch das Quadrieren jeder Differenz auch negative Differenzen die Gesamtsumme vergrößern.

Da sich die erwartete Häufigkeit von der Nullhypothese herleitet, ist Chi-Quadrat ein Index der Abweichung von dieser Hypothese. In speziellen Tabellen läßt sich das Signifikanzniveau jedes gegebenen Chi-Quadrats nachschlagen. In unserem Beispiel ist Chi-Quadrat 8,34, was auf dem 0,01-Niveau signifikant ist; die Wahrscheinlichkeit, daß unsere beobachtete Differenz auf einem Stichprobenfehler beruhte, ist kleiner als 1 Prozent.

Kasten 10.1 zeigt die Berechnung von Chi-Quadrat aus der Definitionsformel 10.1 für die Fragestellung bei der Wahl von Mr. Sex-Appeal.

Vergleiche von mehr als zwei Mittelwerten: Die Varianzanalyse

Bei einem Experiment ist eine *unabhängige Variable* – zum Beispiel eine Unterrichtsmethode – eine Variable, die vom Experimentator manipuliert wird. (Mathematisch ist sie unabhängig; im Experiment ist sie eigentlich eine beeinflußte Variable. Aber der mathematische Ausdruck wird sowohl im mathematischen als auch im experimentellen Kontext häufig verwendet.) Sie wird manchmal *Instrumentvariable* genannt. Die *abhängige Variable* – zum Beispiel der Lernerfolg – ist eine Variable, deren Werte durch diejenigen der unabhängigen Variablen bestimmt werden. (Eine ausführlichere Diskussion der Variablen im Experiment beginnt auf Seite 146.)

Vergleiche von mehr als zwei Mittelwerten: Die Varianzanalyse 127

Kasten 10.1 Berechnung eines Chi-Quadrats (siehe Tabelle 10.4 und Formel 10.1)

$$\chi^2 = \sum \frac{(f_b - f_e)^2}{f_e} \quad (1)$$

$$= \frac{(50-60)^2}{60} + \frac{(50-40)^2}{40} + \frac{(70-60)^2}{60} + \frac{(30-40)^2}{40} \quad (2)$$

$$= \frac{(-10)^2}{60} + \frac{10^2}{40} + \frac{10^2}{60} + \frac{(-10)^2}{40} \quad (3)$$

$$= \frac{100}{60} + \frac{100}{40} + \frac{100}{60} + \frac{100}{40} \quad (4)$$

$$= 1,67 + 2,5 + 1,67 + 2,5 \quad (5)$$

$$= 8,34 \quad (p \leq 0,01) \quad (6)$$

Zeile 1: Dies ist Formel 10.1.
Zeile 2: Der Zähler in jedem der vier Brüche in dieser Zeile gibt die Differenz zwischen der beobachteten und der theoretisch erwarteten Häufigkeit an. (Siehe die vier Felder in Tabelle 10.4.)
Zeile 3: Die Differenz von Zeile 2 wird ins Quadrat erhoben und durch die erwartete Häufigkeit geteilt, wie in Formel 10.1 angegeben.
Zeile 4: Wie Zeile 3; zu beachten ist, daß es keine negativen Zahlen in der Gleichung mehr gibt. Das hat seinen Sinn, da jede Abweichung einer beobachteten Häufigkeit (f_b) von der Vorhersage der Nullhypothese (f_e) unsere Sicherheit *erhöht*, daß die «Stimmen für Mr. Sex-Appeal» in Zusammenhang stehen mit dem «Geschlecht der Wähler». Die Nullhypothese behauptet, daß beides *nicht* in Zusammenhang steht.
Zeile 5: Jeder Bruch als Dezimalzahl dargestellt.
Zeile 6: Die Summe der vier Brüche ist das Chi-Quadrat.

Bei unserer Bewertung der Unterrichtsmethoden in Kapitel 9 haben wir einen Signifikanztest auf eine Differenz zwischen zwei Mittelwerten angewendet. Diese Technik braucht man oft in der Verhaltensforschung, aber sie ist natürlich nicht die einzige Möglichkeit. Eine Versuchsanlage kann mehr als bloß eine unabhängige Variable verlangen – zum Beispiel mehrere Unterrichtsmethoden. Sie kann auch die Auswirkungen dieser Variablen in verschiedenen Kombinationen beurteilen wollen – zum Beispiel Kombinationen von Methoden und Lehrern. Mit den in Kapitel 9 beschriebenen z- und t-Tests läßt sich die Signifikanz in keinem dieser Fälle beurteilen. Es gibt jedoch ein Verfahren, das auf beide anwendbar ist, die sogenannte *Varianzanalyse* oder *Streuungsanalyse*.

Die einfache Varianzanalyse

In diesem Abschnitt werden wir uns nur mit der oben erwähnten Versuchsanlage befassen, bei der es eine unabhängige Variable, aber mehr als zwei Kategorien dieser Variablen gibt. Unser Beispiel ist eine einfache Erweiterung des Experimentes, mit dem wir gezeigt haben, wozu z- (oder t-) Werte nützlich sind. (Siehe die Seiten 109 ff. und 114 ff.) Dort hatten wir zwei Gruppen, die Kontroll- bzw.

Versuchsgruppe hießen; hier haben wir es mit sechs Gruppen zu tun, die wir einfach als I, II, III, IV, V und VI bezeichnen. Dort haben wir eine neue Methode des Französischunterrichts mit einer alten Methode verglichen; hier haben wir sechs verschiedene Methoden, von denen eine oder mehr herkömmliche Methoden sein können. Sagen wir einmal, daß die Kontroll- und die Versuchsgruppe des früheren Experiments die Gruppen I und IV dieses Experiments sind.

Im Endeffekt wollen wir wissen, welche der sechs Methoden die effektivste(n) ist (sind). Wir könnten so vorgehen, daß wir alle möglichen Kombinationen von Gruppen miteinander vergleichen, aber das wäre äußerst umständlich, da man dazu in diesem Fall 15 solcher Tests bräuchte, um alle Möglichkeiten zu überprüfen. Was wir brauchen, ist eine Art Überblickstest, der uns sagt, ob es *irgendwo* in einer Reihe von Kategorien überhaupt eine signifikante Differenz gibt. Wenn nicht, hat es keinen Zweck, weiter zu suchen.

Es gibt auch noch andere Gründe für einen überblicksartigen Signifikanztest, die letztendlich bedeutender sind als die Einsparung von Arbeit. Erstens ist jede Statistik, die auf dem *gesamten* Material beruht, stabiler (siehe Seite 101 über die Auswirkung von n auf den Standardfehler) als eine, die sich nur auf einen Teil davon stützt; das wäre der Fall, wenn nur zwei der sechs Methoden miteinander verglichen würden. Zweitens werden bei so vielen Vergleichen einige zufällig signifikant sein. Wenn man hundert solcher Vergleiche anstellte, würden fünf wahrscheinlich auf dem 0,05-Niveau signifikant sein und einer auf dem 0,01-Niveau, selbst wenn es in Wirklichkeit überhaupt keine Differenzen gibt. Immer wenn wir es also mit mehreren Kategorien der unabhängigen Variablen zu tun haben, brauchen wir einen allgemeinen Signifikanztest.

Dieser Test ist der *F-Test*. F ist der Quotient aus zwei Varianzen. In Kapitel 4 wurde Varianz als das Quadrat der Standardabweichung definiert:

$$S^2 = \frac{\sum x^2}{n}$$

In Kapitel 7 (Seite 89–94) haben Sie dann gelernt, daß

1. die Stichprobenstatistik S (und somit auch S^2) nur Mittel zum Zweck ist,
2. der Zweck, um den es eigentlich geht, der Populationsparameter σ ist und
3. daß man sich, wenn nur eine Stichprobe erfaßbar ist, dem Parameter durch s nähern kann: durch die Standardabweichung der Population, wie sie aus den Daten der Stichprobe geschätzt wird (oder einfacher durch die «geschätzte Standardabweichung der Population»).

Da nun die Varianz einer jeden Verteilung das Quadrat ihrer Standardabweichung ist, ist unsere beste Schätzung der Varianz einer Population:

$$\text{geschätzte Varianz der Population} = s^2 = \frac{\sum x^2_{\text{Stichprobe}}}{n-1} \qquad (10.2)$$

Vergleiche von mehr als zwei Mittelwerten: Die Varianzanalyse

Dabei ist s^2 das Quadrat der geschätzten Standardabweichung der Population, $\sum x^2_{\text{Stichprobe}}$ ist die Summe der quadrierten Abweichungswerte in einer Stichprobe und $n - 1$ die Anzahl der Freiheitsgrade bei dieser Berechnung.

Der F-Test ist ein Quotient aus zwei geschätzten Varianzen. Aber bevor wir das Prinzip des F-Tests genauer untersuchen, wollen wir noch einen Augenblick ganz allgemein überlegen, was wir eigentlich erreichen wollen. Wir haben sechs Gruppen. Der Mittelwert jeder Gruppe unterscheidet sich um einen bestimmten Betrag von demjenigen jeder anderen Gruppe. Die Frage lautet: «Sind diese Differenzen *signifikant*?» (Oder genauer: «Gibt es mindestens einen signifikanten Unterschied zwischen ihnen?») Wir wollen wissen, ob die beobachtete Streuung der Mittelwerte größer ist, als man rein zufällig erwarten könnte. Betrachten Sie die Abbildungen 10.1 und 10.2. Welche der beiden Zeichnungen stellt die zuverlässigeren (signifikanteren) Unterschiede zwischen Mittelwerten dar?

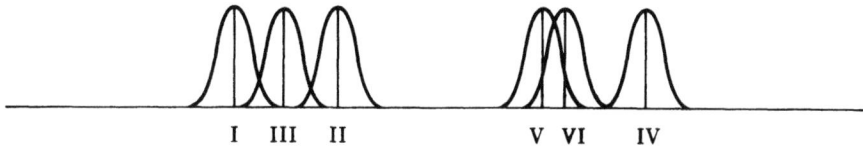

Abb. 10.1 Gruppen I bis VI mit geringer Streuung innerhalb der Gruppen.

Abb. 10.2 Dieselben Mittelwerte wie in Abbildung 10.1, jedoch mit größerer Streuung innerhalb der Gruppen.

Je kleiner die Streuung einzelner Meßwerte innerhalb jeder Gruppe ist, desto sicherer können wir natürlich sein, daß wir es wirklich mit verschiedenen Gruppen zu tun haben – oder genauer mit Stichproben aus verschiedenen Populationen. Es ist relativ schwer, sich vorzustellen, daß die sechs Gruppen in Abbildung 10.1 Zufallsstichproben *aus einer einzigen Population* sind. Das ist die Nullhypothese in der Varianzanalyse – daß alle miteinander verglichenen Gruppen Stichproben aus derselben Population sind. Die Nullhypothese ist in Abbildung 10.2 intuitiv überzeugender als in Abbildung 10.1. Aber wir dürfen uns nicht auf unsere Intuition verlassen; wir brauchen einen quantitativen Test für die Prüfung der Nullhypothese. Für die Varianzanalyse ist dies der sogenannte F-Test.

Ein wichtiger Anwendungsbereich des F-Tests ist die Prüfung, ob irgendwo eine Signifikanz besteht. Wie immer bei Signifikanztests, besagt die Nullhypothese, daß alle Stichproben Zufallsstichproben aus derselben Population sind. Wie immer werden wir versuchen, diese Behauptung zu widerlegen. Wieder ist es ein Verhältnis, das betrachtet wird, wie beim z- und beim t-Test. Aber diesmal ist der kritische Wert nicht das *Verhältnis* einer Differenz zu ihrem Standardfehler. Diesmal handelt es sich um den Quotienten aus zwei Schätzungen der Varianz in der Population – die eine Schätzung ergibt sich aus den Unterschieden zwischen den Mittelwerten der untersuchten Kategorien, die andere aus den Unterschieden zwischen individuellen Werten *innerhalb* der Kategorien:

$$F = \frac{s_z^2}{s_i^2} \tag{10.3}$$

F ist das allgemein gebräuchliche Symbol für den Quotienten rechts vom Gleichungszeichen, s_z^2 ist die Varianz in der Population, die aus der beobachteten Streuung unter den Mittelwerten der Gruppen geschätzt wird, und s_i^2 die Varianz in der Population, die aus der beobachteten Streuung *innerhalb* der Gruppen geschätzt wird.[b]

Sie werden sich daran erinnern, daß wir in Kapitel 8 (besonders auf den Seiten 95–98) die Streuung individueller Meßwerte dazu benutzt haben, die Streuung von Mittelwerten zu schätzen. Das funktioniert auch umgekehrt; mit der Streuung beobachteter Mittelwerte können wir auch die Streuung der individuellen Meßwerte in einer Population schätzen. Der Zähler im F-Bruch ist genau so eine Schätzung: die Varianz in der Population, die aus der Streuung von *Mittelwerten* der untersuchten Gruppen geschätzt wird. Der Nenner ist die Varianz in der Population, die aus der Streuung *individueller Meßwerte* innerhalb dieser Gruppen geschätzt wird. Also gibt es bei diesem Bruch zwei Schätzungen der Varianz in der Population. Man kann es so ausdrücken, daß der Zähler eine Schätzung der Varianz in der Population ist, die den Effekt der unabhängigen Variablen berücksichtigt, während der Nenner diesen Effekt unbeachtet läßt. Wenn die beiden Schätzungen gleich sind, *gibt* es keinen Effekt. Die Nullhypothese behauptet, daß sie gleich *sind* – daß der Quotient 1,00 ist.

Wenn wir beweisen wollen, daß es einen echten Unterschied zwischen den Auswirkungen unserer sechs Unterrichtsmethoden gibt, müssen wir zeigen, daß der Quotient größer ist als 1,00. Genauer gesagt müssen wir nachweisen, daß die aus den Gruppenmittelwerten geschätzte Varianz größer ist als die Varianz, die aus den individuellen Meßwerten innerhalb der Gruppen geschätzt wird. Um zu verstehen, warum, müssen wir erst das Prinzip genauer untersuchen, das dem F-Test zugrundeliegt.

Immer wenn man die Varianz in der Population schätzt, schätzt man die Streuung individueller Meßwerte um einen wahren Mittelwert herum. Das, was einem wahren Mittelwert hier am nächsten kommt, ist das *Gesamtmittel*. Jede einzelne Abweichung vom Gesamtmittel läßt sich aus zwei Komponenten bestehend denken: 1. der Abweichung des einzelnen Meßwerts von seinem Gruppenmittel und 2.

Vergleiche von mehr als zwei Mittelwerten: Die Varianzanalyse 131

der Abweichung dieses Gruppenmittels vom Gesamtmittel. Wenn man jetzt irgendwie die Mittelwert-Komponente eliminieren könnte, bekäme man eine Schätzung, *wie die Varianz in der Population gewesen wäre*, wenn es *keine Unterschiede zwischen den Gruppenmitteln* gegeben hätte. Wenn alle Gruppenmittel gleich sind, dann kann man die Abweichung jedes einzelnen Meßwertes von seinem eigenen Gruppenmittel messen und bekommt dasselbe Ergebnis, wie wenn man die Abweichung jedes einzelnen Meßwertes vom Gesamtmittel gemessen hätte. Aus solchen Messungen kann man die Varianz in der Population schätzen. Das Ergebnis ist der Nenner des F-Quotienten.

Wenn Sie die Abbildungen 10.2 und 10.3 vergleichen, sehen Sie sofort, daß die Gesamtstreuung der sechs Gruppen kleiner ist, wenn die Streuung ihrer Mittel ausgeschaltet ist. (Sie sehen nur *einen* Mittelwert in Abbildung 10.3, weil alle sechs am selben Ort sind.) Aus diesem Grunde ist der Nenner des F-Quotienten kleiner als der Zähler, wenn es irgendwelche Unterschiede zwischen den Gruppenmitteln gibt.

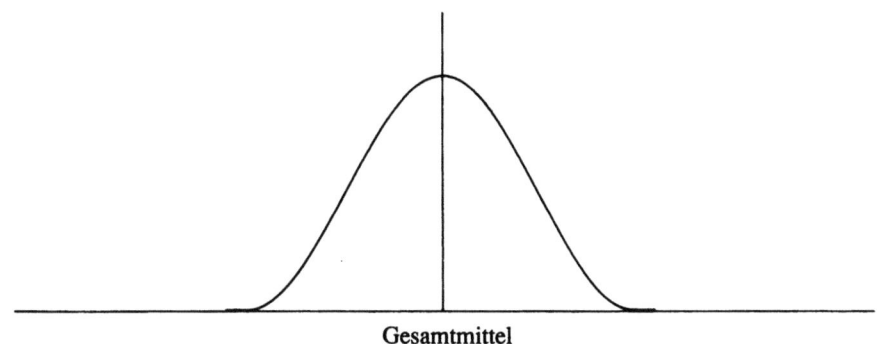

Abb. 10.3 Die sechs Verteilungen von Abbildung 10.2 so übereinanderprojiziert, daß die Unterschiede zwischen den Mittelwerten aufgehoben sind.

Diese Gruppenmittel streuen fast immer; die Frage ist, ob sie so stark streuen, daß ihre Streuung signifikant ist in dem Sinne, wie er in Kapitel 9 entwickelt wurde. Um das festzustellen, berechnen wir ein Verhältnis. Für den *Nenner* dieses Bruches bestimmen wir, wie stark die *Individuen* von ihren eigenen *Gruppen*mitteln abweichen; der *Zähler* berücksichtigt dagegen auch die Abweichungen dieser *Gruppen*mittel vom *Gesamt*mittel.

Die Nullhypothese besagt, daß es keine Varianz zwischen den Mittelwerten gibt: Also sagt sie voraus, daß eine Schätzung der Varianz in der Population, die diese Varianz mit *berücksichtigt* (der Zähler des F-Quotienten), gleich der Schätzung ist, die sie *unbeachtet läßt* (der Nenner). Wenn es zwischen den Mittelwerten keine Unterschiede gibt, ist die geschätzte Varianz in der Population, die diese Unterschiede berücksichtigt, nicht größer als die Varianz, die diese Unterschiede außer

Kasten 10.2 Berechnung einer einfachen Varianzanalyse (siehe Abbildung 10.1)

Tabelle der Beobachtungswerte

		Gruppe				
	I	III	II	V	VI	IV
	9	10	12	15	17	17
Individuen innerhalb der Gruppen	11	12	13	16	15	19
	10	11	11	14	16	18
Σ	30	33	36	45	48	54
$\bar{X}$	10	11	12	15	16	18

Gesamt $\bar{X} = 13,7$

Tafel der Varianzanalyse

Variationsursache	Anzahl der FG (f)	SAQ	MQ	F-Wert
Zwischen	5	148	29,6	29,6
Innerhalb	12	12	1	
Gesamt	17	160		

$$F = \frac{MQ_z}{MQ_i} = \frac{29,6}{1} = 29,6 \qquad (p \leq 0,01)$$

acht läßt, und der F-Wert ist 1,00. Quotienten größer als 1,00 können anhand von Tafeln bewertet werden, in denen die Wahrscheinlichkeit angegeben wird, daß ein bestimmter F-Wert rein zufällig auftritt. Das ist natürlich das *Signifikanzniveau* des F-Wertes, und es wird genauso interpretiert wie das eines z- oder t-Wertes. Wir weisen die Nullhypothese zurück, wenn die Wahrscheinlichkeit, daß der F-Wert rein zufällig auftritt, klein genug ist; in der Regel genügt ein $p \leq 0,05$.

Kasten 10.2 soll aus Formel 10.4 die Berechnung eines F-Wertes für die sechs in Abbildung 10.1 dargestellten Gruppen veranschaulichen. Das Beispiel ist jedoch nicht besonders realistisch, denn um es Ihnen so einfach wie möglich zu machen, all den Operationen zu folgen, mußte das n einer jeden Gruppe sehr klein gehalten werden. (Eine Schulklasse hat normalerweise eher 30 Schüler als die drei, die in Kasten 10.2 eine Gruppe bilden.) Wenn Sie die Berechnungen für sechs Gruppen mit je 30 Mitgliedern jedoch sehen könnten, wären Sie dankbar, daß diese Gruppen hier so klein sind.

Vergleiche von mehr als zwei Mittelwerten: Die Varianzanalyse

> In der Tabelle der Beobachtungswerte werden die Ergebnisse des Experiments entsprechend der Einteilung der Versuchspersonen in sechs Gruppen angeordnet. Zu beachten gilt, daß:
> 1. die Individuen um ihr Gruppenmittel herum streuen (*Varianz innerhalb der Gruppe*) und
> 2. die Gruppenmittel um das Gesamtmittel streuen (*Varianz zwischen Gruppen*).
>
> Die Tafel der Varianzanalyse ist die Form, die Sie höchstwahrscheinlich in einer wissenschaftlichen Publikation antreffen werden. Zwei der Abkürzungen in dieser Tafel, SAQ und MQ, sind neu. Die Begriffe, für die sie stehen, sind Ihnen allerdings bekannt:
>
> SAQ = Summe der Abweichungsquadrate, das heißt Summe der quadrierten Abweichungen vom Mittelwert = $\sum x^2$
>
> MQ = mittleres Quadrat, das heißt Mittelwert der quadrierten Abweichungen vom Mittelwert = $\sum x^2 / f$, was das gleiche wie die Varianz ist (s^2); siehe die Diskussion im Text auf den Seiten 134 ff.
>
> Die Varianz (MQ) in der «zwischen»-Zeile der Tafel bezieht sich auf die Streuung der Gruppenmittelwerte um das Gesamtmittel; die Varianz (MQ) in der «innerhalb»-Zeile bezieht sich auf die Streuung der individuellen Meßwerte um ihre Gruppenmittel. (Die «innerhalb»-Zeile wird oft «Fehler» genannt.) Der F-Wert ist also
>
> $$\frac{s_z^2}{s_i^2} = \frac{\text{MQ}_z}{\text{MQ}_i}$$
>
> Die Abkürzung f steht für *Anzahl der Freiheitsgrade*, die den Nenner der Formel für die geschätzte Varianz in der Population bilden, egal ob die Schätzung auf Abweichungen zwischen oder innerhalb Gruppen beruht:
>
> Zwischen f = Anzahl der Gruppenmittel minus des 1. Freiheitsgrades, der bei der Berechnung des Gesamtmittels verlorengeht: $6 - 1 = 5$.
>
> Innerhalb f = Anzahl der Individuen in einer Gruppe minus des Freiheitsgrades, der bei der Berechnung dieses Gruppenmittels verlorengeht, multipliziert mit der Anzahl der Gruppen: $6(3 - 1) = 12$.
>
> Vergessen Sie nicht, daß ein signifikanter F-Wert nur verrät, daß es irgendwo in der Tabelle der Beobachtungswerte mindestens einen Unterschied zwischen den Gruppen gibt. (Siehe die Diskussion im Text auf den Seiten 127 ff.)

Kasten 10.2 hat eine Besonderheit, die Sie verwirren könnte, nämlich daß die Formel für F nicht das vertraute

$$F = \frac{s_z^2}{s_i^2}$$

ist, sondern hier erscheint als

$$F = \frac{\text{MQ}_z}{\text{MQ}_i}$$

Beide Ausdrücke bezeichnen dasselbe. MQ steht für *mittleres Quadrat*. Nun erinnern Sie sich, was unter der Quadratwurzel in der Formel für die geschätzte Standardabweichung der Population steht:

$$s = \sqrt{\frac{\sum x^2_{\text{Stichprobe}}}{n - 1}}$$

Denken Sie auch daran, daß das, was unter diesem Wurzelzeichen steht, die geschätzte *Varianz* in der Population ist:

$$s^2 = \frac{\sum x^2_{\text{Stichprobe}}}{n-1} = \text{geschätzte Varianz in der Population}$$

Jetzt beachten Sie, daß s^2 *ein Mittelwert der Quadrate* individueller Abweichungen vom Populationsmittel ist. Wenn Statistiker den F-Wert berechnen, benutzen sie für die Varianz fast immer MQ (lies: «mittleres Quadrat») statt s^2. Also:

$$F = \frac{s_z^2}{s_i^2} = \frac{\text{MQ}_z}{\text{MQ}_i}$$

s_z^2/s_i^2 ist der bekannte F-Quotient aus zwei geschätzten Varianzen (Formel 10.3). Da der Mittelwert der Abweichungsquadrate (MQ) die Varianz *ist*, ist der Quotient aus mittleren Quadraten ein Quotient aus Varianzen – das heißt, er ist F.

Nach dem F-Test
Wenn sich ein F-Test als signifikant herausstellt, wissen wir (mit einer bestimmten statistischen Sicherheit), daß es irgendwo zwischen unseren Mittelwerten eine echte Differenz gibt. Aber wir wissen nicht, *wo*.

Die Methode, die sich zur Lösung dieses Problems offensichtlich anbietet, ist die Durchführung eines t-Tests für jede Differenz, wobei man mit der größten beginnt und so lange weitermacht, bis ein Test keine Signifikanz mehr zeigt. Das ist hier aber nicht möglich, und zwar zum Teil aus denselben Gründen, aus denen wir den t-Test gar nicht erst anwenden durften. Sehen Sie sich noch einmal den dritten Absatz des vorausgehenden Abschnitts an: Der zweite dort genannte Grund ist der entscheidende, warum man t nicht nach F benutzen soll: «Bei so vielen Vergleichen werden einige zufällig signifikant sein.» Es gibt Statistiker, die den Gebrauch von t bei der Varianzanalyse akzeptieren, entweder vor oder nach der Varianzanalyse, aber nur, wenn die entsprechenden Vergleiche nach rationalen Gesichtspunkten *vor der Datenerhebung* ausgewählt wurden. Das ist dieselbe Bedingung, die vorher auch schon in bezug auf die Anwendung des einseitigen Signifikanztests erwähnt wurde (Seite 117); der Grund dafür ist im wesentlichen derselbe, und es besteht auch die gleiche Kontroverse.

Es gibt auch noch andere Tests, die sich nach der Bestimmung des F-Wertes anwenden lassen. Alle versuchen, die Nullhypothese zu widerlegen, und alle sind schwieriger zu bestehen als der t-Test. Dadurch soll die große Zahl der Vergleiche kompensiert werden und die damit größer werdende Wahrscheinlichkeit, daß einige dieser Vergleiche rein zufällig signifikante Unterschiede aufweisen.

Komplexere Versuchsanlagen
Wir haben das Prinzip des F-Tests anhand einer einfachen Varianzanalyse untersucht. Es gibt noch andere Varianzanalysen: zweifache, dreifache, vierfache usw. Mein erster Impuls war es, eine zweifache Varianzanalyse zu demonstrie-

Vergleiche von mehr als zwei Mittelwerten: Die Varianzanalyse 135

ren, indem ich unser einfaches Beispiel zu einem Methoden-und-Lehrer-Versuch erweitert hätte. Jede Methode wäre von fünf verschiedenen Lehrern angewendet worden, was 6 Methoden × 5 Lehrer = 30 Versuchsbedingungen ergeben hätte. Aber das hätte uns zu weit geführt. Beispielsweise würde ein Lehrer, der nach irgendeiner der Methoden vorgeht, in seiner Leistung wahrscheinlich durch seine Erfahrung mit einer der anderen Methoden beeinflußt. Das hätte uns vor das Problem gestellt, diesen Faktor in der Versuchsanlage zu kompensieren. Auch die große Zahl der Felder in einer solchen Matrix hätte Ihr Verständnis von Wechselwirkungen nur unnötig erschwert. Deshalb möchte ich nur kurz anmerken, daß sich auch die Daten aus solch einem Experiment durch Methoden der Varianzanalyse beurteilen lassen, sobald man die Probleme der Versuchsanlage gelöst hat und die experimentelle Einflußnahme abgeschlossen ist.

Was wir jetzt brauchen, ist eine möglichst einfache Versuchsanlage, um die Grundprinzipien der zweifachen Varianzanalyse zu erläutern. Eine solche Anlage ist ein *Vierfeldertest*. Außerdem wählen wir unabhängige Variablen, die bei der Versuchsplanung nicht kompensiert werden müssen. Wie beim vorangehenden Beispiel werden die Berechnungen äußerst einfach sein.

Die abhängige Variable bei diesem Versuch (diejenige, die experimentell beeinflußt wird) ist «Ausdauer auch im Angesicht des Scheiterns» – speziell die Menge an Zeit, die mit einem unlösbaren Problem verbracht wird. Die beiden unabhängigen Variablen sind Streß und Selbstvertrauen. Die Versuchsanlage wird in Tabelle 10.5 als eine Vierfeldertafel dargestellt; jede der vier Zellen steht für eine Einflußbedingung – 1) wenig Streß mit geringem Selbstvertrauen, 2) wenig Streß mit großem Selbstvertrauen, 3) viel Streß mit geringem Selbstvertrauen und 4) viel Streß mit großem Selbstvertrauen. (Suchen Sie die entsprechenden Indexzahlen in der Tabelle.) Unter jeder Versuchsbedingung gibt es 25 Probanden; jede Untergruppe ist eine Zufallsstichprobe aus einer Population von zehnjährigen amerikanischen Jungen, und die zu beantwortende Frage lautet, ob sie am Ende des Experiments *immer noch* Zufallsstichproben aus derselben Population sind, was ihre Ausdauer betrifft. Die Nullhypothese besagt, daß das so ist.

	Selbstvertrauen		
	Niedrig	Hoch	
Streß Hoch	3	4	(Gruppe 3-4)
Streß Niedrig	1	2	(Gruppe 1-2)
	(Gruppe 1-3)	(Gruppe 2-4)	

Tabelle 10.5 Vierfeldertest mit den Indexzahlen der Untergruppen als Zelleneintrag

Ein paar Stunden vor dem Experiment holen sich alle Probanden «versehentlich» einen schmerzhaften elektrischen Schlag, während sie mit Laborgeräten herumspielen. (Wie sich noch herausstellen wird, ist es wichtig für sie zu wissen, was ein elektrischer Schlag ist.) Dann, wenige Minuten, bevor die Aufgabe erklärt wird, absolvieren sie alle einen kurzen Test mit Papier und Bleistift. Der Test ist ebenfalls für alle Probanden gleich. Der einen Hälfte (Gruppe 2-4) wird jedoch gesagt, daß sie den Test bestanden hat, der anderen Hälfte (Gruppe 1-3), daß sie durchgefallen ist. Wir manipulieren ihr Selbstvertrauen.

Unmittelbar nach dieser Erfahrung wird allen die Ausdauer-Aufgabe vorgestellt. Das Problem ist unlösbar, was die Testpersonen aber nicht wissen. Allen wird gesagt, daß sie ihr Bestmögliches tun sollen, aber jederzeit aufhören dürfen. Dann wird der einen Hälfte (Gruppe 3-4) gesagt, daß ihnen, wenn sie den Test nicht bestehen, mehrere elektrische Schläge von der Art, wie sie sie schon kennen, versetzt werden, während der anderen Hälfte nichts von elektrischen Schlägen gesagt wird. Auf diese Weise manipulieren wir «Streß» als eine zweite unabhängige Variable.

Die Varianzanalyse bietet nun gegenüber dem z- oder t-Test drei Vorzüge: 1. kann sie die Auswirkungen von mehr als zwei Kategorien einer unabhängigen Variablen vergleichen;[c] 2. kann sie die gleichzeitigen, aber getrennten Auswirkungen von zwei oder mehr Variablen vergleichen; und 3. kann sie die Wechselwirkungen von zwei oder mehr Variablen abschätzen. Der erste dieser Vorzüge wurde im vorangehenden Abschnitt behandelt. Den zweiten kann man sich durch die Berechnung eines F-Wertes für jede unabhängige Variable zunutze machen. Im vorliegenden Fall können wir einen F-Test für die *Hauptwirkung* von «Streß» machen (Gruppe 1-2 versus Gruppe 3-4) und einen anderen für die Hauptwirkung von «Selbstvertrauen» (Gruppe 1-3 versus Gruppe 2-4). Die interessanteste der drei Eigenschaften einer Varianzanalyse, aber auch die am schwierigsten zu verstehende, ist die letztgenannte: ihr Vermögen, *Wechselwirkungen* zu bestimmen.[d]

Am einfachsten lassen sich Wechselwirkungen anhand eines Beispiels erklären, deshalb wollen wir zu unserem Experiment zurückkehren. Tabelle 10.6 sieht aus wie Tabelle 10.5, außer daß die Indexzahl jeder Untergruppe in die linke

		Selbstvertrauen		
		Niedrig	Hoch	
Streß	Hoch	[3] 20	[4] 30	50
	Niedrig	[1] 10	[2] 20	30
		30	50	

Tabelle 10.6 Gruppenmittel (mit der Aufgabe verbrachten Minuten) in einer zweifachen Varianzanalyse: Ergebnis 1

obere Ecke der Zelle dieser Untergruppe verschoben wurde und daß die Zahl in der Zellenmitte der Mittelwert dieser Untergruppe ist (die Zeit vor dem Aufgeben). Die Daten in der Tabelle zeigen offensichtlich zwei Hauptwirkungen. (Ob sie signifikant sind, hängt auch vom Ausmaß der Varianz *innerhalb* der beiden Gruppen ab, die jeweils verglichen werden; wir wollen von einer ausreichend kleinen Varianz ausgehen.) Gruppe 3-4 (50 Minuten) ist ausdauernder als Gruppe 1-2 (30 Minuten) und Gruppe 2-4 (50 Minuten) ausdauernder als Gruppe 1-3 (30 Minuten). Großer Streß bewirkt eine längere Ausdauer als wenig Streß und großes Selbstvertrauen längere Ausdauer als geringes Selbstvertrauen. Aber es besteht keine Wechselwirkung.

Stellen Sie sich im Gegensatz dazu vor, daß beim Experiment ein Ergebnis wie das in Tabelle 10.7 herausgekommen wäre. Es gibt eine Hauptwirkung (hohes

		Selbstvertrauen		
		Niedrig	Hoch	
Streß	Hoch	[3] 10	[4] 30	40
	Niedrig	[1] 20	[2] 20	40
		30	50	

Tabelle 10.7 Gruppenmittel (mit der Aufgabe verbrachte Minuten) in einer zweifachen Varianzanalyse: Ergebnis 2

versus niedriges Selbstvertrauen) und Wechselwirkungen, weil sich zunehmender Streß (von niedrig zu hoch) auf die Personen unter der Versuchsbedingung «niedriges Selbstvertrauen» anders auswirkt (10 Minuten kürzer) als auf die Personen mit Selbstvertrauen (10 Minuten länger). Ähnlich wirkt sich Selbstvertrauen unter der Bedingung «großer Streß» anders aus (20 Minuten länger) als unter der Bedingung «wenig Streß» (keine Veränderung). Die Wechselwirkung läßt sich vielleicht besser anhand einer graphischen Darstellung der beiden Ergebnisse (Abbildungen 10.4 und 10.5) erkennen.

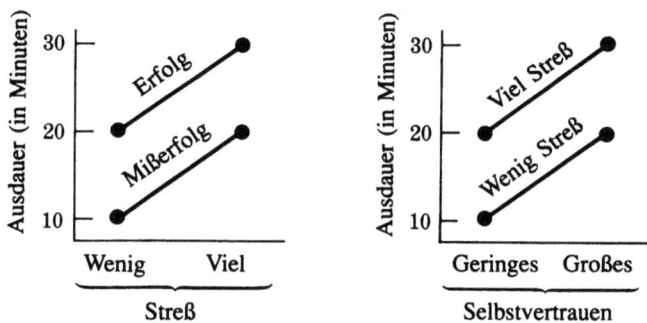

Abb. 10.4 Die graphische Darstellung von Ergebnis 1 zeigt zwei Haupteffekte und keinerlei Wechselwirkung.

Kasten 10.3 Stichprobenberechnung einer zweifachen Varianzanalyse, Ergebnis 1 (siehe Tabelle 10.6 und Abbildung 10.4)

Tabelle der Beobachtungswerte

		Selbstvertrauen	
		Niedrig	Hoch
Streß	Hoch	3 17 23 21 19 $\Sigma = 80$ $N = 4$ $\bar{X} = 20$	4 29 27 33 31 $\Sigma = 120$ $N = 4$ $\bar{X} = 30$
	Niedrig	1 9 7 13 11 $\Sigma = 40$ $N = 4$ $\bar{X} = 10$	2 19 17 23 21 $\Sigma = 80$ $N = 4$ $\bar{X} = 20$

Tafel der Varianzanalyse

Variationsursache	Anzahl der FG (f)	SAQ	MQ	F-Wert
Streß	1	400	400	59,97
Erfahrung	1	400	400	59,97
Streß × Erfahrung	1	0	0	0,00
Innerhalb	12	80	6,67	
Gesamt	15	880		

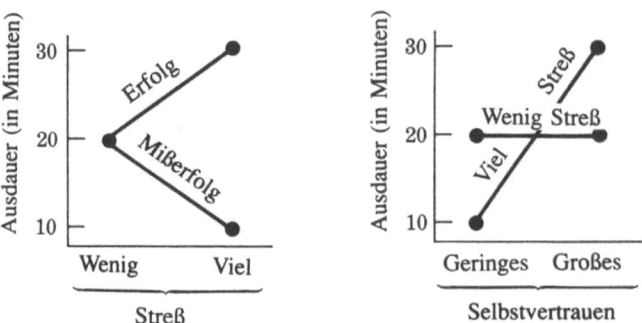

Abb. 10.5 Die graphische Darstellung von Ergebnis 2 zeigt Wechselwirkungen und einen Haupteffekt.

$$F = \frac{MQ_z}{MQ_i}$$

$$F_S = \frac{MQ_{z_S}}{MQ_i} = \frac{400}{6,67} = 59,97 \quad (p \leq 0,01)$$

$$F_V = \frac{MQ_{z_V}}{MQ_i} = \frac{400}{6,67} = 59,97 \quad (p \leq 0,01)$$

$$F_{S \times V} = \frac{MQ_{S \times V}}{MQ_i} = \frac{0}{6,67} = 0$$

Dabei steht z_S für «zwischen Gruppen, die sich in der Menge an Streß unterscheiden», z_V für «zwischen Gruppen, die sich im Selbstvertrauen unterscheiden», und $S \times V$ steht für «Wechselwirkung zwischen Streß und Selbstvertrauen». Die Bedeutung von MQ_i kennen Sie bereits.

Die Tabelle der Beobachtungswerte zeigt die Rohdaten aller Testpersonen, die Anordnung des Experiments und die Mittelwerte aller Untergruppen. Die durchgehend abhängige Variable ist «Ausdauer», die als mit der Aufgabe verbrachte Zeit gemessen wird.

Die ersten beiden in der Tafel der Varianzanalyse aufgeführten Variationsursachen sind Streuungen zwischen Gruppen. Die Ausdauer der Testpersonen kann sich unterscheiden als eine Funktion der Menge an Streß, der sie ausgesetzt waren, oder als eine Funktion ihres gerade erlebten Erfolgs bzw. Mißerfolgs. Es besteht auch die Möglichkeit, daß die Faktoren Streß und Selbstvertrauen wechselwirken. Diese Möglichkeit wird als «Streß x Erfahrung» dargestellt. Die letzte Variationsursache, «innerhalb», umfaßt die Abweichungen von Individuen von ihren verschiedenen Gruppenmitteln. (Die «innerhalb»-Zeile wird oft «Fehler» oder «Rest» genannt.)

Die Summen der Abweichungsquadrate (SAQ) und die mittleren Quadrate (MQ) werden wie bei der einfachen Varianzanalyse berechnet (siehe Kasten 10.2). In diesem Fall gibt es jedoch drei F-Werte statt nur einem: Je ein F-Wert gibt die Signifikanz der von den beiden unabhängigen Variablen verursachten Variation an, während der dritter ihre Wechselwirkung betrifft. Es sollte klar sein, daß in diesem Experiment Streß und Selbstvertrauen assoziiert waren, und zwar mit signifikanter Variation zwischen den Gruppen, daß es aber keinerlei Wechselwirkung zwischen ihnen gab.

Die Muster sind ganz unterschiedlich. Bei Ergebnis 1 sieht man im linken Diagramm eine sehr einfache Hauptwirkung von Streß und im rechten die von Selbstvertrauen. Ergebnis 2 zeigt jedoch, daß großer Streß – im Gegensatz zu niedrigem – die Ausdauer bei den Personen *erhöht*, die eben erst erfolgreich waren, und bei denjenigen *erniedrigt*, die gerade einen Mißerfolg erlitten haben. Es zeigt außerdem, daß ein Erfolgserlebnis (Versuchsbedingung «hohes Selbstvertrauen») die Ausdauer in der Gruppe mit großem Streß deutlich erhöht, aber überhaupt keine Veränderung bei der Gruppe mit wenig Streß bewirkt.[e]

Es ist verlockend, über mögliche Erklärungen für diese Ergebnisse zu spekulieren. Dies ist jedoch eine Abhandlung über Statistik und nicht über Psychologie. Außerdem wurden diese Daten nicht bei einem wirklichen Experiment erhoben.

Der Hauptpunkt ist, daß es Wechselwirkungen gibt und daß sie sich mit Hilfe der Varianzanalyse aufdecken lassen.

Kasten 10.3 zeigt die Berechnung von drei F-Werten (Hauptwirkung von Streß, Hauptwirkung von Selbstvertrauen und Wechselwirkung zwischen Streß und Selbstvertrauen) für Ergebnis 1. Die Größe der Gruppen hier ist realistischer als in Kasten 10.2, aber sie ist immer noch sehr klein. Das sollte Ihnen das Nachvollziehen der Berechnungen erleichtern.

Zusammenfassung

Kapitel 9 zeigte, wie sich die Wahrscheinlichkeit beurteilen läßt, daß ein Unterschied zwischen zwei Gruppen von Testpersonen rein zufällig auftritt (Stichprobenfehler). Kapitel 10 hat diese Methode auf Fragestellungen ausgeweitet, bei denen die Daten als *Häufigkeiten* angegeben werden oder sich mehr als zwei Gruppen bei einem gegebenen Faktor (unabhängige Variable) unterscheiden oder sogar *mehr als zwei* Faktoren gleichzeitig bewertet werden müssen.

Häufigkeitsdaten werden mit Hilfe der χ^2-Technik analysiert, mehrere Gruppen mit Hilfe der *einfachen Varianzanalyse* und der Berechnung eines F-Wertes. Auch eine komplexere Versuchsanlage wird in diesem Kapitel vorgestellt, auf die sich die Varianzanalyse anwenden läßt – eine zweifache Varianzanalyse in einem *Vierfeldertest*. Unterschieden wird dabei zwischen *Hauptwirkungen* und *Wechselwirkungen*. Da der F-Test zunächst nur als eine Art Überblickstest verwendet wird, wird das Folgeproblem – die Identifikation der genauen Ursache dieser Wirkungen, wenn sich der F-Wert als signifikant herausstellt – ebenfalls behandelt.

Anwendungsbeispiele

Pädagogik

1. Bei dem Versuch, die Zahl der High-School-Abgänger ohne Abschluß zu vermindern, wird ein berufsbildendes Projekt für Schüler entwickelt, die ein hohes Risiko haben, die Schule ohne Abschluß zu verlassen. In den ersten Jahren will das Lehrerkollegium herausfinden, ob das Projekt die Zahl der Schulabbrecher wirkungsvoll reduziert, und Sie werden um Mithilfe gebeten. Sie wählen nach dem Zufallsprinzip die 50 Schüler, die das Projekt aufnehmen kann, aus allen gefährdeten Bewerbern aus. Dann verfolgen Sie, welche Schüler schließlich ihren High-School-Abschluß machen. Welche Statistik hilft Ihnen bei Ihrer Entscheidung, ob das Projekt etwas nützt?
2. Sie sind Schulpsychologin. Sie haben ein Programm entwickelt, um Schülern zu helfen, systematisch an soziale Probleme, die ihnen in der Schule, im Freundeskreis und im Arbeitsleben begegnen können, heranzugehen und dafür Lösungsstrategien zu entwerfen. Um es auszuprobieren, bilden Sie die eine Hälfte der externen Schulberater für das Programm aus. Die Lehrer bestimmen zunächst die Schüler, die Schwierigkeiten haben, mit ihren sozialen

Anwendungsbeispiele 141

Problemen umzugehen. Dann wird ein Drittel dieser Schüler nach dem Zufallsprinzip den für das Projekt ausgebildeten Beratern und ein weiteres Drittel den nicht dafür ausgebildeten Beratern zugeteilt. Das verbleibende Drittel bekommt gar kein Training. Am Ende des Halbjahres werden alle Schüler getestet, um zu sehen, ob sie eine Reihe von sozialen Problemen lösen können. Wie interpretieren Sie die Daten, die Sie erhalten?

3. Sie sind pädagogischer Psychologe. Sie und eine Gruppe von Kollegen haben drei verschiedene Erziehungsprojekte entwickelt, um die abstrakte Denkfähigkeit von Sechst- und Siebtkläßlern zu verbessern. In Kooperation mit einem großen städtischen Schulbezirk werden 200 sechste und siebte Klassen den vier Versuchsprojekten zugeteilt (eines davon ist die Kontrolle), 50 Klassen in jedem Projekt. Alle Schüler werden am Beginn und am Ende des Jahres auf ihr abstraktes Denkvermögen hin geprüft. Wie lassen sich die beobachteten Daten analysieren und interpretieren?

Politologie

1. Sie werten die Daten aus einer Meinungsumfrage aus. Eine Zufallsstichprobe von 100 befragten Personen ergibt, daß von den 40 Anhängern der Republikaner insgesamt 30 einen Vorschlag gutheißen, die Kapitalertragssteuer zu senken, und daß von den 60 Anhängern der Demokraten 20 ihn unterstützen. Wie können Sie die Wahrscheinlichkeit berechnen, daß dieser Zusammenhang rein zufällig ist?

2. Sie untersuchen noch einmal die Häufigkeit von Militärputschen in Lateinamerika. Diesmal wollen Sie wissen, ob es signifikante Unterschiede in der Häufigkeit der Putsche gibt, und Sie haben Grund zu der Annahme, daß die Art der Herrschaftslegitimation (d.h. traditionell, gesetzlich, charismatisch) der wichtigste Faktor für die Zahl der Putsche ist. Bei dieser Fragestellung haben Sie eine unabhängige Variable (die Art der Legitimation der Herrschaft) und eine abhängige Variable (Häufigkeit der Putsche). Wie können Sie zeigen, daß sich die verschiedenen Herrschaftsformen in bezug auf Putsche wahrscheinlich unterscheiden (oder auch nicht)?

3. Eine der am häufigsten untersuchten Fragen auf dem Gebiet internationaler Beziehungen betrifft den Zusammenhang zwischen Innenpolitik und Außenpolitik. Sie arbeiten auf diesem Gebiet und wollen die Hypothese prüfen, daß die Regierungsform eines Staates (demokratisch, autoritär oder totalitär) und die Art seiner politischen Führung (allein, kollektiv, unzusammenhängend) die Zahl der von ihm ausgehenden aggressiven Akte beeinflußt (die abhängige Variable). Welche Art der Analyse ist sinnvoll?

Psychologie

1. Sie sind Direktorin einer Klinik, die sich ausschließlich mit Phobien (außergewöhnlichen Ängsten) von Kindern befaßt. Während zwei Monaten werden 100 Kinder zur Behandlung von Platzangst (Angst vor großen Plätzen) in Ihre Klinik eingewiesen. Nach einer Hypnosetherapie beobachten Sie, daß 55

der 100 Kinder auf einem weiten, offenen Feld spazierengehen können und sagen, sie hätten dabei wenig oder gar keine Angst. Das sind recht beeindruckende Ergebnisse, aber sind sie statistisch signifikant? Woher kann man das wissen?

2. Sie sind klinischer Kinderpsychologe und wollen wissen, welche von drei Methoden den Schmerz von Kindern auf der Verbrennungsstation eines Krankenhauses am effektivsten unter Kontrolle hält. Sie verteilen nach dem Zufallsprinzip die gleiche Anzahl von Kindern 1. auf die Versuchsbedingung Ablenkung, wobei die Teilnehmer versuchen, sich durch Kopfrechnen vom Schmerz abzulenken; 2. auf die Versuchsbedingung Selbstbelohnung, wobei sich die Teilnehmer selbst ermuntern (z.B. «Ich bin tapfer»), um den Schmerz auszuhalten; und 3. auf Phantasieübungen, bei denen den Teilnehmern beigebracht wird, wie sie sich angenehme und schöne Situationen vorstellen können. Wie gehen Sie bei der Analyse der Ergebnisse vor?

3. Sie sind Psychotherapeutin in einer Erziehungsberatungsstelle. Sie interessieren sich für die mögliche Wechselwirkung zwischen Persönlichkeitsmerkmalen und der Effektivität von Psychotherapie. Sie teilen jedes von 20 introvertierten (schüchternen und sozial gehemmten) Kindern entweder für die Einzel- oder für die Gruppentherapie ein. Als nächstes teilen Sie 20 extrovertierte (sozial aufgeschlossene) Kinder denselben Versuchsbedingungen zu. Ihre Voraussage lautet, daß die introvertierten Kinder wegen ihrer sozialen Ängste und ihrer Schüchternheit am meisten von der Einzeltherapie profitieren und daß die extrovertierten mehr von einer Gruppentherapie haben werden. Angenommen, Sie besitzen ein allgemein akzeptiertes Kriterium für die Effektivität von Psychotherapie, wie lassen sich die Ergebnisse dieser Untersuchung analysieren?

Sozialarbeit

1. Sie sind Sozialarbeiter in einer kleinen Landgemeinde. Sie sind der Auffassung, daß die übliche Vorgehensweise der Gerichte im Zusammenhang mit jugendlichen Straftätern nur begrenzt effektiv ist. Der Richter ist nur an anderthalb Tagen in der Woche anwesend und der Terminkalender immer viel zu voll, um alle vor Gericht gezogenen Jugendlichen zu behandeln.

   Sie entwickeln eine Alternative zu diesem Verfahren, indem Sie die Einwohner und den Richter davon überzeugen, einen Jugendprüfungsausschuß einzurichten. Das Gremium, das sich aus Bürgern der Gemeinde zusammensetzt, wird Fälle entscheiden und bestimmte Maßnahmen ergreifen (wie zum Beispiel die Verurteilung zu sozialen Diensten, Resozialisierung und die aktive Einbeziehung der Eltern), statt Gefängnis- und Bewährungsstrafen zu verhängen, was bisher das übliche von den Gerichten vorgesehene Mittel war. Teil der Vereinbarung, das Alternativprojekt einzurichten, ist eine Beurteilung seiner Effektivität nach einem Jahr, im Vergleich zur Effektivität der üblichen Vorgehensweise der Gerichte. Eine niedrige Rückfallquote wird als Hauptindikator für den Erfolg gewählt, und die Jugendlichen werden nach dem

Anwendungsbeispiele 143

Zufallsprinzip entweder dem Alternativprojekt oder den Gerichten zugeteilt, wobei schwere Straftäter aus beiden Gruppen ausgeschlossen werden.

Wie bewerten Sie die Ergebnisse, wenn das eine Jahr vorbei ist und alle Daten erhoben sind?

2. In Ihrer Erziehungsberatungsstelle herrscht Uneinigkeit über die Behandlung von hyperaktiven Kindern. Ein Sozialarbeiter mit psychoanalytischem Hintergrund befürwortet eine Spieltherapie mit zwei Sitzungen pro Woche für mindestens anderthalb Jahre. Der angestellte Psychologe favorisiert ein Modell aus der Verhaltensforschung und die Anwendung von operanter Konditionierung. Eine psychiatrische Gutachterin betrachtet Hyperaktivität als Folge einer nicht abgeschlossenen kortikalen Entwicklung und empfiehlt ein bestimmtes Medikament, um die Hirnrinde zu stimulieren.

Da Hyperaktivität so häufig vorkommt und die Betroffenen darunter leiden, betrachten Sie sie als größeres Problem. Sie beschließen, eine Untersuchung durchzuführen, um herauszufinden, welche der drei Behandlungsmethoden tatsächlich die effektivste ist; Sie beschließen auch, eine vierte Gruppe von Kindern hinzuzunehmen, die gar keine Behandlung erfährt. (Die Beratungsstelle hat eine Warteliste.) Die Kinder werden nach dem Zufallsprinzip auf diese vier Gruppen verteilt. Sozialarbeiter, Psychologe und Psychiaterin einigen sich auf einen einzigen Testwert als Kriterium der Effektivität. Wie können Sie die erhaltenen Daten bewerten?

3. Als Sozialarbeiterin in einer Vermittlungsstelle für Pflegschaften interessieren Sie sich dafür, wie das Alter der Kinder und Jugendlichen ihre Integration entweder in eine Pflegefamilie oder in ein Pflegeheim beeinflußt.

Die unabhängigen Variablen sind Alter und Art der Pflegschaft. Alter wird durch zwei Kategorien definiert: «Kinder» (5 bis 12 Jahre) und «Jugendliche» (13 bis 18 Jahre). Sie verfügen über ein standardisiertes Instrument zum Messen der abhängigen Variablen Integration.

20 Kinder werden nach dem Zufallsprinzip entweder einer Pflegefamilie (10 Kinder) oder einem Pflegeheim (10 Kinder) zugeteilt, ebenso 20 Jugendliche.

Gibt es unter diesen vier Gruppen irgendwelche verläßlichen Unterschiede in der Integration? Wenn ja, lassen sich diese auf die Altersunterschiede, die Art der Pflegschaft oder beides zurückführen? Besteht eine Wechselwirkung zwischen beiden? Mit diesen Fragen soll sich Ihr Versuch befassen. Wie behandeln Sie die Daten statistisch, um Antworten darauf zu bekommen?

Soziologie

1. Sie sind noch immer für die Familienberatungsstelle aus der Soziologieaufgabe in Kapitel 9 als Berater tätig. Diesmal fragt man Sie danach, wie es zu den unterschiedlichen Einstellungen zur Abtreibung kommt. Sie können eine solch allgemeine Frage nicht sofort beantworten, aber eine Ihrer vielen Hypothesen lautet, daß die Überzeugung eines Menschen, wann menschliches Leben beginnt, seine Haltung gegenüber der Abtreibung beeinflußt. Ihnen ste-

hen einige Fragebogendaten aus einer früheren Erhebung zur Verfügung, und Sie können darin zwei Fragen finden, die für Ihre Hypothese relevant sind: 1. «Glauben Sie, daß menschliches Leben vor oder nach dem 90. Tag nach der Empfängnis beginnt?» und 2. «Sind Sie für eine Abtreibung auf Verlangen?» Die Antworten der Befragten bilden Ihre Datenbasis. Was fangen Sie damit an?

2. Diese Familienberatungsstelle ist von Ihrer Antwort auf ihre frühere Frage nach der Auswirkung der Konfession auf die Familiengröße fasziniert (siehe die Soziologieaufgabe in Kapitel 9). Die Stelle möchte die Untersuchung ausdehnen und die Durchschnittsgröße von katholischen, Mormonen- und Mennonitenfamilien miteinander und mit der Familiengröße in der Gesamtbevölkerung vergleichen. Nach Erhebung der Daten stellen Sie fest, daß es Unterschiede zwischen den Mittelwerten gibt. Wie können Sie sagen, ob diese Unterschiede signifikant sind?

3. Sie werden gebeten, einige der entscheidenden Faktoren zu bestimmen, die die Kommunikation von seiten der Eltern bei der sexuellen Aufklärung ihrer Kinder behindern oder verbessern. «Menge an sexueller Aufklärung» ist daher die abhängige Variable in Ihrer Untersuchung. Sie entwerfen ein Instrument, das einen Punktwert für die Menge an sexueller Aufklärung ergibt, und wenden es bei Eltern von Zehnjährigen an. (Der Punktwert steht für die Menge an Information, die Eltern ihrer Meinung nach ihrem zehnjährigen Kind geben würden, wenn es fragt «Wo kommen die Babies her?») Sie stellen die Hypothese auf, daß die Menge an Information in den Antworten der Eltern auf diese Frage 1. beschränkt wird durch kirchliche Bindung und mangelnde Bildung und 2. zunimmt durch geringe oder gar keine kirchliche Bindung und hohen Bildungsstand. Sie definieren «kirchliche Bindung» als mindestens vier Kirchenbesuche im Jahr, «keine kirchliche Bindung» als drei oder weniger Kirchenbesuche im Jahr. Ein oder mehr Jahre im College definieren die Gruppe mit «hohem Bildungsstand», und weniger als ein Jahr College bestimmt die Gruppe mit «niedrigem Bildungsstand». Wie werden Sie die in dieser Studie gewonnenen Daten analysieren?

11 Korrelation, Kausalität und Effektgröße

Bevor wir sicher sein können, es mit einem Fall von *Kausalität* zu tun zu haben, müssen wir einen verläßlichen Zusammenhang zwischen der vermuteten Ursache und dem verursachten Ereignis beobachten. Wenn jedesmal das Licht angeht, sobald Sie in Ihrem Zimmer einen Schalter betätigen, gelangen Sie schließlich zu der Überzeugung, daß das spätere Ereignis vom früheren verursacht wird, auch ohne Schaltpläne, elektrische Theorie usw. Wenn Ihr Hund jedesmal wütend bellt, sobald sich der Postbote nähert, sagen Sie, daß das Näherkommen des Mannes die Erregtheit des Hundes verursacht. Wenn Sie bei der Untersuchung einer großen Stichprobe von Schulkindern feststellen, daß die mit einem größeren Wortschatz einen höheren IQ haben, vermuten Sie, daß der Wortschatz eine Ursache für die Intelligenz ist.

Aber ist das erlaubt? Ist es legitim anzunehmen, daß bei gleichzeitig stattfindenden Ereignissen das eine vom anderen verursacht wird? Nehmen wir den folgenden Fall: Wie groß wäre der Koeffizient, wenn wir eine Korrelation zwischen den Umdrehungen pro Minute des linken und rechten Vorderrades Ihres Autos berechnen wollten (Abbildung 11.1)? Die Korrelation wäre sicherlich ziemlich hoch. Wenn der Wagen auf einer kurvenreichen Strecke führe und es in einer bestimmten

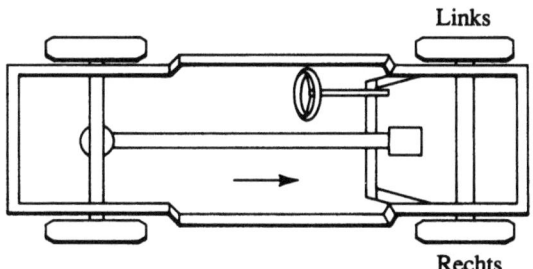

Abb. 11.1 Blick von oben auf das Fahrgestell eines Autos.

Minute mehr Kurven in die eine Richtung gäbe, wären die beiden Werte in dieser Minute verschieden, aber korreliert, und bei unterschiedlichen Geschwindigkeiten auf einer geraden Straße wäre die Korrelation fast streng linear.

Aber *verursacht* die Geschwindigkeit des einen Rades die des anderen? Nur in dem Maße, als beide ein Funktionsteil eines Gesamtsystems sind, in dem die beiden Ereignisse stattfinden. Es wäre präziser zu sagen, daß das Funktionssystem – das Auto in Bewegung – die Umdrehungen beider Räder verursacht.

Ich nehme nicht an, daß jemand sich jemals die Mühe machen wird, die Korrelation zwischen den beiden Vorderrädern eines Automobils zu bestimmen.

Dasselbe Prinzip gilt aber in vielen Fällen, in denen man üblicherweise Korrelationskoeffizienten berechnet. Wenn wir etwa eine große Stichprobe von Grundschulkindern untersuchen, können wir vielleicht eine Tendenz feststellen, daß die Kinder, die einen großen Wortschatz besitzen, auch die besseren Schüler im Rechnen sind. Wir könnten versucht sein, daraus den Schluß zu ziehen, daß ein umfangreicher Wortschatz die Fähigkeit im Rechnen verursacht. Aber dann stellen wir fest, daß das Lebensalter mit beiden Variablen korreliert ist. Wäre es nicht besser zu sagen, daß die Fähigkeiten im Sprachlichen und im Rechnen durch die geistige Entwicklung des Kindes verursacht werden (d.h. Teil des Funktionssystems der geistigen Entwicklung des Kindes sind)?

Die Vorsicht, zu der ich hier gemahne, hat wichtige praktische Konsequenzen; ohne sie könnte man uns zum Beispiel leicht dazu überreden, aufwendige Projekte zur Wortschatzerweiterung von Kindern einzurichten, die eine Schwäche im Zahlendenken haben. Irgendein Witzbold hat einmal festgestellt, daß zwischen der Intelligenz von Jungen (wie sie durch ihr Intelligenzalter angegeben wird) und der Länge ihrer Hosen ein beträchtlicher Zusammenhang besteht. Er schlug als relativ preisgünstige Methode, die Intelligenz von Jungen zu erhöhen, vor, ihre Hosen zu verlängern!

Obwohl also Korrelation ein *notwendiges Merkmal* für einen Kausalzusammenhang ist, ist sie dafür kein *hinreichender* Grund.[a] Ob der Zusammenhang als kausal gilt, sollte nicht nur von der Korrelation zweier Variablen abhängen, sondern auch von einer rationalen Verbindung zwischen beiden – von dem Maße, in dem der Zusammenhang innerhalb eines gedanklichen Rahmens sinnvoll ist (innerhalb eines Schaltplanes etwa oder einer soziologischen Theorie), oder, besser noch, von der Ausschaltung möglicher Alternativen, wie weiter unten ausgeführt wird.

Korrelation ist nicht gleich Kausalität.

Korrelationsuntersuchungen versus experimentelle Studien

Leute, die wissenschaftliche Studien entwerfen, unterscheiden gewöhnlich zwischen Korrelationsuntersuchungen und experimentellen Versuchen. Die meisten *Korrelations*untersuchungen befassen sich unmittelbar mit Variablen, die in der Natur auftreten – das heißt, ohne Beeinflussung durch den Forscher. Ein Beispiel dafür ist der mögliche Zusammenhang zwischen Armut und Intelligenz. Wenn es eine eindeutige Größe «Armut» gibt, die meßbar ist, und eine andere eindeutige Größe «Intelligenz», die ebenfalls meßbar ist,[1] dann kann ein Forscher den Zusammenhang zwischen Armut und Intelligenz aufdecken und diesen Zusammenhang in Zahlen angeben – wahrscheinlich mit einem Pearsonschen r. Wenn r signifikant ist, kann der Forscher direkt auf einen Zusammenhang schließen,

---

1) Um die Diskussion zu vereinfachen und unser Hauptaugenmerk weiterhin auf die Statistik zu richten, wollen wir annehmen, daß diese beiden Aussagen zutreffen.

aber nicht auf eine Kausalität im Zusammenhang zwischen den Variablen. (Verursacht Armut einen niedrigen IQ, verursacht ein niedriger IQ Armut, oder liegt dem Zusammenhang eine andere Kausalstruktur zugrunde?)

Es ist dieser konventionelle Gebrauch von Korrelationsangaben, der in Kapitel 6 beschrieben wurde. In den letzten Jahren sind jedoch unkonventionelle Anwendungen immer üblicher geworden – Anwendungen, die vielleicht am Ende neu definieren werden, was konventioneller Gebrauch ist. Dieses Kapitel beschreibt einige dieser neuen Methoden, Korrelationen zu interpretieren.

Normalerweise sind *experimentelle* Untersuchungen dazu gedacht, Ursachen zu identifizieren. Wenn es dem Experimentierenden möglich wäre, Armut zu *manipulieren*, ließe sich bestimmen, ob zwischen ihr und Intelligenz ein kausaler Zusammenhang besteht. Bei diesem Versuch würde der Untersuchende bestimmte Variablen manipulieren, statt sie bloß zu beobachten. In der Psychologie würden im einfachsten Fall alle relevanten, unabhängigen Variablen konstant gehalten, außer einer. Diese eine würde vom Experimentator manipuliert, der dann direkt den Schluß ziehen kann, daß jede Veränderung im Verhalten der Versuchspersonen (in diesem Fall ihr Abschneiden bei einem Intelligenztest) durch eine Veränderung der manipulierten Variablen verursacht wird (in diesem Fall ihr wirtschaftliches Wohlergehen). Die manipulierte Variable heißt *unabhängig*, Variablen, die konstant gehalten werden, heißen kontrolliert, und das Verhalten der Testpersonen ist die *abhängige* Variable (weil ihr Verhalten davon abhängt, was mit der unabhängigen Variablen passiert).

Ich habe gerade gesagt, daß Variablen, die in einem Experiment konstant gehalten werden, kontrollierte Variablen genannt werden. Und das sind sie auch, aber eine sogenannte kontrollierte Variable kann auch zufällig variieren (vollkommen *un*kontrolliert sein); wichtig ist, daß ihre Varianz mit der der unabhängigen Variablen in keinem Zusammenhang steht. In unserem Beispiel würde der Forscher das Umfeld der Versuchspersonen beeinflussen; wenn sich herausstellte, daß sich die Kinder am unteren Ende des wirtschaftlichen Spektrums später auch am unteren Ende des Intelligenzspektrums befänden, dann würde der Schluß naheliegen, daß Armut geringe Intelligenz verursacht. Wenn aber die in ein mitteloses Umfeld plazierten Kinder *genetisch* denen unterlegen sind, die anderen Umgebungen zugeteilt wurden, läßt sich ein solcher Schluß nicht ziehen, weil es keine Möglichkeit gibt zu erkennen, ob der genetische Unterschied oder das unterschiedliche Umfeld die beobachtete Differenz in der Intelligenz verursacht hat.

Damit seine Schlußfolgerung, daß Armut niedrige Intelligenz verursacht, berechtigt ist, müßte der Untersuchende sicherstellen, daß genetische Varianz (eine kontrollierte Variable in diesem Experiment) in keinem Zusammenhang mit der Varianz im ökonomischen Status (der unabhängigen Variablen) steht. Wenn die genetische Veranlagung zufällig variiert (d.h. ein hohes Potential findet sich genauso wahrscheinlich im armen wie im reichen Umfeld), dann würde ein Unterschied der Intelligenz zugunsten des reichen Umfeldes darauf hindeuten, daß ein reiches Umfeld eine *Ursache* für hohe Intelligenz ist. Mit der zufälligen Verteilung (*Ran-*

domisierung) einer «kontrollierten» Variablen bezweckt man dasselbe wie mit ihrer Konstanthaltung: nämlich einen systematischen Zusammenhang zwischen dieser Variablen und der beeinflußten (unabhängigen) Variablen zu verhindern.

Zweck all dieser Planungen und Einflußnahmen ist es, andere mögliche Erklärungen für Veränderungen, die man in der abhängigen Variablen beobachtet, auszuschließen. Wenn alle potentiellen Variablen bis auf eine kontrolliert sind, dann muß diese eine für jede beobachtete Veränderung in der abhängigen Variablen verantwortlich sein. Das ist das Ideal, dem man sich so weit wie möglich annähern soll; eine Erklärung hat in dem Maße eine sogenannte *innere Gültigkeit (Validität)*, wie sich alternative Erklärungen ausschließen lassen.

Andererseits kann der Versuch, innere Gültigkeit zu erreichen, die *äußere Gültigkeit (Validität)* gefährden. Wenn zum Beispiel ein Laborexperiment so gut kontrolliert ist, daß die Testpersonen es als ganz anders als die Wirklichkeit außerhalb des Labors empfinden, kann es vorkommen, daß die Schlußfolgerungen daraus in jeder anderen Situation falsch (nicht gültig) sind. Äußere Gültigkeit ist das Maß, in dem sich die Ergebnisse einer Untersuchung verallgemeinern lassen.

Wenn Sie beim Lesen eines Forschungsberichtes vor allem die einer bestimmten Klasse von Ereignissen *zugrundeliegende Struktur* verstehen wollen, dann werden Sie sich in erster Linie mit der *inneren* Gültigkeit beschäftigen. Wenn Sie beabsichtigen, die Ergebnisse in der Praxis *anzuwenden*, dann brauchen Sie *äußere* Gültigkeit. Wenn Sie sich für beides interessieren, müssen sie vielleicht einen Kompromiß akzeptieren, denn innere und äußere Gültigkeit verhalten sich zuweilen umgekehrt proportional zueinander.

Üblicherweise wird das Pearsonsche r in Korrelationsuntersuchungen und nur da verwendet. Es ist vor allem ein Korrelationskoeffizient. Aber wenn man zeigen kann, daß die Werte einer abhängigen Variablen mit den Werten einer manipulierten (unabhängigen) Variablen korreliert sind – wobei alle anderen Variablen konstant gehalten werden (oder auf andere Weise losgelöst sind von der unabhängigen Variablen) –, dann *kann* man diese Korrelation als Zeichen eines Kausalzusammenhangs betrachten.

Obwohl das Pearsonsche r extra für verfeinerte Messungen stetiger Variablen erdacht wurde, verwenden viele experimentelle Untersuchungen recht grobe Maßeinteilungen (z.B. die Kategorien «niedrig» und «hoch» oder «niedrig», «mittel» und «hoch» für die Variable «ökonomischer Status»); deshalb wollen wir uns jetzt dem Problem der Stetigkeit zuwenden.

Stetige versus diskrete Variablen und Maßeinteilungen

Das Pearsonsche r ist ein Index für den Zusammenhang zwischen zwei stetigen Variablen. (Man nimmt an, daß diese Variablen von Parametern abgeleitet sind, die ebenfalls stetig variieren; wir werden in der folgenden Diskussion von dieser Annahme ausgehen.) Viele Variablen sind jedoch nicht stetig, und selbst die, die stetig *sind*, können so gemessen werden, daß ihre Daten es nicht sind. Ein

Stetige versus diskrete Variablen und Maßeinteilungen

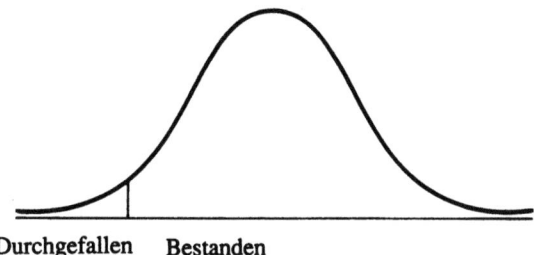

Abb. 11.2 Eine mögliche Verteilung der Punkte in einem Test, bei dem es nur die Kategorien bestanden/durchgefallen gibt. Die niedrigste erreichte Punktzahl ist weniger als 50, die höchste mehrere hundert; es werden aber nur zwei Noten vergeben.

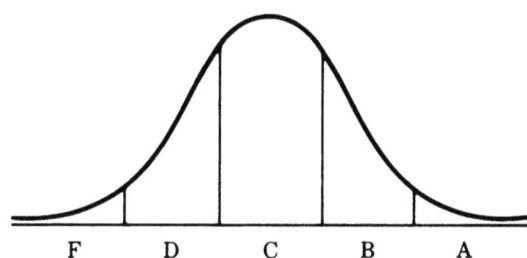

Abb. 11.3 Dieselbe Verteilung von Punktzahlen wie in Abbildung 11.2, jedoch statt mit zwei mit fünf Noten. Es gibt noch immer viele verschiedene Punktzahlen innerhalb eines jeden Klassenintervalls.

Beispiel für eine *dichotomische* (in zwei Kategorien eingeteilte) Variable ist das Geschlecht. Praktisch alle Menschen sind entweder männlich oder weiblich; die beiden Variablen sind nicht stetig, denn der Unterschied zwischen ihnen ist *qualitativ*. Umgekehrt: Obwohl die Beurteilung von College-Studenten in einem Kurs, der nur die Noten bestanden/durchgefallen zuläßt, ebenfalls nur aus zwei Klassen von Daten besteht (Abbildung 11.2), steht jede Klasse für eine viel größere Zahl an Kategorien, die hätten genannt werden *können*. Ihre Unterschiede sind *quantitativ*. Wenn der Lehrer bei der Bestimmung, wer in welche Kategorie gehört, ein Punktsystem verwendet (und wenn es viele Studenten in dem Kurs gibt), ist die Verteilung der Studenten nach Punkten lang und fast stetig. Egal, wo der Lehrer die Grenze zwischen «bestanden» und «durchgefallen» zieht, werden auf beiden Seiten Studenten sein, die sehr nahe an der Grenze liegen; aber in dem Bericht des Lehrers an den Rektor wird es nur zwei Kategorien geben. Selbst eine Angabe der Noten in Buchstaben umfaßt hier nur fünf Kategorien (Abbildung 11.3), obwohl es viel mehr geben *könnte* (bis zu einem Maximum von einer Kategorie für jeden Punkt). Wenn man das Meßverfahren unendlich fortsetzen würde, gäbe es theoretisch eine *unendliche* Zahl von Punkten und potentiell eine unendliche Anzahl an Kategorien. Eine solche Variable ist stetig.[b]

Wenn eine stetige Variable durch Daten in einer großen Zahl von Kategorien repräsentiert wird, werden diese Kategorien, wie Sie schon seit Kapitel 2 wissen, *Klassenintervalle* genannt. Wenn eine stetige Variable nur mit wenigen Datenkategorien wiedergegeben wird, ist es hilfreich, sich die Kategorien als extrem große Klassenintervalle vorzustellen. (Natürlich hat man, wenn die Variable ihrer Natur nach *nicht* stetig ist, wie in dem oben angeführten Beispiel des Geschlechts, keine andere Wahl, als die Zahl der Kategorien zu beschränken.)

Tabelle 11.1 zeigt vier Datenanordnungen. Jede Darstellung ist gleichzeitig Tabelle und Diagramm. Vergleichen Sie zum Beispiel die Verteilung der Punkte auf der unabhängigen Variablen in Tabelle 11.1A mit der in Tabelle 11.1B: In A ist die räumliche Verteilung fast stetig, während sie in B dichotomisch ist. Seien Sie sich dieser besonderen Zusammenhänge bewußt, wenn Sie sich den Rest von Tabelle 11.1 anschauen.

Tabelle 11.1 zeigt vier verschiedene Möglichkeiten, wie sich die Meßergebnisse von zwei stetigen Variablen bei 200 Testpersonen anordnen lassen. Unabhängige Meßergebnisse, die im *Betrag* variieren, werden in jeder Tabelle von links nach rechts größer. Abhängige Meßergebnisse, die im Betrag variieren, werden im Diagramm von unten nach oben größer. (Für den Forscher, dessen unabhängige oder abhängige Variablen *qualitativ* sind, gibt es dagegen keine Konvention.)

In Tabelle 11.1A sind beide Datenreihen stetig; in den Tabellen 11.1B und 11.1C ist die eine stetig, die andere dichotomisch; in Tabelle 11.1D sind beide dichotomisch. Tabelle 11.1A enthält am meisten Information, Tabelle 11.1D am wenigsten, wie ein Blick auf die Tabellen zeigt. (Neben der analytischen Untersuchung dieser Tabellen können Sie auch einen intuitiven Vergleich anstellen, indem Sie die Seite fast parallel zu Ihrer Blickrichtung halten und sie dann zuerst von unten und dann von links betrachten. Die Zahlen werden zwar unlesbar sein, aber der Gegensatz zwischen stetiger und diskreter Verteilung wird noch größer.) In Tabelle 11.1B werden die beiden niedrigsten Punktzahlen der unabhängigen Variablen genauso behandelt wie die 38, die fast so hoch sind wie der Median, und die beiden höchsten Werte werden genauso behandelt wie die 38, die gerade über dem Median liegen. In Tabelle 11.1C gilt dasselbe für die abhängige Variable; in Tabelle 11.1D gilt es für beide. Ein r, das man für stetige Variablen aus Tabellen berechnet, in denen mindestens eine Variable dichotomisch behandelt wurde (wie in den Tabellen 11.1B, 11.1C und 11.1D), ist nur eine Annäherung an das r, das man erhält, wenn man die Daten so anordnet wie in Tabelle 11.1A.

Es gibt zwei mögliche Gründe, die Daten so anzugeben wie in den Tabellen 11.1B, 11.1C und 11.1D: 1. Die Daten einer stetigen oder fast stetigen Variablen werden wie in diesen Beispielen in wenigen – hier auf jeder Variablen zwei – großen Kategorien erfaßt, oder 2. die kleine Zahl der Datenkategorien entspricht einer ebenso kleinen Zahl bei der gemessenen Variablen. Bei einer Datenreihe kann also eine Dichotomie auftreten, weil 1. zwingende organisatorische Gründe

Stetige versus diskrete Variablen und Maßeinteilungen

A Die Häufigkeiten sind auf jeder der beiden Variablen über 12 Klassenintervalle verteilt – eine fast stetige Verteilung.

B Auf der unabhängigen Variablen gibt es zwei klar voneinander geschiedene Gruppen, während die Verteilung der abhängigen Variablen fast stetig bleibt.

C Die unabhängige Variable bleibt fast stetig, während die abhängige in zwei Kategorien eingeteilt wurde.

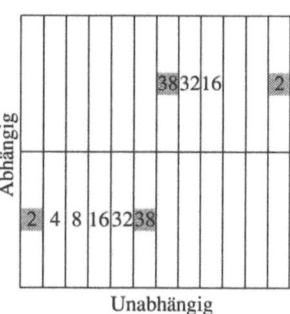

D Beide Variablen wurden in zwei Kategorien eingeteilt.

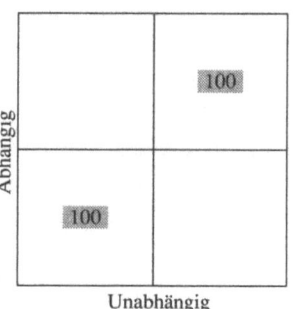

Tabelle 11.1 Vier verschiedene Möglichkeiten, Daten auf zwei stetigen Variablen darzustellen ($r = 1,00$)

vorliegen, wie in dem Kurs, bei dem man nur bestehen oder durchfallen kann, oder weil 2. die Variable von Natur aus in zwei Teile bricht, wie in dem vorhin angeführten Beispiel des Geschlechts.[c]

Im allgemeinen gibt es drei Arten des Zusammenhangs zwischen einer Variablen und den ihr entsprechenden Daten:

Typ 1: Eine stetige Variable wird durch eine Zahl von Datenkategorien, die sich unendlich nähert, wiedergegeben. (Es gibt natürlich praktische Grenzen für die Zahl, mit der man noch umgehen kann.)

Typ 2: Eine stetige Variable wird durch eine Zahl von Datenkategorien wiedergegeben, die sich eins nähert. (Die kleinste mögliche Zahl ist zwei.)

Typ 3: Eine Variable, die nur aus wenigen Kategorien besteht (normalerweise zwei), kann durch eine entsprechende Zahl von Datenkategorien wiedergegeben werden.

Ein vierter Typ mit dichotomischer Variablen und stetigen Daten wird wahrscheinlich nie benutzt – jedenfalls nicht absichtlich.

Korrelation als ein Index der Kausalität

Das Pearsonsche r wurde für Fälle entwickelt, in denen der Zusammenhang zwischen den korrelierten Variablen und ihren Daten am besten durch Typ 1 beschrieben wird. Jedoch wurden inzwischen – und das ist hier der Hauptpunkt – Korrelationsschätzungen entwickelt, die sich selbst dann anwenden lassen, wenn dieser Zusammenhang besser durch Typ 2 oder 3 beschrieben wird.

Durch diese Schätzungen wurde es möglich, Korrelationen in experimentellen Untersuchungen zu bestimmen – das heißt solchen, in denen man eine oder mehrere unabhängige Variablen manipuliert – und zu beobachten, ob eine oder mehrere abhängige Variablen sich verändern. Dieser Abschnitt befaßt sich mit dem Gebrauch von r in solchen Untersuchungen. Wir werden uns auf seine Anwendung in der einfachsten Form von Experiment konzentrieren: der Einschätzung des Effekts einer einzigen Variablen auf eine andere einzelne Variable.

Sie werden sich daran erinnern, daß wir uns genau mit dieser Art von Untersuchung in Kapitel 9 beschäftigt haben, das in erster Linie die statistische Signifikanz eines beobachteten Unterschieds zwischen zwei Mittelwerten behandelte. Sie erinnern sich vielleicht aber auch, daß ein Abschnitt dieses Kapitels überschrieben war mit «Statistische versus praktische Signifikanz». *Statistische Signifikanz* betrifft die *Zuverlässigkeit (Reliabilität)* eines Effekts (z.B. eines Unterschieds zwischen Kontroll- und Versuchsgruppe), unabhängig von der Größe des Effekts. *Praktische Signifikanz* betrifft sowohl die Reliabilität als auch die *Größe* (entweder den Betrag, wie beim Unterschied zwischen Mittelwerten, oder die *Häufigkeit*, wie beim Unterschied zwischen den Zahlen der abgegebenen Stimmen). Jener Abschnitt hätte auch «Statistische Signifikanz versus Größe des Effekts» heißen können, obwohl das etwas ungenau gewesen wäre, denn praktische Signifikanz umfaßt auch das Urteil, das man immer noch fällen muß, selbst wenn die Größe eines Effekts bekannt ist. (Lohnt ein bestimmter Effekt die Kosten?) Das «versus» in der Überschrift soll Ihre Aufmerksamkeit auf den Unterschied zwischen statistischer Signifikanz auf der einen Seite und praktischer Signifikanz auf der anderen Seite lenken; es soll *nicht* suggerieren, daß die beiden Alternativen darstellen. Das eine trägt zum anderen bei, und letztlich sind beide wichtig.

Aber in Kapitel 9 ging es hauptsächlich um statistische Signifikanz; hier dagegen gilt unser Hauptinteresse der praktischen Signifikanz und besonders der *Größe des Effekts*. Ein möglicher Index der Effektgröße ist der Unterschied zwischen zwei Mittelwerten (einer Kontroll- und einer Versuchsgruppe), geteilt durch die Standardabweichung der Kontrollgruppe. Das sieht sehr nach dem Signifikanztest aus, den wir in Kapitel 9 behandelt haben. Wie der Signifikanztest besteht dieser Index aus einem Unterschied zwischen Mittelwerten, geteilt durch ein Streuungsmaß. In einem Signifikanztest wird jedoch der Unterschied durch den Standardfehler einer Verteilung von Unterschieden geteilt, während er hier durch eine Standardabweichung der einzelnen Rohdaten geteilt wird.

Da der Standardfehler bei zunehmendem n kleiner wird, kann sich bei einer genügend großen Zahl an Meßergebnissen selbst ein kleiner Unterschied als statistisch signifikant erweisen (weil der Nenner so klein ist). Das ist auch in Ordnung so, denn der Signifikanztest befaßt sich mit der *Reliabilität* des Unterschieds, und die Reliabilität nimmt zusammen mit n zu. Wenn man sich jedoch für die *Größe* eines Effekts interessiert, stellt man eine andere Frage. Statt «Wie groß ist die Wahrscheinlichkeit, einen so großen Unterschied per Zufall zu erhalten?» fragt man: «Angenommen mein festgestellter Unterschied ist zuverlässig – an welcher Stelle würde der Mittelwert der experimentell beeinflußten Gruppe in die beobachtete Verteilung der Kontrolle hineinpassen?» Wenn es an einem der beiden Enden der Verteilung ist, spricht man von einem großen Unterschied; wenn es in der Nähe des Mittelwertes ist, muß man zugeben, daß der Unterschied recht klein ist. In keinem der beiden Fälle weiß man, wie zuverlässig er ist.

Es gibt nun mehrere gebräuchliche Indizes für die Effektgröße. Der eben besprochene ist ein Quotient aus einem beobachteten Unterschied und einer Standardabweichung, aber die meisten von ihnen sind Varianten des Pearsonschen r. In dem noch verbleibenden Teil dieses Abschnitts werden wir unsere Diskussion auf diese Varianten beschränken; wir werden ihre Ähnlichkeiten hervorheben (wir werden sie eigentlich alle gleich behandeln) und jede von ihnen mit einem einfachen r symbolisieren.

Tabelle 11.2 soll Ihnen in Verbindung mit Tabelle 11.1 das Verständnis erleichtern, wie sich r benutzen läßt, um die Resultate einer experimentellen Untersuchung zu interpretieren. Tabelle 11.2 stellt die Ergebnisse zweier Experimente dar und gibt die Erfolgsrate (abhängige Variable) an, die sich aus einer therapeutischen Einflußnahme (unabhängige Variable) ergibt. Bei jeder der beiden Studien gibt es 200 Teilnehmer, aber es fällt auf, wie unterschiedlich sie verteilt sind. In der Tabelle für Studie A sind die Erfolgsraten für Kontroll- und Versuchsgruppe gleich. In Studie B befinden sich alle 100 Mitglieder der Kontrollgruppe in dem Feld für eine niedrige Erfolgsrate, während die ganze Versuchsgruppe in dem Feld für großen Erfolg liegt.

Sie können sich die Tafeln in Tabelle 11.2 auch als Streudiagramme (Seite 67 ff.) vorstellen, bei denen die Anzahl der Klassenintervalle auf jeder Variablen auf zwei reduziert wurde. Vielleicht bekommen Sie bei dieser Art der Darstellung einer experimentellen Studie intuitiv ein besseres Gefühl für die Sache als bei Tabelle 11.1, denn Tabelle 11.2 vergleicht eine fehlende Korrelation mit einer streng linearen Korrelation. Studie A in Tabelle 11.2 zeigt, daß die therapeutische Einflußnahme überhaupt keine Wirkung hatte; in Studie B war ihre Wirkung maximal. Natürlich liegen in der Wirklichkeit die meisten Korrelationen irgendwo dazwischen, aber mit Extremen läßt sich besser als mit wirklichen Daten das Wesen der Korrelation anschaulich machen – in diesem Fall einer Korrelation, die aus dichotomischen Daten berechnet wurde. (Beide *Daten*reihen sind eindeutig dichotomisch, aber die Struktur der *zugrundeliegenden Variablen* ist nicht so klar. Die eine Variable – Behandlung – läßt sich dichotomisch auffassen, aber die andere – Erfolgsrate – ist im wesentlichen stetig.)

Studie A: Keine Korrelation ($r = 0,00$)

		Behandlung	
		Kontrolle	Versuchs-gruppe
Erfolgsrate	Wesentliche Verbesserung	50	50
	Wenig oder keine Verbesserung	50	50

Studie B: Streng lineare Korrelation ($r = 1,00$)

		Behandlung	
		Kontrolle	Versuchs-gruppe
Erfolgsrate	Wesentliche Verbesserung	0	100
	Wenig oder keine Verbesserung	100	0

Tabelle 11.2 Fehlende und streng lineare Korrelationen als Indikatoren für die Effektgröße einer therapeutischen Einflußnahme

Korrelation als ein Index der Kausalität

Obwohl die meisten Korrelationen nicht streng linear sind, können sie Informationen liefern, die sowohl wissenschaftlich als auch gesellschaftlich bedeutsam sind. Die oben angeführte psychotherapeutische Behandlung würde wahrscheinlich ein *r* irgendwo zwischen den beiden in Tabelle 11.2 dargestellten Extremen ergeben. Tabelle 11.3 gibt 18 Koeffizienten für Korrelationen zwischen einer unabhängigen und einer abhängigen Variablen an und zeigt den jedem *r* entsprechenden Unterschied zwischen den Erfolgsraten der Kontroll- und der Versuchsgruppe. Zum Beispiel deutet ein sehr bescheidenes *r* von 0,30 auf eine Veränderung in der Erfolgsrate von 0,35 (35 der 100 *unbehandelten* Patienten haben sich während des Untersuchungszeitraums verbessert) auf 0,65 (65 der *behandelten* verbesserten sich); ein *r* von 0,50 entspricht einer Zunahme von 25 unbehandelten auf 75 behandelte Erfolge; bei einem *r* von 0,70 steigert sich die Zahl von 15 in der unbehandelten Gruppe auf 85 in der behandelten – ein Unterschied von 70 Prozent! Beachten Sie, daß *in jedem Fall der Unterschied in den Erfolgsraten mit r identisch ist*. Es muß zwar immer noch jemand entscheiden, ob das Ergebnis der Mühe wert ist, aber es sollte nicht länger in Frage stehen, daß das Ergebnis bedeutend *ist*, selbst wenn *r* nicht größer ist als 0,30.[d]

		Erfolgsrate	
r	Kontrolle	Versuchsgruppe	Unterschied
0,00	0,50	0,50	0,00
0,02	0,49	0,51	0,02
0,04	0,48	0,52	0,04
0,06	0,47	0,53	0,06
0,08	0,46	0,54	0,08
0,10	0,45	0,55	0,10
0,12	0,44	0,56	0,12
0,16	0,42	0,58	0,16
0,20	0,40	0,60	0,20
0,24	0,38	0,62	0,24
0,30	0,35	0,65	0,30
0,40	0,30	0,70	0,40
0,50	0,25	0,75	0,50
0,60	0,20	0,80	0,60
0,70	0,15	0,85	0,70
0,80	0,10	0,90	0,80
0,90	0,05	0,95	0,90
1,00	0,00	1,00	1,00

Tabelle 11.3 Achtzehn Korrelationsniveaus als Indikatoren für die Effektgröße einer therapeutischen Einflußnahme.
Quelle: Nach R. Rosenthal, «Assessing the Statistical and Social Importance of the Effects of Psychotherapy», *Journal of Consulting and Clinical Psychology* 51 (1983), S. 12.

«Korrelation ist nicht gleich Kausalität.» Das sagte ich auf Seite 146 und wiederhole es hier. Aus dem in diesem Abschnitt Gesagten sollte Ihnen jedoch klargeworden sein, daß ein Korrelationskoeffizient unter bestimmten Bedingungen sehr wohl als Kausalitätsindex dienen *kann*. Und wenn Tabelle 11.3 tatsächlich ein Indikator ist, kann unter diesen bestimmten Bedingungen (denen, die ein *Experiment* ausmachen) der Koeffizient besser interpretiert werden als in herkömmlicheren Korrelationsstudien. Außerdem legt Tabelle 11.3 nahe, daß sich die praktischen Konsequenzen vieler Experimente besser aufzeigen lassen, wenn die Ergebnisse statt als Unterschiede zwischen Mittelwerten als Korrelationen ausgedrückt werden.

Dieser Gebrauch von Korrelationen wird den Gebrauch von Unterschieden zwischen Mittelwerten wohl nicht ersetzen. Trotzdem können Sie das in diesem Abschnitt Gesagte dazu benutzen, aus herkömmlich angelegten *Korrelations*studien konkrete Schlüsse zu ziehen. Tabelle 11.3 stellt Erfolgsraten und entsprechende Korrelationskoeffizienten dar, die man durch ein *Experiment* erhalten kann (hier eine Studie über die Effekte von Psychotherapie), aber mit ihr läßt sich auch *jede* andere Korrelation interpretieren. Die Interpretation wäre von der Art: «Wenn ich die Verteilung auf jeder der beiden korrelierten Variablen am Median in zwei Hälften teile, würden die in der Tabelle angegebenen Zusammenhänge gelten» (jedoch ohne Schlüsse auf die Ursachen zu erlauben).

Unten werden zwei Beispiele angeführt. Betrachten Sie beim Durchlesen auch die entsprechenden Tabellen. Jede Zelle in der Vierfeldertafel gibt den Anteil nicht der gesamten Stichprobe, sondern derjenigen Testpersonen an, die bei einer gegebenen Variablen in der oberen oder unteren *Hälfte* der Stichprobe liegen.

In Tabelle 11.4 bedeutet ein r von 0,40 zwischen Zuckeraufnahme und Hyperaktivität, daß verglichen mit Kindern in der unteren Hälfte der Skala für die Zuckeraufnahme 40 Prozent mehr Kinder in der oberen Hälfte auch in der oberen Hälfte auf einer Skala für Hyperaktivität liegen. Weil dies keine experimentelle Studie ist, kann man nicht wissen, was Ursache und was Wirkung ist, aber die Tabelle hilft, die Bedeutung des Zusammenhangs zu beurteilen.

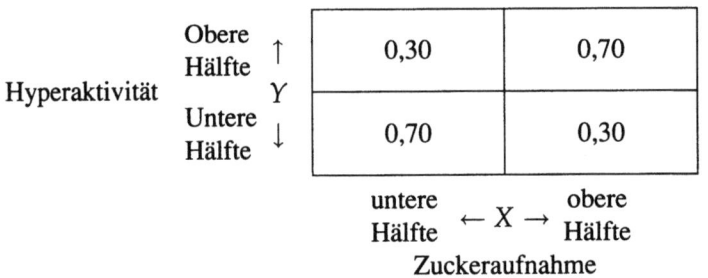

Tabelle 11.4 Trennung der beiden Verteilungen am Median, wenn $r_{xy} = 0,40$

In Tabelle 11.5 bedeutet ein r von $-0,50$ zwischen dem Selbstwertgefühl von Frauen und der Dauer der vom Sozialamt bezogenen Zuschüsse für die Kin-

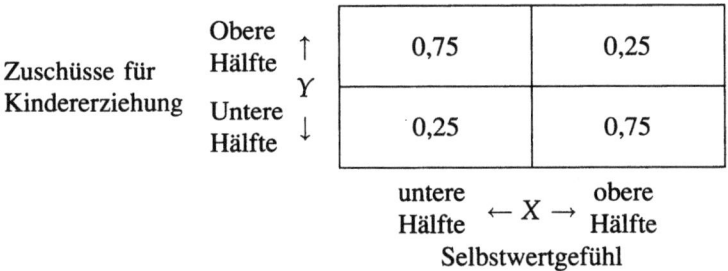

Tabelle 11.5 Trennung der beiden Verteilungen am Median, wenn $r_{xy} = -0,50$

dererziehung, daß in der oberen Hälfte der Selbstwertgefühl-Verteilung 50 Prozent mehr Frauen in der *unteren* als in der oberen Hälfte der Zuschüsse-Verteilung sind. Wieder ist der Kausalzusammenhang nicht eindeutig.

Im allgemeinen liefert der Korrelationskoeffizient mit einer einzigen Zahl alle notwendigen Informationen, um eine Vierfeldertafel für die verschiedenen Anteile zu erstellen, vier Einträge insgesamt, wie in den Tabellen 11.4 und 11.5 gezeigt. Die Zahlen in einer solchen Tabelle stellen eine Interpretation eines Korrelationskoeffizientens dar.

Korrelation ist nicht gleich Kausalität, aber mit den richtigen Vorsichtsmaßnahmen kann sie als Index für die Stärke eines Kausalzusammenhangs dienen. Und ob kausal oder nicht, ein Zusammenhang zwischen zwei Variablen läßt sich nun konkreter interpretieren als zuvor.

Zusammenfassung

Normalerweise betreibt man quantitative Forschung entweder in Form von Korrelations- oder von experimentellen Studien. *Korrelationsstudien* rechtfertigen unmittelbare Schlüsse nur auf die Zusammenhänge zwischen Variablen, nicht auf die *Natur* dieser Zusammenhänge. *Experimentelle* Studien sind dagegen so angelegt, daß man Schlüsse auf die Kausalität der festgestellten Zusammenhänge ziehen kann. In experimentellen Studien werden die *unabhängigen Variablen* manipuliert, während die *kontrollierten Variablen* konstant gehalten werden (oder zufällig variieren) und man die *abhängigen Variablen* beobachtet. Wenn alle relevanten Variablen (außer der unabhängigen) konstant gehalten werden, sagt man, daß die Veränderungen in der beobachteten Variablen von denen in der unabhängigen Variablen *abhängen* (das heißt, von ihr *verursacht* werden).

Das Pearsonsche r ist ein Index des Zusammenhangs zwischen zwei stetigen Variablen. Viele Variablen sind jedoch nicht stetig, und die, die es *sind*, können durch Daten repräsentiert werden, die es nicht sind. Tatsächlich werden stetige Variablen wegen der leichteren Handhabung der Daten fast immer in Klassenintervalle aufgeteilt. Wenn es viele Klassenintervalle gibt, weichen die Daten nur geringfügig von der Stetigkeit ab; wenn es jedoch nur wenige Klassenintervalle gibt – die untere Grenze ist zwei –, ist diese Abweichung größer. Selbst dann lassen sich aus den diskreten (nicht stetigen) Daten heute sehr praktische Annäherungen an das Pearsonsche r erzielen.

Eine noch neuere Entwicklung stellt eine Reihe von Techniken dar, mit denen sich die *Effektgröße* (im Unterschied zur Reliabilität) bestimmen läßt. Zu diesen neuen Techniken gehört die Anwendung von Korrelationskoeffizienten bei der Interpretation von experimentellen Studien. Hierbei können Korrelationskoeffizienten Indikatoren für Kausalzusammenhänge sein: Korrelation ist nicht gleich Kausalität, aber Kausalität ist *eine* Art des Zusammenhangs zwischen zwei Variablen. Daher kann ein Maß für den Zusammenhang (der Korrelationskoeffizient) unter den richtigen Bedingungen auch ein Maß für den *Kausal*zusammenhang sein. Darüber hinaus kann *jeder* beliebige Zusammenhang, wenn er als Korrelationskoeffizient quantitativ bestimmt ist, auf eine neue Weise interpretiert werden, mit der sich seine Bedeutung erheblich besser erfassen läßt.

Anwendungsbeispiele

Geben Sie auf den Seiten 86–87 möglichst viele Kausalzusammenhänge an.

12 Zusammenfassung

Das Hauptanliegen dieses Buches war es, die Grundkonzepte – sozusagen die «großen Ideen» – des statistischen Denkens in ihrem Zusammenhang zu vermitteln. In den Kapiteln 9 und 10 zum Beispiel war die «große Idee» das Prinzip, das dem Prüfen der Signifikanz von Unterschieden zugrundeliegt, und zwar im experimentellen Rahmen; in Kapitel 6 ging es um die Korrelation zwischen Variablen im nicht-experimentellen Rahmen und in Kapitel 11 um einen Vergleich zwischen experimentellen und Korrelationsstudien.

Die ersten vier Kapitel legten die notwendige Grundlage für alles folgende. In den Kapiteln 2, 3 und 4 wurde jedoch sichtbar, daß die Grundkonzepte – zum Beispiel der Begriff der Verteilung, die Angabe der Durchschnittsart, das Konzept der Streuung – selbst bei der Beschreibung einer einzelnen Stichprobe zum Tragen kommen. Kapitel 5 betonte, wie wichtig es ist, bei der Interpretation eines Meßwerts für das Verhalten einer bestimmten Person ähnliche Messungen zum Vergleich heranzuziehen, die an einer identifizierbaren Bezugsgruppe vorgenommen wurden. Die Kapitel 7 und 8 zeigten, daß die Beschreibung einer Stichprobe kein Selbstzweck ist – daß man aus dem, was man über eine bestimmte Stichprobe weiß, auf das schließen kann, was man gerne über die Population, der sie entstammt, wissen möchte. Seien Sie sich aber bewußt, daß Beschreibung und statistische Inferenz voneinander unabhängige Funktionen sind. Es stimmt zwar, daß statistische Inferenz immer von der Stichprobe auf die Population schließt, aber im Prinzip läßt sich eine Population auch direkt beschreiben, und das geschieht bei vielen Institutionen auch.

Dies alles sind wichtige Begriffe. Sie werden Sie nicht in die Lage versetzen, sozialwissenschaftliche Forschung aktiv zu betreiben, aber sie werden es Ihnen ermöglichen, die Forschungsarbeit anderer zu verstehen. Das allein ist schon eine ganze Menge, um all die Anstrengungen zu rechtfertigen, die Sie unternommen haben, aber da gibt es noch etwas, das sich, auch wenn es nur ein Nebenprodukt der erklärten Ziele dieses Buches ist, letztlich als das wichtigste von allem herausstellen könnte. Indem Sie lernten, statistisch besser zu denken, haben Sie vielleicht auch gelernt, wie man überhaupt besser denkt!

Sie werden vielleicht nicht die Gelegenheit haben, sich jeden Tag, jede Woche oder gar jeden Monat mit Statistik zu befassen; aber wann immer sich die Gelegenheit bietet, werden Sie dafür gerüstet sein. Nach einer besonders langen Pause können Sie vielleicht nicht sofort mit jedem Begriff, den Sie hier kennengelernt haben, umgehen, aber Sie werden merken, daß ein kurzer Blick in dieses Buch Ihre Erinnerung auffrischen wird, und zwar nicht nur an den gesuchten Begriff, sondern auch an viele andere, die damit zusammenhängen. Tatsächlich ist es ratsam, sich bestimmte wichtige Abschnitte in diesem Buch immer mal wieder anzuschauen, selbst wenn man ein anderes Statistikbuch liest. Bücher über statistische Methoden zum Beispiel beruhen ganz wesentlich auf den hier behandelten Begriffen.

Bis heute besteht keine allgemeine Übereinkunft über eine einheitliche Symbolik für diese Begriffe. Deshalb habe ich auf den Seiten 161–161 eine Liste mit den allgemein gebräuchlichen statistischen Symbolen angefügt, denen Sie begegnen können.

Viel Glück! Und denken Sie daran, was Sir Francis Galton zu sagen pflegte: «Wann immer Sie können, zählen Sie.»

Verzeichnis der Symbole

Einträge in dieser Tabelle erfolgen in zwei Kategorien:

1. Es wird jedes in diesem Buch gebrauchte Symbol («Symbol hier») angeführt, außer wenn es wie (Rangkorrelationskoeffizient) im Text nur als Einführung zu einem wichtigeren, aber komplizierteren Begriff erklärt wird (wie etwa das «Pearsonsche r»).
2. Die Liste mit den «anderen Symbolen», denen Sie vielleicht anderswo begegnen, umfaßt die gebräuchlichsten Alternativen, ist aber nicht vollständig. Es gibt keinen von den Autoren einheitlich akzeptierten Gebrauch.

Stichprobe		Population		Stichproben-verteilung		
Symbol hier	Andere Symbole	Symbol hier	Andere Symbole	Symbol hier	Andere Symbole	Beschreibung
X	x	X	x			Rohdaten
n	N	N	n			Umfang (Anzahl der Beobachtungen)
$\bar{X}$	$\bar{x}, M$	μ	$\bar{M}, \hat{M}$			Mittelwert
$x_{\text{Stichpr.}}$	$X - \bar{X}, d$	$x_{\text{Pop.}}$	$X - \bar{x}, \bar{d}, \hat{d}$			Abweichungswert
S	s, σ	σ	$\bar{\sigma}, \hat{\sigma}$			Standardabweichung
S^2	V					Varianz
		s	$\bar{s}, \hat{s}$			geschätzte Standardabweichung
		s^2, MQ				geschätzte Varianz, mittleres Quadrat
				$s_{\bar{x}}$	$\bar{s}_{\bar{x}}, \hat{s}_{\bar{x}}$	geschätzter Standardfehler des Mittelwerts
				$s_{\bar{x}_V - \bar{x}_K}$	$\bar{s}_{\bar{x}_1 - \bar{x}_2}, \hat{s}_{\bar{x}_1 - \bar{x}_2}$	geschätzter Standardfehler der Differenz zwischen Mittelwerten
		z				z-Wert
				t		t-Wert
				F		F-Wert
				χ^2		Chi-Quadrat
r		r				Pearsonscher Produktmoment-Korrelationskoeffizient

Anmerkungen

Kapitel 3: Lagemaße

a) Falls Sie je diese Rechnungen selbst anstellen, werden Sie merken, daß der Median oft *innerhalb* eines Klassenintervalls und nicht genau zwischen zwei Intervallen liegt wie in den oben angeführten Beispielen. Dann muß man interpolieren; fast jedes Buch über statistische Verfahren wird Ihnen schnell sagen, wie.

Kapitel 4: Streuungsmaße

a) Der Quartilsabstand erstreckt sich eigentlich von $\frac{1}{2}$ Einheit unterhalb des Wertes bei Q_1 bis $\frac{1}{2}$ Einheit über dem bei Q_3, und wie beim Median muß man interpolieren, wenn eines der Quartile in ein Klassenintervall fällt.

b) Wegen der zusätzlichen $\frac{1}{2}$ Einheit an jedem Ende gilt für die gesamte Variationsbreite dasselbe wie für den Quartilsabstand (siehe Anmerkung a).

Kapitel 5: Die Interpretation einzelner Meßergebnisse

a) Jum C. Nunnally, *Psychometric Theory* (New York: McGraw-Hill), S. 2. Messungen nach dieser Definition liegt eine bestimmte Art von Skala zugrunde – mit sogenannten *Kardinalzahlen* (Grundzahlen). Die meisten Autoren erwähnen noch zwei andere Typen: die *Nominalskala*, auf der Daten nur klassifiziert werden, und die *Ordinalskala*, auf der die Zahlen eine Rangordnung ausdrücken (Größe, Fähigkeit, Prestige oder ein anderes Merkmal, das in einer Rangfolge stehen kann). Einige Klassen, wie Geschlecht oder Herkunftsland, kann man nicht ihrem Rang nach ordnen. Andere, wie militärische Dienstgrade oder Preise in einem Schönheitswettbewerb, kann man nicht nur klassifizieren, sondern auch ihrem Rang nach ordnen. Noch andere kann man nicht nur nach ihrem Rang ordnen, sondern auch auf einer Skala mit gleich großen Maßeinheiten wie Gramm, Zentimeter, Zahl der geschossenen Tore während der Fußballsaison und so weiter, darstellen. Wir arbeiten vor allem mit diesem letzten Typ – einer *Intervall*- oder *Einheitenskala* –, aber es gibt auch Methoden für die anderen beiden Skalen.

b) Ursprünglich war ein T-Wert jeder beliebige standardisierte Wert außer einem z-Wert, aber durch den allgemeinen Gebrauch hat sich seine Bedeutung allmählich verschoben zu «ein standardisierter Wert in einer Verteilung, die einen Mittelwert von 50 und eine Standardabweichung von 10 hat».

c) Die Zahlen über der Grundlinie in der untenstehenden Abbildung geben die genauen Prozentzahlen an, die in Abbildung 5.4 nur annäherungsweise wiedergegeben sind. Die alternativen Skalen unter der Grundlinie umfassen neben der Standard- und den abgeleiteten Skalen, die im Text beschrieben sind, auch noch andere. Die lange Bildunterschrift ist ein Zitat aus der Originalpublikation der amerikanischen «Psychological Corporation».

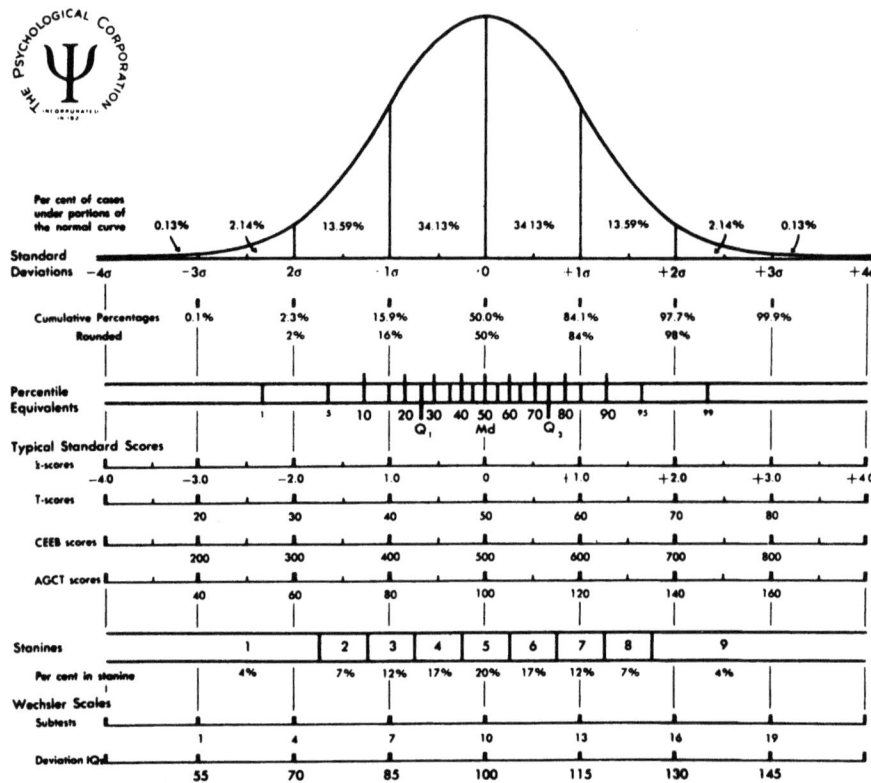

Die Normalverteilungskurve, Perzentile und standardisierte Werte. Die Verteilungen vieler standardisierter pädagogischer und psychologischer Tests ergeben ungefähr eine Normalverteilungskurve, wie oben in diesem Schaubild dargestellt. Darunter sind einige Systeme aufgeführt, die die Interpretation von Meßwerten dadurch erleichtern sollen, daß man sie zu Zahlen umwandelt, die die Position der Testperson innerhalb einer Gruppe angeben.

Die Null (0) in der Mitte der Grundlinie gibt die Lage des Mittelwerts (Durchschnitts) der Rohdaten bei einem Test an, und das Symbol σ (Sigma) teilt die Skala der Rohdaten in *Standardabweichungen* ein.

Die kumulativen Prozentzahlen sind die Grundlage für die Einteilung nach *Perzentilen*.

Eine Reihe von Systemen basiert auf der Einteilung nach Standardabweichungen. Unter diesen *Skalen mit standardisierten Werten* sind die z-Werte, die T-Werte und die Standard-Neun-Werte (Stanines) allgemeine Systeme, die bei unterschiedlichen Tests eingesetzt werden. Die anderen sind spezielle Varianten, verwendet im Zusammenhang mit Tests des *College Entrance Examination Board*, dem *Army General Classification Test* des Zweiten Weltkriegs und den *Wechsler Intelligence Scales*.

Normtabellen, ob in Form von Perzentilen oder standardisierten Werten, haben nur Aussagekraft mit Bezug auf einen genau spezifizierten Test bei einer genau definierten Population. Das Schaubild erlaubt zum Beispiel nicht den Schluß, daß die Position auf dem 84er Perzentil des einen Tests notwendigerweise das Äquivalent zu einem z-Wert von +1,0 bei einem anderen ist; das stimmt nur, wenn jeder Test im wesentlichen eine Normalverteilung der Meßwerte ergibt und wenn beide Skalen auf identischen oder sehr ähnlichen Gruppen basieren.

Die Skalen in diesem Schaubild werden ausführlicher in *Test Service Bulletin No. 48* diskutiert, aus dem auch das Schaubild entnommen ist. ... Kopien dieses Bulletins erhält man bei The Psychological Corporation, 304 East 45th Street, New York, N.Y. 10017. Psychological Corporation, «Methods of Expressing Test Scores», *Test Service Bulletin No. 48*, September 1954.

Anmerkungen

d) Im ersten Fall (Intelligenzalter = 6) ist der IQ des Kindes 100. Diesen erhält man, indem man das Intelligenzalter (IA) durch das Lebensalter (LA) teilt:

$$\frac{IA}{LA} = \frac{6}{6} = 1,0$$

und es dann mit 100 multipliziert, um die Kommastellen loszuwerden. Im zweiten Fall ist der IQ des Kindes 133:

$$\frac{IA}{LA} = \frac{8}{6} = 1,33$$

Der oben definierte IQ war viele Jahre *der* IQ. Heute nennt man ihn den «Verhältnis-IQ» im Unterschied zum neueren «Abweichungs-IQ» (siehe die Skala «Deviation IQs» in der Abbildung zu Anmerkung c). Ein Abweichungs-IQ ist ein standardisierter Wert. In einer Verteilung von Intelligenztestpunkten wird der erhaltene Mittelwert zu 100 umgerechnet, da der mittlere Verhältnis-IQ gleich 100 ist. Dann wird die Standardabweichung der Rohdaten so geändert, daß sie derjenigen des Verhältnis-IQs beim selben Test entspricht. Man erhält so eine Reihe von standardisierten Werten, die fast genauso aussehen wie die Werte, die man mit der alten Methode erhält. Doch die neue Methode ist einfacher zu handhaben und hat noch andere technische Vorteile. Sie zu erklären würde einen längeren, hier nicht angebrachten Exkurs in das Gebiet der Psychometrie erfordern.

Kapitel 6: Korrelation

a) Eigentlich wäre der Produktmoment-Korrelationskoeffizient r aus diesen Daten etwas kleiner als 1,0. Der Zusammenhang ist zwar streng linear, aber r ist nur in geradlinigen Regressionen genau 1,0, und diese hier ist eigentlich gekrümmt. (Bei jeder Zunahme der Größe um einen gleichbleibenden Betrag wird die entsprechende Gewichtszunahme in Abbildung 6.1 von links nach rechts systematisch größer.)

b) Falls Sie je eine schnelle Schätzung der Korrelation brauchen *sollten*, ist rho dafür geeignet. Schlagen Sie in irgendeinem Statistikbuch nach, wie man gleiche Rangplätze behandelt, und in ein paar Minuten werden Sie in der Lage sein, Formel 6.1 anzuwenden.

c) In der Praxis tendieren durch diesen Informationsverlust verursachte Fehler dazu, sich gegenseitig aufzuheben, und wenn beide Berechnungen aufgrund derselben Daten durchgeführt werden, sind rho und r fast immer praktisch identisch. Heute benutzt man überlicherweise rho nur, wenn r zu schwierig zu berechnen ist. Der Grund ist wahrscheinlich der, daß es keine Methode gibt, einen Standardfehler von rho zu ermitteln (siehe J. P. Guilford und B. Fruchter, *Fundamental Statistics in Psychology and Education*, 5. Auflage, New York: Mc Graw-Hill, 1973, S. 144–146; siehe auch J. C. Nunnally, *Psychometric Theory*, New York: Mc Graw-Hill, 1967, S. 25). Der Begriff Standardfehler wird in Kapitel 8 näher ausgeführt.

d) Diese Bedingungen sind 1., daß jede der beiden Verteilungen eingipflig und symmetrisch ist, und 2., daß die Linie, die den Zusammenhang zwischen ihnen am besten wiedergibt, gerade und nicht gekrümmt ist. (Siehe für Beispiele solcher *geradlinigen* Zusammenhänge die Diagramme in dem Abschnitt über Streudiagramme in diesem Kapitel. Siehe auch Anmerkung a) oben zu gekrümmten Linien.) Computersimulationen (L. L. Havlicek und L. Peterson, «Effect of the Violation of Assumptions upon Significance Levels of the Pearson r», *Psychological Bulletin* 84, Nr. 2, 1977, S. 373–377) haben aber gezeigt, daß r durch die Verletzung der traditionellen Bedingungen nicht sehr stark beeinflußt wird. Es gilt daher als eine robuste statistische Maßzahl.

Kapitel 7: Von der Beschreibung zur statistischen Inferenz: Ein Übergang

a) In früheren amerikanischen Ausgaben habe ich auch die Standarderklärung angeführt, nach der die Anzahl der Freiheitsgrade bei jeder Berechnung eines Mittelwerts um eins vermindert wird. Hier habe ich diese Erklärung gestrichen, weil ich glaube, einen Fehler darin entdeckt zu haben. Ein mathematischer Grund für die Standarderklärung wird sorgfältig entwickelt von Helen M. Walker, «Degrees of Freedom», *Journal of Educational Psychology* 31 (1940), S. 253–260.

Kapitel 8: Die Genauigkeit der statistischen Inferenz

a) Es ist begrifflich möglich, Stichprobenfehler von Fehlern zu unterscheiden, die dem Meßvorgang innewohnen, wie zum Beispiel ablenkende Geräusche im Prüfungsraum. Wir befassen uns hier ausschließlich mit Stichprobenfehlern.

b) Selbst wenn die Population nicht normal verteilt ist, wird sich die Verteilung der Stichprobenmittel mit zunehmendem n einer Normalverteilungskurve annähern. Das ist das *Central-Limit-Theorem* (E. Mansfield, *Basic Statistics with Applications*, New York: W. W. Norton, 1986, S. 241 ff.). Da statistisches Denken meistens davon ausgeht, daß Befunde normal verteilt sind, öffnet dieses Theorem Türen, die sonst verschlossen wären.

c) Die Anzahl der Individuen in einer wirklichen Population ist oft nicht bekannt, und das N einer hypothetischen Verteilung von Mittelwerten ist unendlich. Deshalb gibt es in beiden Fällen keine Möglichkeit der exakten bildlichen Wiedergabe. Aber da ich der Ansicht bin, daß die Beziehungen zwischen Stichproben, Populationen und hypothetischen Verteilungen graphisch am leichtesten verständlich sind, habe ich sie trotzdem gezeichnet. Die Zeichnung der Population ist größer als die einer Stichprobe, da die Stichprobe Teil der gesamten Population ist. Aber das *Ausmaß* ihrer Differenz weiß man nie, da die Größe der Population unbekannt ist. Meine Zeichnung ist in dieser Hinsicht willkürlich. In Abbildung 8.1 ist die Zeichnung der Stichprobenmittel schmäler als die der Population, weil Mittelwerte weniger stark streuen als individuelle Einzelwerte. Aber die Höhe der Verteilung von Stichprobenmitteln ist unendlich, weshalb ich sie mit der der Population gleichgesetzt habe.

Anmerkungen

Kapitel 9: Die Signifikanz eines Unterschieds zwischen zwei Mittelwerten

a) Diese Formel benutzt man, wenn Mittelwerte nicht korreliert sind. Wenn die Schüler nach einem bestimmten Kriterium *parallelisiert* werden (z.B. nach Intelligenz), das mit ihrem Lernerfolg sowohl unter Kontroll- als auch unter Versuchsbedingungen in Beziehung steht, müßte man einen Korrelationsfaktor einführen. Aber dies würde über den Rahmen dieses Buches hinausgehen; die $s_{\bar{x}_V - \bar{x}_K}$ zugrundeliegende Idee wird jedenfalls besser durch Formel 9.1 vermittelt, so wie sie dasteht.

b) Um herauszufinden, wieviele Standardfehler eine beobachtete Differenz von null entfernt ist, muß man zuerst die Größe des Standardfehlers bestimmen. In unserem Fall mußte man zwei Berechnungen anstellen:

Zunächst eine für den Standardfehler der Differenz in den Abbildungen 9.3 und 9.4, unter der Annahme, daß die Standardfehler der Mittelwerte der beiden Verteilungen so waren wie in den Abbildungen 9.1 und 9.2 dargestellt:

$$s_{\bar{x}_K} = 2 \quad s_{\bar{x}_V} = 2$$
$$s_{\bar{x}_V - \bar{x}_K} = \sqrt{s_{\bar{x}_K}^2 + s_{\bar{x}_V}^2}$$
$$= \sqrt{2^2 + 2^2} = \sqrt{4 + 4} = \sqrt{8}$$
$$= 2{,}83$$

(Diese Berechnung finden Sie auch in Kasten 9.1.)

Zweitens war der Standardfehler der Differenz für die Abbildungen 9.7 und 9.8 zu berechnen, unter der Annahme, daß die Standardfehler der Mittelwerte der beiden Verteilungen so waren wie in den Abbildungen 9.5 und 9.6 dargestellt:

$$s_{\bar{x}_K} = 5 \quad s_{\bar{x}_V} = 5$$
$$s_{\bar{x}_V - \bar{x}_K} = \sqrt{s_{\bar{x}_K}^2 + s_{\bar{x}_V}^2}$$
$$= \sqrt{5^2 + 5^2} = \sqrt{25 + 25} = \sqrt{50}$$
$$= 7{,}07$$

c) In unseren Beispielen besagt die Nullhypothese, daß es zwischen den experimentell beeinflußten Gruppen keine Abweichung von einer Differenz von null gibt. Im weiteren Sinne bezeichnet man als Nullhypothese *jede Hypothese, die eine Aussage über die Lage eines Parameters trifft* – jede Hypothese, daß es *keine Differenz zu dieser hypothetischen Lage gibt*, ob sie nun bei null liegt oder nicht.

Ein gutes Beispiel für die Nullhypothese im weiteren Sinne ist die industrielle Qualitätskontrolle. Wenn ein Produkt beispielsweise die Menge X einer bestimmten Chemikalie enthalten soll, dann wird jede Zufallsstichprobe gegen eine Nullhypothese von X gezogen, und jede signifikante Abweichung von X muß nachgebessert werden. (In diesem Beispiel braucht man bloß *eine* Stichprobe; die hypothetische Verteilung besteht aus Mittelwerten und nicht aus Unterschieden zwischen Mittelwerten.)

d) Das Signifikanzniveau gibt die Wahrscheinlichkeit an, daß wir uns irren, wenn wir eine Nullhypothese ablehnen. Dies ist ein sogenannter *Fehler erster Art*. Die Wahrscheinlichkeit, einen Fehler erster Art zu begehen, wird auch «alpha-Fehler» oder einfach «alpha» (α) genannt. Wenn wir vor dem Versuch festlegen, daß wir nur eine sehr kleine Irrtumswahrscheinlichkeit akzeptieren (das heißt, eine kleine Wahrscheinlichkeit, daß wir eine Nullhypothese zurückweisen, die in Wirklichkeit richtig ist), können wir unsere Fehler erster Art bis auf ein Niveau reduzieren, das gegen null geht. Leider ist aber die Wahrscheinlichkeit um so *größer*, eine Nullhypothese zu *akzeptieren*, die in Wirklichkeit *falsch* ist, je *niedriger* wir *dieses* Niveau festlegen. Diese Art Fehler wird *Fehler zweiter Art* genannt. Die folgende Tabelle faßt diese Zusammenhänge zusammen. Wenn ein Signifikanztest die Entscheidung treffen kann, die durch die Zelle links unten repräsentiert wird – das heißt, eine falsche Nullhypothese abzulehnen –, spricht man davon, daß er *mächtig* ist. («Empfindlich» wäre vielleicht der bessere Ausdruck für die Macht, einen Unterschied zu entdecken.)

		Entscheidung	
		Ablehnung	Beibehaltung
Nullhypothese	Richtig	Fehler 1. Art	Richtig
	Falsch	Richtig	Fehler 2. Art

e) Viele Fachleute akzeptieren einen einseitigen Test unter keinen Umständen. Sie argumentieren, daß es keinen vernünftigen Grund gibt anzunehmen, daß die eine Gruppe der anderen überlegen ist – beziehungsweise daß man dann den statistischen Test gar nicht zu machen bräuchte. Aber: Der Grund, warum wir den Test überhaupt durchführen, ist genau der, daß wir das Ergebnis eben *nicht* kennen. Kontroversen gibt es überall.

Kapitel 10: Mehr über das Prüfen von Hypothesen

a) Wenn wir statt eines einfachen ja oder nein eine 10-Punkte-Skala benutzen würden, die sich von «starker Zustimmung» bis «starke Ablehnung» erstreckte, könnten wir diese Formel genau so und ohne Änderung anwenden. Die Genauigkeit verlangt aber eigentlich, daß wir für die grobe Einteilung in eine zwei-Punkte-Skala eine Korrektur vornehmen. Mein Anliegen ist es jedoch, die Grundstrukturen der Statistik aufzuzeigen. Ich habe mich deshalb entschieden, Ihnen keine Formel vorzusetzen, die die Struktur, auf der Chi-Quadrat beruht, verdeckt. Wenn

Anmerkungen

Sie ein Chi-Quadrat *berechnen* wollen, brauchen Sie eine «Kontinuitätskorrektur» (eigentlich eine Korrektur der Diskontinuität, die von einer groben Maßeinteilung erzwungen wird). Das finden Sie in jedem guten Buch über Methoden der Statistik.

b) Diese zweite Schätzung wird manchmal *Rest-* oder sogar *Fehlervarianz* genannt. Der Ausdruck *Fehlervarianz* dürfte etwas verwirrend sein, da der größte Teil der Varianz wahrscheinlich durch Faktoren bedingt ist, die sich unter anderen Versuchsbedingungen als die beeinflussenden unabhängigen Variablen herausstellen können. Sie werden im Kontext einer gegebenen Untersuchung als Fehler betrachtet, weil sie zufällig sind in bezug auf die unabhängigen Variablen in *diesem* Experiment. Sie sind die sogenannten kontrollierten Variablen. Es gibt zwei allgemeine Methoden, eine Variable in einem Experiment zu «kontrollieren»: 1. indem man sie unter allen Bedingungen der unabhängigen Variablen konstant hält und 2. indem man ihre Varianz randomisiert (zufällig anordnet) Mit beiden Strategien will man dasselbe erreichen, nämlich systematische (d.h. *nicht* zufällige) Zusammenhänge zwischen der kontrollierten Variablen und einer der unabhängigen Variablen zu verhindern. Normalerweise gibt es bei einem Versuch mehrere kontrollierte Variablen.

c) Wenn nur zwei Gruppen verglichen werden, ist die Varianzanalyse eigentlich ein *t*-Test. Um es anders auszudrücken: *t* ist ein Spezialfall der Varianzanalyse, den man nur anwendet, wenn es lediglich zwei Kategorien der untersuchten Variablen gibt. In diesem Fall ist $t = \sqrt{F}$. Bei ganzen Populationen gilt dasselbe natürlich auch für z – das heißt $z = \sqrt{F}$.

d) Der F-Wert für Wechselwirkung ist

$$F = \frac{s_W^2}{s_i^2}$$

Dabei ist s_W^2 die Varianz der Wechselwirkung und s_i^2 die Varianz innerhalb der Gruppe.

e) Um dieses Beispiel so einfach – und klar – wie möglich zu gestalten, bin ich bei jeder der in den Abbildungen 10.4 und 10.5 abgebildeten Funktionen von Linearität ausgegangen. Eine differenziertere Versuchsanlage hätte vielleicht diese Funktionen genauer definiert, indem sie mehrere Stufen für den Streß (statt nur zwei) vorgesehen hätte und mehrere Stufen für die Erfahrung. Beim Streß käme dann vielleicht heraus, daß eine mittlere Menge an Streß längere Ausdauer zur Folge hat als jedes der beiden Extreme. Eine Untersuchung der Auswirkungen einer einzigen Variablen, die viele verschiedene Werte annimmt, nennt man auch *Parametertest*.

Kapitel 11: Korrelation, Kausalität und Effektgröße

a) Es gibt heute eine rein statistische Methode, Ursachen in einer Korrelations*matrix* zu bestimmen. Im Englischen wird sie «cross-lagged panel correlation» genannt (CLPC, deutsch etwa «Kreuz-Korrelation zwischen Zeitreihen»), und sie beruht auf den zeitlichen Zusammenhängen in der Matrix; es ist ein Axiom, daß Ursachen vor Wirkungen kommen (D. A. Kenney, «Cross-Lagged Panel Correlation: A Test for Spuriousness», *Psychological Bulletin* 82, 1975, S. 887–903). Es gibt aber keine Methode, diese Bestimmung durch einen einzelnen Korrelationskoeffizienten vorzunehmen.

b) Selbst wenn eine Variable wirklich stetig ist, werden ihre Werte in diskreten Intervallen angegeben; selbst ein Intervall von 1 teilt das Kontinuum in Segmente auf. (Zum Beispiel wird eine Punktzahl von 6 in einem Test all denen verliehen, deren Leistungen besser als 5,5, aber schlechter als 6,5 sind.) Aber *eine Maßeinteilung mit einer großen Zahl von Klassenintervallen nähert sich der Stetigkeit*, weshalb ich bei solchen Daten von stetigen Daten spreche.

c) Im Falle eines qualitativen Unterschieds (wie beim Geschlecht) würde man *innerhalb* jeder Gruppe eine Normalverteilung erwarten statt der abgeschnittenen Form (die Hälfte einer Normalverteilung in jeder Kategorie) in den Tabellen 11.1B, C und D.

d) Natürlich muß r zuverlässig sein. Seine Reliabilität läßt sich mit Hilfe eines Signifikanztests beurteilen. Der Test ist vergleichbar mit der Prüfung eines Unterschieds zwischen Mittelwerten (Kapitel 9), außer daß die Nullhypothese anders lautet. Statt «es gibt in der abhängigen Variablen keinen Unterschied zwischen den beiden durch die unabhängige Variable definierten Gruppen», lautet die Nullhypothese hier: «Es gibt keine Korrelation zwischen der unabhängigen und der abhängigen Variablen.» Und anstatt den festgestellten Unterschied zwischen den beiden Gruppen durch den Standardfehler eines Unterschieds zwischen Mittelwerten ($s_{\bar{x}_V - \bar{x}_K}$) zu teilen, dividiert man das erhaltene r durch seinen Standardfehler $s_{r_{u,a}}$, wobei u die unabhängige, a die abhängige Variable ist. Das funktioniert für Koeffizienten von $r = 0,50$ und kleiner. Für größere r ist die Prüfung der Nullhypothese komplizierter, weil die obere Grenze von 1,00, die für jeden Korrelationskoeffizienten gilt, die Stichprobenverteilung verzerrt. Zur Diskussion des Problems und einer Lösungsmöglichkeit siehe J. P. Guilford und B. Fruchter, *Fundamental Statistics in Psychology and Education*, 5. Aufl. (New York: McGraw-Hill), 1973, S. 144–146.

Lösungen zu den Anwendungsbeispielen

Kapitel 3: Lagemaße

Pädagogik

Eine gute Lösung: Der Mittelwert der 200 Gesamtpunktzahlen gibt Ihnen einen verläßlichen Durchschnitt des Leistungsniveaus der Auszubildenden. Er ist außerdem später nützlich, wenn Sie das Niveau zukünftiger Elftkläßler einschätzen wollen, falls das Programm zur Dauereinrichtung wird. So wird Ihre Population zu einer Stichprobe *aller* Elftkläßler der 10 teilnehmenden Schulen, der gegenwärtigen wie der zukünftigen.

Mögliche Mißverständnisse: Zu einer falschen Interpretation wird man dann verleitet, wenn man ein einziges Lagemaß ermittelt, wo es in Wirklichkeit zwei gibt. Es ist möglich, daß die als einfache Arbeiter Auszubildenden (z.B. für das Bau- oder Textilgewerbe) und die für Fachberufe Auszubildenden (z.B. Programmieren, Elektro-, Radio- und Fernsehtechnik) sehr unterschiedliche Leistungsniveaus haben. Dann würde das durchschnittliche Leistungsniveau der gesamten Stichprobe zwischen beiden Untergruppen liegen. Es würde daher keiner von beiden gerecht, und Unterrichtsmaterialien, die aufgrund der Durchschnittsleistung angeschafft worden wären, würden für die eine Gruppe von Auszubildenden zu anspruchsvoll, für die andere zu einfach sein. Wenn beide Gruppen ungefähr gleich groß sind, kann die daraus resultierende *zweigipflige* Verteilung die Gutachterin auf dieses Problem aufmerksam machen, aber wenn die eine Gruppe sehr viel kleiner ist als die andere, kann die Gesamtverteilung *eingipflig* sein und so keinen Hinweis auf das Vorhandensein der anderen Gruppe geben. Wenn sich dieses Vorhandensein in einer *schiefen* Verteilung äußert und man diese Verteilung als eine einzige Population betrachtet, ist der *Median* das sinnvollste Lagemaß, da er untypischen Werten weniger Gewicht verleiht.

Politologie

Eine gute Lösung: Mit dem Mittelwert können Sie den Gleichgewichtspunkt der Verteilung europäischer Militärausgaben schätzen. Von allen Lagemaßen für Ihre Stichprobe läßt sich mit dem Mittelwert der Durchschnitt der Population am besten schätzen.

Mögliche Mißverständnisse: Trotz seiner großen Vorzüge als Lagemaß reagiert der Mittelwert empfindlich auf jeden Ausreißer. Wenn beispielsweise in eine 1980 gezogene Stichprobe auch die Sowjetunion miteingeschlossen worden wäre, hätten die Ausgaben dieses einen Landes die jedes anderen weit überstiegen und eine schiefe Verteilung bewirkt. Der Median ist dann das bessere Lagemaß, da er die Verteilung in zwei gleich große Hälften teilt. Die Sowjetunion hätte auf den Median keinen größeren Einfluß gehabt als jeder andere Staat auch.

Psychologie
Eine gute Lösung: Der Mittelwert ist das einzige Lagemaß, das die Informationen über alle untersuchten Kinder berücksichtigt. Mit ihm läßt sich am verläßlichsten abschätzen, welche Fähigkeiten ein normales Neugeborenes hat (jedenfalls in Ihrer Stichprobe). Wenn zum Beispiel die durchschnittliche Punktzahl bei 50 liegt, dann ist 50 ein Standard oder eine Norm, um die normale Entwicklung eines bestimmten Kindes zu beurteilen. Ein Kind, das weit unter 50 Punkten erreicht, gälte dann als ungewöhnlich zurückgeblieben.

Mögliche Mißverständnisse: Die Neugeborenen in den Krankenhäusern Ihrer Stadt könnten sich von den Neugeborenen im allgemeinen unterscheiden. Wenn sich zum Beispiel Ihre Stichprobe hauptsächlich aus amerikanischen schwarzen Säuglingen zusammensetzt, könnte der Durchschnitt zu hoch ausfallen, um repräsentativ für Kinder im allgemeinen zu sein, da schwarze Babys sich in der Regel schneller entwickeln als Babys anderer Rassen.

Sozialarbeit
Eine gute Lösung: Der Mittelwert ermöglicht Ihnen eine verläßliche Abschätzung der durchschnittlich von diesen Familien beanspruchten Stundenzahl.

Mögliche Mißverständnisse: Eine einzige Familie, die eine außergewöhlich intensive Betreuung mit vielen Stunden benötigte, würde den Mittelwert erheblich erhöhen, wenn n nicht sehr groß ist. Selbst bei einem großen n können ein paar wirklich extreme Fälle den Mittelwert verzerren. Allgemein sollte das arithmetische Mittel nur verwendet werden, wenn die Verteilung ungefähr einer Normalverteilung entspricht.

Soziologie
Eine gute Lösung: Der Mittelwert ermöglicht Ihnen eine verläßliche Abschätzung des Durchschnittseinkommens der Einwohner dieser Stadt.

Mögliche Mißverständnisse: Der Mittelwert reagiert empfindlich auf Ausreißer. Falls die Verteilung solche Ausreißer enthält und diese nicht zufällig so beschaffen sind, daß sie einander wieder aufheben, führt Sie der Mittelwert in die Irre, was die Mehrheit der Population betrifft.

Kapitel 4: Streuungsmaße

Pädagogik
Eine gute Lösung: Die Standardabweichung kann Ihnen sagen, ob die Streuung der Bewertungen der beiden Programme dieselbe ist. Das eine der Programme wurde vielleicht recht einheitlich von der großen Mehrheit der Lehrer bewertet; das heißt, die Lehrer unterscheiden sich nicht besonders in ihrer Einschätzung des Nutzens und der Anwendbarkeit der in dem Programm behandelten Techniken. Das andere Schulungsprogramm hat vielleicht von den einen Lehrern eine sehr hohe Punktzahl wegen seiner Praktikabilität und seines Nutzens bekommen, von den anderen aber eine sehr niedrige, was eine hohe Standardabweichung zur Folge hat. Das Schulungsprogramm mit der relativ großen Standardabweichung ist deswegen

Lösungen zu den Anwendungsbeispielen 173

wohl weniger geeignet, weil die Lehrer sehr unterschiedliche Auffassungen über den Nutzen und die Umsetzbarkeit der Techniken haben könnten. Dies würde zu einer weniger einheitlichen Übernahme der Techniken führen, als wenn man sich für das erste Programm entscheiden würde.

Mögliche Mißverständnisse: Man wird die Daten falsch interpretieren, wenn man die größere Streuung beim zweiten Schulungsprogramm ausschließlich Problemen zuschreibt, die mit dem Programm selbst zu tun haben. Sie könnten teilweise oder sogar ganz durch andere Faktoren bedingt sein – durch die unterschiedliche Tageszeit beispielsweise, zu der die Weiterbildung stattfand, oder durch die unterschiedliche Unterstützung der Schulen seitens der Behörden.

Politologie
Eine gute Lösung: Die Standardabweichung kann Ihnen sagen, wie stark die Häufigkeit von Militärputschen in südamerikanischen Staaten schwankt. Wenn jedes Land etwa dieselbe Zahl an Putschen erlebt, gibt es fast keine Unterschiede, und der Durchschnitt ihrer Abweichungen vom Mittelwert wäre fast Null. Aber je mehr Unterschiede es gibt und je größer sie sind, desto größer wäre dieser Durchschnitt. Die Standardabweichung ist eine Art Durchschnitt der Abweichungen der einzelnen Länder von ihrem Mittelwert.

Mögliche Mißverständnisse: Wie im Falle des Mittelwerts können ein paar wenige Ausreißer in einer Häufigkeitsverteilung bei der Ermittlung der Standardabweichung zu falschen Ergebnissen führen. Daher wäre, falls nur sehr wenige südamerikanische Staaten sehr viele Putsche erleben, der Quartilsabstand ein besseres Streuungsmaß als die Standardabweichung – genauso wie der Median ein besseres Lagemaß als der Mittelwert wäre.

Psychologie
Eine gute Lösung: Die Standardabweichung liefert ein Maß für die Übereinstimmung – oder eher für die Uneinigkeit – unter den Beobachtern. Wenn beispielsweise einige der Beobachter nur zwei Aggressionen pro Tag, andere aber 20 feststellten, wäre die Standardabweichung groß, und die Verläßlichkeit der Bewertungen sollte in Frage gestellt werden.

Mögliche Mißverständnisse: In unserem Beispiel läge es bei der großen Streuung unter den fünf Beobachtern nahe, einem oder mehreren der Beurteiler (z.B. den am wenigsten erfahrenen) für die offensichtlichen Diskrepanzen und Ungenauigkeiten die Schuld zu geben. Eine wahrscheinlichere Erklärung wäre aber die, daß die Beobachter vorher nicht genau instruiert worden sind, was sie als aggressiven Akt werten sollen. Dann muß man das Instrumentarium verfeinern.

Sozialarbeit
Eine gute Lösung: Die Standardabweichung kann Ihnen sagen, wie groß die Streuung der Zuwendungen an die einzelnen Geschäftsstellen ist. Eine große Standardabweichung bedeutet beträchtliche Unterschiede bei der Geldvergabe. Eine kleine Standardabweichung heißt, daß die Geschäftsstellen ungefähr alle gleich viel Geld erhalten haben.

Mögliche Mißverständnisse: Wieder können – wie beim Mittelwert – ein paar wenige Ausreißer eine höhere Standardabweichung bewirken. So würde eine große Standardabweichung – obwohl vielleicht nur ein oder zwei Geschäftsstellen viel mehr oder viel weniger Geld als die anderen erhalten – den Anschein erwecken, als ob es über die ganze Verteilung eine große Streuung gibt. Im allgemeinen sollte man die Standardabweichung nur verwenden, wenn die Verteilung ungefähr normal ist.

Soziologie
Eine gute Lösung: Mit der Standardabweichung läßt sich die Spanne der Familiengrößen von 68 Prozent aller Familien sowie diejenige von 96 Prozent aller Familien schätzen. Wenn man die Standardabweichung kennt, kann man die Bereiche über und unter dem Mittelwert getrennt betrachten, indem man Tabellen für Normalverteilungen heranzieht.

Mögliche Mißverständnisse: All diese Folgerungen beruhen auf der Annahme einer Normalverteilung der Familiengrößen. Wenn diese Verteilung nicht ungefähr normal wäre, müßten Sie andere Methoden finden, um Ihre Schlüsse darzulegen. (Siehe den Abschnitt «Der Quartilsabstand».)

Kapitel 5: Die Interpretation einzelner Meßergebnisse
Pädagogik
Eine gute Wahl: Wenn Sie die Rohdaten aus allen Tests in standardisierte z-Werte umwandeln, die aus den Leistungen von Schülern desselben Alters und derselben Klassenstufe gewonnen wurden, dann wird es für Sie leichter, die Leistung des Schülers in den verschiedenen Tests zu beurteilen. Zum Beispiel würde ein z-Wert von 0 bedeuten, daß der Schüler im Vergleich zu seinen Altersgenossen auf diesem Gebiet durchschnittlich begabt ist. Ein z-Wert von +1 heißt, daß der Schüler bei dieser Fähigkeit im Vergleich zu allen Viertkläßlern im ganzen Land 1 Standardabweichung über dem Mittelwert liegt (auf dem 84er Perzentil). Ein z-Wert von −2 zeigt, daß er 2 Standardabweichungen unter dem Durchschnitt seiner Altersgruppe liegt (auf dem 2er Perzentil). Durch diese Vergleiche kann die Lehrerin feststellen, auf welchen Gebieten der Schüler Schwächen hat, so daß sie sich spezielle Aufgaben ausdenken kann, um seine Fähigkeiten zu trainieren.

Mögliche Mißverständnisse: Wenn man die Testpunkte unmittelbar als Indikatoren der erblich bedingten Anlagen betrachtet, kann man falsch liegen. Wenn der Schüler zum Beispiel der Unterschicht einer ethnischen Minderheit angehört, sind seine relativ geringen Fähigkeiten vielleicht weniger auf die von seinen Erbanlagen gesetzten Grenzen als auf die seiner Umwelt zurückzuführen.

Politologie
Eine gute Wahl: Der z-Wert sagt Ihnen, wo jeder Meßwert auf einer gemeinsamen Skala liegt. Die z-Skala hat den Mittelwert und die Standardabweichung jeder Verteilung zur Grundlage. In diesem Fall wird jeder der verschiedenen Meßwerte für Konflikte in der Gesellschaft als Standardabweichung seiner eigenen Verteilung ausgedrückt und von seinem eigenen Mittelwert aus gemessen. Nachdem man alle

Meßwerte zu z-Werten umgewandelt hat, hat jede Verteilung denselben Mittelwert (0) und dieselbe Standardabweichung (1). Jetzt erst ist es sinnvoll, sie zu kombinieren.

Mögliche Mißverständnisse: Betrachten Sie standardisierte Werte nicht als absolut, so wie physikalische Größen (z.B. Längen) absolut sind. Jeder Wert sagt nur, wo ein gegebener Meßwert innerhalb einer Verteilung von Meßwerten desselben Merkmals liegt. In einer anderen Verteilung kann derselbe Meßwert einen anderen standardisierten Wert ergeben.

Psychologie
Eine gute Wahl: Wenn Sie alle Rohdaten zu einer neuen Skala mit einem Mittelwert von 0 und einer Standardabweichung von 1 umwandeln, können Sie feststellen, ob sich June auf allen drei Gebieten normal entwickelt. Wenn ihr z-Wert bei allen drei Tests -1 ist, können Sie auf eine allgemein verlangsamte Entwicklung schließen. Wenn alle drei z-Werte $+1$ sind, bedeutet das, daß sie sich sehr gut entwickelt. Wenn sie z-Werte von zum Beispiel $+2$ für Intelligenz, -1 für soziale Entwicklung und -2 für psychomotorische Entwicklung erhält, können Sie von einer unregelmäßigen Entwicklung ausgehen.

Mögliche Mißverständnisse: Man kann zu einer falschen Interpretation gelangen, wenn man annimmt, daß die erhaltenen Meßwerte über lange Zeit stabil sind. Tatsächlich variiert in der Regel das Verhalten von Kleinkindern von einer Beobachtung zur nächsten beträchtlich.

Sozialarbeit
Eine gute Wahl: Im Personalamt kann jemand alle Rohdaten in eine Verteilung mit einem Mittelwert von 0 und einer Standardabweichung von 1 einbringen. Dann befinden sich alle Werte auf einer Standardskala, so daß Sie sie vergleichen können.

Mögliche Mißverständnisse: Wenn die verschiedenen Tests bei verschiedenen Populationen standardisiert worden sind, sind Vergleiche riskant. Zum Beispiel ist eine hohe Punktzahl bei der Beurteilung von Klienten in einer Population aus lauter Anfängern vielleicht nicht besser als ein niedriger bei der Behandlung von Klienten in einer Population, die aus hochqualifizierten Spezialisten besteht.

Soziologie
Eine gute Wahl: Der z-Wert sagt Ihnen, um wieviele Standardabweichungen über oder unter dem Durchschnitt dieser Dozent im Vergleich zu anderen Dozenten liegt.

Mögliche Mißverständnisse: Die Dozenten, die die für Sie in Frage kommenden Kurse unterrichten, könnten sich signifikant von der Fakultät insgesamt unterscheiden (z.B. wurden sie vielleicht ausgesucht, weil sie gut mit den unteren Semestern umgehen können). In diesem Fall würde Sie der z-Wert des Dozenten zu einer falschen Entscheidung bei der Einschreibung verleiten. Zum Beispiel könnte sein z-Wert für autoritäres Verhalten im Vergleich zur Gesamtfakultät niedrig sein, aber hoch im Vergleich zu den Mitgliedern der Fakultät, die den fraglichen Kurs unterrichten.

Kapitel 6: Korrelation

Pädagogik

Eine gute Wahl: Das Pearsonsche r sagt Ihnen, ob bei diesen Kindern zwischen Selbstbild und sozialer Verantwortung ein Zusammenhang besteht. Er wird Ihnen auch sagen, ob der Zusammenhang zwischen Selbstbild und sozialer Verantwortung positiv oder negativ ist. Die Größe des Koeffizienten, ob positiv oder negativ, gibt die Stärke des Zusammenhangs zwischen den beiden Meßwerten an.

Mögliche Mißverständnisse: Aus einer starken Korrelation (0,70 oder 0,80) könnte man fälschlicherweise schließen, daß das Selbstbild eines Schülers dafür verantwortlich ist, ob er soziale Verantwortung übernimmt oder nicht. (Obwohl sich die beiden Variablen zusammen verändern, könnte das an einer dritten Variablen liegen, zum Beispiel an früher in der Schule oder zu Hause gemachten Erfahrungen, die sowohl das Selbstbild als auch die soziale Verantwortung beeinflussen.) Man könnte auch irrtümlich folgern, daß ein Projekt, das einer Person zu einem besseren Selbstbild verhilft, notwendigerweise auch die soziale Verantwortung erhöht. (Wenn das Selbstbild seine Ursache in sozialer Verantwortung hat oder wenn beide auf irgendeinen dritten Faktor oder eine ganze Reihe von Faktoren zurückgehen, wird die Veränderung des Selbstbildes nicht die soziale Verantwortung beeinflussen.)

Politologie

Eine gute Wahl: Das Pearsonsche r kann Ihnen Größe und Richtung des Zusammenhangs zwischen dem Ausmaß an innenpolitischen Konflikten und dem Ausmaß an außenpolitischen Konflikten sagen. Erstens: Je größer der Koeffizient, desto stärker der Zusammenhang. Zweitens: Ein positives Vorzeichen weist auf einen direkten Zusammenhang zwischen innen- und außenpolitischen Konflikten, während ein negatives Vorzeichen auf einen umgekehrten Zusammenhang weist.

Mögliche Mißverständnisse: Normalerweise würde ein großer positiver Betrag von r als Beweis dafür gelten, daß innenpolitische Konflikte mit außenpolitischen Konflikten einhergehen. Denken Sie jedoch daran, daß Korrelationen nicht unbedingt Kausalzusammenhänge bedingen. Seien Sie sich auch der Bedingungen bewußt, die r zugrundeliegen. Wenn diese Bedingungen nicht erfüllt sind, besitzen die Ergebnisse möglicherweise keine Gültigkeit. Die wichtigsten dieser Bedingungen sind, daß der Zusammenhang zwischen den beiden Variablen eine gerade Regressionslinie ergibt, daß die Verteilungen eingipflig und daß sie einigermaßen symmetrisch sind. Jedoch macht die Verletzung sogar dieser Bedingungen nur selten ein r ungültig. (Siehe Anmerkung d.)

Psychologie

Eine gute Wahl: Das Pearsonsche r gibt bei den 100 Kindern die Stärke des Zusammenhangs (0,0 bis entweder $+1,0$ oder $-1,0$) zwischen Zuckeraufnahme und Aktivität an. Der Zusammenhang kann positiv sein (hohe Zuckerspiegel gehen mit übermäßiger Aktivität und niedrige Zuckerspiegel mit niedriger Aktivität einher) oder negativ (hohe Zuckerspiegel gehen mit niedriger Aktivität und niedrige Zuckerspiegel mit hoher Aktivität einher).

Lösungen zu den Anwendungsbeispielen 177

Mögliche Mißverständnisse: Ein signifikanter positiver oder negativer Zusammenhang weist nicht notwendigerweise auf eine Ursache-Wirkung-Beziehung hin. Ein positives Pearsonsches r bedeutet nicht unbedingt, daß hohe Zuckerspiegel Hyperaktivität verursachen. Hyperaktivität kann auch von der Kindern eigenen Spontaneität herrühren. Das heißt: Die Unfähigkeit des Kindes, seine spontanen Impulse zu beherrschen, kann zu übermäßiger Aktivität und auch zu übermäßiger Zuckeraufnahme führen. Daher kann auch ein dritter Faktor (Spontaneität) für einen beobachteten Zusammenhang zwischen Blutzucker und Hyperaktivität verantwortlich sein.

Sozialarbeit
Eine gute Wahl: Das Pearsonsche r ist ein Maß für den Zusammenhang, das sowohl die Stärke als auch die Richtung des Zusammenhangs zwischen den beiden Variablen aufdeckt. Ihre Hypothese ist, daß Frauen mit hoher Selbstachtung weniger abhängig von Sozialhilfe sind als Frauen mit niedriger Selbstachtung. Eine starke negative Korrelation würde Ihre Hypothese bestätigen.

Mögliche Mißverständnisse: Selbst wenn Ihre Hypothese sich bestätigt und Sie wissen, daß Selbstachtung und die Beantragung von Sozialhilfe zusammenhängen, wissen Sie nicht, *wie* genau sie zusammenhängen. Es kann 1. sein, daß die Selbstachtung eine Frau darin bestärkt, finanziell unabhängig zu sein, und 2., daß die Unfähigkeit, finanziell selbständig zu sein, die Selbstachtung einer Frau beeinträchtigt.

Soziologie
Eine gute Wahl: Das Pearsonsche r sagt Ihnen, ob es einen Zusammenhang zwischen der konservativen Ausrichtung eines Studienfachs und dem autoritären Verhalten seiner Dozenten gibt.

Mögliche Mißverständnisse: Falsch wäre die Annahme, daß die erste Variable der Grund für die zweite ist oder umgekehrt. Tatsächlich könnten beide Variablen das Produkt eines nicht genannten äußeren Faktors oder einer ganzen Reihe von Faktoren sein.

Kapitel 8: Die Genauigkeit der statistischen Inferenz

Pädagogik
Eine gute Wahl: Der Standardfehler des Mittelwerts; man verwendet ihn, um ein Vertrauensintervall zu bestimmen, in dem das Populationsmittel einer Klassenstufe liegt. Die Bandbreite der Werte im Vertrauensintervall ist aufschlußreicher als der festgestellte Mittelwert des Leistungsniveaus in jeder Klassenstufe. Denn sie berücksichtigt die Fehler, die unausweichlich bei jeder Messung auftreten. Man kann auch die Wahrscheinlichkeit angeben, daß der Mittelwert wirklich zwischen diesen beiden Grenzwerten liegt.

Mögliche Mißverständnisse: Wenn die Werte im Vertrauensintervall um ein Stichprobenmittel herum höher oder niedriger sind als der nationale Durchschnitt, denken Sie nicht, daß der Unterschied nur vom Lehrplan herrührt. Andere Faktoren, wie der Einfluß der Familie oder des Wohnorts, müssen auch berücksichtigt werden.

Politologie
Eine gute Wahl: Diese Grenzen werden durch das Vertrauensintervall beschrieben. Es gibt ein Vertrauensintervall für jede beliebige Wahrscheinlichkeit (für jedes Verläßlichkeitsniveau). Sie wollen zum Beispiel das Intervall bestimmen, in dem der wahre Mittelwert mit einer Wahrscheinlichkeit von 68 Prozent liegt. Ihr erhaltener Mittelwert ist 50. Wenn der Standardfehler ($s_{\bar{x}}$) 10 ist, ist das Intervall $2 \times 10 = 20$ Punkte breit (siehe Seite 98–101). Bei einer Wahrscheinlichkeit von 68 Prozent erstreckte sich dann das Vertrauensintervall von 40 bis 60 Punkte.

Mögliche Mißverständnisse: Sie könnten denken, daß sich der wahre Mittelwert mit gleicher Wahrscheinlichkeit an jedem beliebigen Punkt innerhalb des Vertrauensintervalls befindet. In Wirklichkeit ist die Wahrscheinlichkeit in der Mitte des Intervalls am größten. Ihr beobachteter Mittelwert ist also die beste Schätzung des wirklichen Mittelwertes.

Psychologie
Eine gute Wahl: Mit dem Vertrauensintervall können Sie die Grenzen schätzen, innerhalb deren das wirkliche Ergebnis des Jungen beim Formdeutetest liegt. Es würde Ihnen auch eine Aussage gestatten, mit welcher Wahrscheinlichkeit sein wirkliches Ergebnis tatsächlich innerhalb dieser Grenzen liegt. Wenn die Grenzen weit auseinanderliegen oder die Wahrscheinlichkeit gering ist, würden Sie sich hüten, den Testwert des Jungen zu interpretieren.

Übrigens könnte in dem Handbuch auch, entweder an Stelle des Vertrauensintervalls oder zusätzlich, etwas über einen Korrelationskoeffizienten (r_{xx}) stehen. Diese Statistik stellt eine andere Methode dar, die Verläßlichkeit statistischer Aussagen zu betrachten (siehe Kapitel 6).

Mögliche Mißverständnisse: Sie könnten versucht sein zu denken, daß ein Fehler einen Meßwert erniedrigt. Aber ein Meßfehler (Unzuverlässigkeit) kann auch einen Wert erhöhen. Das Vertrauensintervall erstreckt sich deshalb sowohl unterhalb als auch oberhalb des erhaltenen Meßwerts. (Der erhaltene Meßwert liegt in der Intervallmitte.)

Sozialarbeit
Eine gute Wahl: Das Vertrauensintervall liefert eine Bandbreite von Werten, innerhalb deren das wirkliche Testergebnis der Familie wahrscheinlich liegt. Es gibt zwei Möglichkeiten, sich der Frage zu nähern, «Wo liegt das wirkliche Ergebnis?»

Erstens kann man Grenzen oberhalb und unterhalb des erhaltenen Testergebnisses setzen und dann die Wahrscheinlichkeit bestimmen, mit der das wirkliche Ergebnis innerhalb dieser Grenzen liegt. Zweitens kann man eine akzeptable Wahrscheinlichkeit festlegen und dann die entsprechenden Grenzen setzen. In beiden Fällen wird das Intervall zwischen den Konfidenzgrenzen Konfidenz- oder Vertrauensintervall genannt, und die Wahrscheinlichkeit entspricht in diesem Fall dem Verläßlichkeitsniveau.

Mögliche Mißverständnisse: In Signifikanztests (siehe Kapitel 9) gibt man die Wahrscheinlichkeit an, mit der etwas *außerhalb* der festgelegten Grenzen vorkommt. Hier geben Sie die Wahrscheinlichkeit an, daß der wirkliche Mittelwert *innerhalb* dieser Grenzen liegt.

Soziologie
Eine gute Wahl: Der Standardfehler des Mittelwerts gibt Ihnen eine Bandbreite von Werten (das Vertrauensintervall), innerhalb deren der wirkliche Mittelwert wahrscheinlich liegt. Er kann außerdem den Grad dieser Wahrscheinlichkeit angeben (das Verläßlichkeitsniveau). Diese Information ist alles andere als «ohne Bedeutung».

Mögliche Mißverständnisse: Der wirkliche Mittelwert *muß* nicht in den von Ihnen berechneten Intervallen liegen – daher sollten Sie kein Vertrauensintervall annehmen, ohne das entsprechende Verläßlichkeitsniveau anzugeben.

Kapitel 9: Die Signifikanz eines Unterschieds zwischen zwei Mittelwerten

Pädagogik
Eine gute Wahl: Der t-Wert kann Ihnen sagen, ob es in der Beurteilung des Verhaltens zwischen den Schülern, die am Projekt teilnahmen, und der Gruppe, die keine Unterweisung erhielt, am Ende des Halbjahres einen signifikanten Unterschied gibt. So könnte das Lehrerkollegium (mit einer bestimmten Wahrscheinlichkeit) feststellen, ob die Schüler in der Projektgruppe am Ende des Halbjahres den Unterricht weniger stören als die Schüler in der Kontrollgruppe.

Mögliche Mißverständnisse: Man kann die Unterschiede zwischen den beiden Gruppen nicht unbedingt ausschließlich dem Unterweisungsprogramm zuschreiben. Noch andere Faktoren können das Ergebnis beeinflußt haben:

1. Auch wenn die Gruppen nach Zufall eingeteilt wurden, könnte es am Beginn des Halbjahres bereits Unterschiede im Betragen gegeben haben.
2. Die Lehrer wußten, welche Schüler in der Projektgruppe waren. Das könnte dazu geführt haben, daß sie sich gegenüber diesen Schülern anders verhielten oder daß sie sie anders beurteilten, obwohl diese Schüler in Wirklichkeit nicht anders waren als diejenigen, die nicht an dem Projekt teilgenommen hatten.
3. Allein die zusätzliche Aufmerksamkeit des Schulpsychologen oder auch die Teilnahme an einem neuen Programm könnte das störende Verhalten der Schüler vermindert haben, ganz unabhängig vom Inhalt des Projekts.

Politologie
Eine gute Wahl: Mit dem t-Test läßt sich bestimmen, ob die beobachtete Differenz zwischen den Mittelwerten der beiden Gruppen auf Zufall beruht. Die durchschnittliche Differenz zwischen den beiden Mittelwerten von gepaarten Stichproben, die

wiederholt nach dem Zufallsprinzip aus derselben Population gezogen werden, ist null. Wenn die von uns beobachtete Differenz jedoch groß genug ist, um statistisch signifikant zu sein, können wir die Hypothese zurückweisen, daß die Differenz lediglich zufällig zwischen zwei Zufallsstichproben aus derselben Population von Stadtteilen auftritt. Wir ziehen statt dessen den Schluß, daß die Stadtteile, die an dem Pilotprojekt teilnahmen, sich wirklich von den anderen Stadtteilen unterscheiden.

Mögliche Mißverständnisse: Obwohl der *t*-Test geeignet ist, die Differenz der Mittelwerte von zwei kleinen Stichproben zu analysieren, unterliegt seine Anwendung drei Einschränkungen. Erstens müssen die Beobachtungen in den beiden Stichproben unabhängig voneinander sein. Zweitens dürfen die Populationen nicht in entgegengesetzte Richtungen schief verteilt sein. Und drittens muß man bei der Berechnung von *t* bestimmte Korrekturen vornehmen, wenn die Populationen nicht die gleiche Streuung aufweisen.

Psychologie
Eine gute Wahl: Der *t*-Wert kann Ihnen aus den Mittelwerten der beiden Gruppen sagen, ob das Entspannungsprogramm oder die medikamentöse Behandlung die effektivere Methode ist. Er gibt Ihnen die Wahrscheinlichkeit an, daß kein wirklicher Unterschied zwischen beiden besteht – daß beide in bezug auf das Aktivitätsniveau Zufallsstichproben aus derselben Population sind.

Mögliche Mißverständnisse: Auch wenn die Ergebnisse vielleicht eine signifikante Differenz zwischen den beiden Gruppen zeigen, kann es schwierig sein, den *Grund* für diesen Unterschied festzumachen. Nehmen wir einmal an, daß die medikamentös behandelte Gruppe stärker von der Behandlung zu profitieren scheint. Das kann auf die Wirkung des Medikaments zurückzuführen sein, aber falls Sie das Alter der beiden Gruppen nicht gleichsetzen, können auch die Altersunterschiede eine entscheidende Rolle spielen. Wenn Sie nicht andere mögliche Ursachen ausschließen und die Stichproben nach bestimmten Kriterien parallelisieren («matching»), wissen Sie nicht, ob das Medikament oder ein anderes Kriterium der Grund für Ihren beobachteten Unterschied ist, etwa das Alter der Kinder, ihre Intelligenz, ihre soziale Herkunft oder eine bestimmte Eigenschaft des behandelnden Arztes.

Sozialarbeit
Eine gute Wahl: Mit dem *t*-Wert läßt sich bestimmen, ob zwischen zwei Gruppen ein signifikanter Unterschied besteht. Der Unterschied ist signifikant, wenn Sie die Nullhypothese zurückweisen können, daß die beiden Gruppen in bezug auf ihre Gesundheit derselben Population entstammen. Sie können Ihren *t*-Wert in einer Tabelle nachschlagen, die Ihnen die Wahrscheinlichkeit angibt, daß die beiden Gruppen in Wirklichkeit derselben Population entstammen. Wenn diese Wahrscheinlichkeit extrem klein ist – sagen wir 0,01 –, können Sie mit großer Sicherheit behaupten, daß Ihr Versuchsprojekt erfolgreich war.

Mögliche Mißverständnisse: Sie würden fälschlich Ihr Vertrauen in das Projekt setzen, wenn irgendein äußerer Faktor nur auf die eine, nicht aber auf die

Lösungen zu den Anwendungsbeispielen 181

andere Gruppe einwirkt. Wenn zum Beispiel die Versuchsgruppe mit einem Sonderbus zum Zentrum fährt, die Mahlzeiten gemeinsam einnimmt oder als Folge des Projekts etwas anderes zusammen unternimmt, könnte es an all dem «Zusammensein» liegen und nicht am Projekt selbst, daß die Gesundheit der Senioren besser ist.

Soziologie
Eine gute Wahl: Der t-Wert kann Ihnen sagen, wie wahrscheinlich es ist, daß die beobachtete Differenz rein zufällig auftritt.

Mögliche Mißverständnisse: Wie bei der Korrelation rechtfertigt ein Zusammenhang allein noch keinen Schluß auf die Kausalität. Wenn die Mehrheit der Katholiken in Ihrem Land einer anderen sozialen Schicht angehört als die Mehrheit der Nicht-Katholiken, ist der Schluß nicht unbedingt gerechtfertigt, daß der Unterschied im Glauben die Ursache für den Unterschied in der Familiengröße ist. Es könnte sich erweisen, daß innerhalb derselben sozialen Schicht katholische Familien nicht größer sind als nicht-katholische Familien.

Kapitel 10: Mehr über das Prüfen von Hypothesen
Pädagogik
1. Eine gute Wahl: Sie müssen wissen, ob die Häufigkeit eines High-School-Abschlusses bei den Schülern größer ist, die an dem Sonderprojekt teilgenommen haben, als bei denen, die nicht daran teilgenommen haben. Chi-Quadrat kann Ihnen das sagen.

Mögliche Mißverständnisse: Es ist wichtig, daß alle Schüler in beiden Gruppen in die Kategorie «gefährdet» gehören. Eine aus der gesamten Schülerschaft ausgewählte Gruppe hätte eine bessere Ausgangsposition als eine Gruppe, die als gefährdet gilt. Des weiteren können Sie nicht sicher sein, daß das Trainingsprogramm der einzige Grund für den beobachteten Unterschied ist. Selbst wenn das Projekt den Prozentsatz der potentiellen Schulabbrecher, die dennoch einen Abschluß machen, signifikant erhöht, könnte sein Erfolg mehr dem Interesse des Kollegiums an einem neuen Projekt zuzuschreiben sein als irgendeiner Besonderheit des Projektes an sich.

2. Eine gute Wahl: Eine einfache Varianzanalyse kann Ihnen sagen, ob die Unterschiede zwischen den drei Mittelwerten bei dem Problemlösungstest größer sind, als man zufällig erwarten könnte. Wenn es einen solchen Unterschied gibt (und er zugunsten der Klienten der ausgebildeten Berater ausfällt), dann dürfen Sie daraus schließen, daß die Schüler, die an dem Programm teilnahmen, die in dem Test gestellten Aufgaben besser lösen können als die Schüler in den anderen beiden Gruppen.

Mögliche Mißverständnisse: Sie dürfen nicht annehmen, daß bei einem signifikanten F-Wert sich jedes Gruppenmittel signifikant von allen anderen unterscheidet. Damit der F-Test signifikant ist, müssen sich nur zwei der Mittelwerte signifikant unterscheiden. Sie könnten auch fälschlicherweise den Schluß ziehen, daß das Testergebnis dem Programm zuzuschreiben ist. Auch wenn die Schüler nach Zufall eingeteilt wurden, könnte es zwischen den Gruppen bereits vor Projektbeginn Unterschiede gegeben haben. Die Schüler könnten auch nach Projektbeginn erfahren haben, welchen Gruppen sie zugeteilt wurden, und dadurch beeinflußt worden sein. Ähnlich könnte auch das Wissen eines Beraters, daß er zu der Gruppe der speziell Ausgebildeten gehört, das Verhalten der Schüler auf eine Weise beeinflussen, die eigentlich nicht vorgesehen war.

3. Eine gute Wahl: Eine zweifache Varianzanalyse der Meßwerte für die abstrakte Denkfähigkeit am Anfang des Jahres kann Ihnen sagen, ob es in den vier Gruppen irgendwelche Unterschiede zwischen den durchschnittlichen Testwerten der Schüler gibt. Diese Analyse gibt Ihnen an, ob vor Ihrer Intervention zwischen den Sechst- und Siebtkläßlern ein signifikanter Unterschied in der Denkfähigkeit besteht. Sie sagt Ihnen auch, ob vor Projektbeginn zwischen den vier Gruppen signifikante Wechselwirkungen zwischen der Klassenstufe und der abstrakten Denkfähigkeit auftreten.

Am Ende des Jahres können all diese Signifikanztests wiederholt werden. Wenn vor dem Training zwischen den Mittelwerten der vier Gruppen keine signifikanten Unterschiede bestanden, deutet ein signifikanter F-Test nach dem Versuch auf unterschiedliche Wirkungen der vier Versuchsbedingungen hin. Wenn folgende t-Tests eine signifikante Überlegenheit von einem oder mehreren experimentellen Projekten über die Kontrolle zeigen, haben Sie einen starken Hinweis darauf, daß Ihre Anstrengungen nicht umsonst waren.

Mögliche Mißverständnisse: Es wäre falsch, signifikante Unterschiede am Ende des Projektjahres der Effektivität des einen oder mehrerer Programme zuzuschreiben, wenn die Unterschiede schon von Anfang an dagewesen sind.

Politologie
1. Eine gute Wahl: Chi-Quadrat kann Ihnen die Wahrscheinlichkeit angeben, daß irgendeine Abweichung der beobachteten Häufigkeiten von einer theoretisch erwarteten Häufigkeit auf Zufall beruht. (Die Nullhypothese lautet hier, daß gleich große Anteile der Republikaner und der Demokraten eine Senkung der Kapitalertragssteuer befürworten.) Chi-Quadrat vergleicht die beobachteten Häufigkeiten in jeder Zelle der Kontingenztafel mit den theoretisch in diesen Zellen zu erwartenden Häufigkeiten, wenn die beiden Variablen – Parteianhängerschaft und Befürwortung der Steuersenkung – unabhängig wären.

Mögliche Mißverständnisse: Die häufigste falsche Anwendung von Chi-Quadrat besteht in der Verletzung bestimmter Grundvoraussetzungen. Die wichtigste davon ist, daß die Daten eine Zufallsstichprobe von unabhängigen Beobachtungen repräsentieren. In unserem Fall müssen Sie sicher sein, daß Sie einen Querschnitt *aller* Republikaner vor sich haben, und nicht bloß eine Untergruppe, die sich der Steuersenkung verschrieben hat, und daß Ihr Querschnitt der Demokraten ähnlich zufällig ist.

2. Eine gute Wahl: Eine einfache Varianzanalyse gibt Ihnen an, ob es wahrscheinlich ist, daß die beobachteten Unterschiede (in der Häufigkeit der Staatsstreiche) zwischen den Herrschaftsformen zufällig aufgetreten sind. Die Varianzanalyse ist

Lösungen zu den Anwendungsbeispielen

eine Erweiterung des *t*-Tests für den Unterschied von Mittelwerten, den wir früher behandelt haben. Hätte es bloß zwei Arten der Herrschaftslegitimierung gegeben, hätte ein *t*-Test genügt. Bei mehr als zwei Arten müssen Sie jedoch einen *F*-Wert berechnen. Wenn die Varianz der Population in der Putschhäufigkeit, wie sie aus den Unterschieden zwischen den Ländern geschätzt wird, nicht signifikant höher ist als die Varianz, die aus der beobachteten Streuung innerhalb der Gruppen geschätzt wird, dann dürfen Sie die Nullhypothese nicht zurückweisen. Das heißt, Sie müssen schließen, daß die von Ihnen beobachteten Unterschiede rein zufällige Variationen sind – daß die drei Staatsformen hinsichtlich der Häufigkeit von Putschen alle gleich sind.

Mögliche Mißverständnisse: Wenn die Bedingungen der einfachen Varianzanalyse erfüllt sind, können Sie mit dem *F*-Wert bestimmen, ob die beobachtete Differenz zwischen den Gruppenmitteln groß genug ist, um statistisch signifikant zu sein. Da es jedoch in diesem Fall mehr als zwei Kategorien für eine unabhängige Variable gibt, sagt Ihnen der *F*-Wert nicht, welche der Kategorien sich unterscheiden. Dazu braucht man noch weitere Tests.

3. Eine gute Wahl: Eine zweifache Varianzanalyse kann Ihnen sagen, ob es einen signifikanten Haupteffekt der «Regierungsform» und ob es einen signifikanten Haupteffekt der «Art der politischen Führung» gibt. Sie kann auch angeben, ob irgendwelche Wechselwirkungen bestehen. Es könnte sich zum Beispiel herausstellen, daß totalitäre Regime nur aggressiver sind als andere Regierungsformen, wenn die Art ihrer Führung die Alleinherrschaft ist.

Mögliche Mißverständnisse: Die zweifache Varianzanalyse ist denselben Beschränkungen unterworfen wie die einfache Varianzanalyse. Im besonderen sagt Ihnen der *F*-Test nicht genau, wo die signifikanten Unterschiede zwischen den neun Kategorien liegen. Wiederum kann man weitere Tests durchführen.

Psychologie
1. Eine gute Wahl: Chi-Quadrat kann Ihnen sagen, ob die Zahl der Kinder, die nach der Behandlung den Test bestehen, größer oder kleiner ist als die Zahl, die man ohne Behandlung erwarten würde. Wenn frühere Forschungsarbeiten angeben, daß 45 Prozent der nicht behandelten Patienten mit Platzangst spontan geheilt werden, läßt sich diese Zahl als erwarteter Wert benutzen (die Nullhypothese).

Mögliche Mißverständnisse: Bei diesem Versuch können unkontrollierte Faktoren für signifikante Ergebnisse verantwortlich sein. Zum Beispiel könnte die bloße Tatsache des Klinikbesuchs genügen, um eine Veränderung zu bewirken, oder die Kinder, die in die Klinik kommen, könnten kein repräsentativer Querschnitt der Kinder mit Platzangst im allgemeinen sein.

2. Eine gute Wahl: Eine einfache Varianzanalyse kann Ihnen sagen, ob in der Selbsteinschätzung der Kinder, wie stark ihre Schmerzen sind, zwischen den drei Behandlungen signifikante Unterschiede bestehen.

Mögliche Mißverständnisse: Sie könnten aus dem *F*-Wert schließen wollen, daß sich jeder Mittelwert von jedem anderen unterscheidet, aber ein signifikanter *F*-Wert sagt Ihnen nur, daß es *irgendwo* zwischen den experimentell beeinflußten

Mittelwerten einen Unterschied gibt. Sie müssen Ihre Daten jetzt genauer analysieren, um herauszufinden, wo die Unterschiede bestehen.

3. Eine gute Wahl: Mit einer zweifachen Varianzanalyse können Sie prüfen, 1. ob sich irgendeines der vier Gruppenmittel (introvertiert/einzeln, introvertiert/Gruppe, extrovertiert/einzeln, extrovertiert/Gruppe) signifikant von einem anderen unterscheidet; 2. ob die Gruppen- oder die Einzeltherapie effektiver ist, unabhängig von der Tendenz zur Intro- oder Extrovertiertheit; 3. ob die Tendenz zur Intro- oder zur Extrovertiertheit mit einem besseren Ergebnis assoziiert ist, unabhängig von der Art der Therapie; und 4. ob eine Wechselwirkung besteht zwischen Introvertiertheit/Extrovertiertheit und Therapieform – das heißt, ob die Einzeltherapie am besten bei Introvertierten funktioniert und die Gruppentherapie am besten bei Extrovertierten, wie Sie das vorhergesagt haben.

Mögliche Mißverständnisse: Bei diesem speziellen Beispiel gibt es nur zwei Kategorien jeder Variablen (introvertiert/extrovertiert und einzeln/Gruppe). Dann identifiziert der F-Wert für jede Variable die genaue Ursache einer jeden Differenz, die wir finden. Wenn sich zum Beispiel der F-Wert für die introvertiert/extrovertiert-Variable als signifikant herausstellt, wissen wir, daß der Unterschied zwischen der Gruppe, die wir mit «introvertiert» bezeichnen, und derjenigen, die wir «extrovertiert» nennen, besteht.

Wenn es jedoch mehr als zwei Kategorien einer Variablen gibt, identifiziert der F-Test die Ursache *nicht* genau. Wenn wir beispielsweise unsere introvertiert/extrovertiert-Variable statt in zwei in drei Kategorien eingeteilt hätten («introvertiert», «ambivalent», «extrovertiert»), würde ein signifikanter F-Wert nur bedeuten, daß es irgendwo innerhalb dieser Variable einen Unterschied gibt. Er würde uns nicht sagen, ob dieser Unterschied besteht 1. zwischen Introvertierten und Ambivalenten, 2. zwischen Introvertierten und Extrovertierten oder 3. zwischen Ambivalenten und Extrovertierten. Zur genaueren Bestimmung sind noch weitere Tests nötig.

Sozialarbeit
1. Eine gute Wahl: Chi-Quadrat kann Ihnen sagen, ob die Rückfallquote in der Gruppe von Jugendlichen, die vor dem Prüfungsausschuß erscheint, signifikant niedriger ist als in der Gruppe, die vor Gericht kommt. Chi-Quadrat ist ein Index der Abweichung von den Häufigkeiten, die man erwarten würde, wenn das Verfahren des neuen Gremiums nicht effektiver (oder nicht weniger effektiv) wäre als das des Gerichts. Chi-Quadrat *ist* sogar diese Abweichung, ausgedrückt als ein Verhältnis der erwarteten Häufigkeiten.

Mögliche Mißverständnisse: Chi-Quadrat zählt nur Häufigkeiten. Jeder Wert muß daher entweder 0 oder 1 sein, und man verliert Informationen über die Schwere der Vergehen. Es kann sein, daß die relativ wenigen Straftäter, die das Gesetz trotz der Rehabilitationsbemühungen des Ausschusses übertreten, schwerere Straftaten begehen als die größere Zahl der Rückfälligen in der Kontrollgruppe.

2. Eine gute Wahl: Eine einfache Varianzanalyse kann Ihnen sagen, ob es irgendwo zwischen den vier Gruppen einen signifikanten Unterschied gibt.

Möglliche Mißverständnisse: Ein signifikanter F-Wert bedeutet *nicht*, daß sich jede Gruppe von jeder anderen in bezug auf Hyperaktivität unterscheidet. Er sagt Ihnen nur, daß es *irgendwo* zwischen den Gruppen einen Unterschied gibt. Wenn der F-Test einen signifikanten Unterschied ergibt, können Sie mit anderen Tests weitermachen, die für die Anwendung nach dem F-Test besonders erarbeitet worden sind. Mit diesen Tests lassen sich die Unterschiede lokalisieren.

3. *Eine gute Wahl:* Eine zweifache Varianzanalyse gibt Ihnen an, ob es zwischen den vier Gruppenmitteln signifikante Unterschiede gibt, das heißt 1. Kinder/Pflegefamilie, 2. Jugendliche/Pflegefamilie, 3. Kinder/Pflegeheim, 4. Jugendliche/Pflegeheim. Eine zweifache Varianzanalyse bestimmt auch, wo sich die Wirkungen zeigen – das heißt, ob die Integration vom Alter, der Art der Pflegschaft oder von der Wechselwirkung zwischen beiden beeinflußt wird.

Mögliche Mißverständnisse: Ein Vierfeldertest ergibt einen F-Wert für jede Hauptwirkung und die Wechselwirkung, weshalb er nicht dem Fehler unterworfen ist, der zuvor für die einfache Varianzanalyse mit sechs Kategorien der unabhängigen Variablen beschrieben wurde. Wo sich die Unterschiede befinden, weiß man aus der ersten Berechnung.

Soziologie

1. *Eine gute Wahl:* Chi-Quadrat kann Ihnen sagen, ob die Zahlen in den Zellen Ihrer Vierfeldertafel (früh im Gegensatz zu spät × Zustimmung im Gegensatz zu Ablehnung) auch rein zufällig aufgetreten sein können. Die andere Möglichkeit ist die, daß diese Zahlen durch etwas anderes als den Zufall beeinflußt wurden; in diesem Fall ist der Glaube, wann menschliches Leben beginnt, ein guter Kandidat.

Mögliche Mißverständnisse: Zu den möglichen Mißverständnissen gehört, Chi-Quadrat als eine allgemeine – wenn auch nur die Wahrscheinlichkeit angebende – Antwort auf die von Ihrer Hypothese implizierte Frage zu verstehen. Diese Frage lautet: «Beeinflußt die Überzeugung einer Person, wann menschliches Leben beginnt, ihre Einstellung gegenüber der Abtreibung?» Sie bekämen wohl eine andere Antwort, wenn beispielsweise «früh» und «spät» in bezug auf neun Monate statt auf 90 Tage definiert wären. Oder die Einstellung Ihrer Befragten gegenüber der Abtreibung könnte anders aussehen, wenn Frage 2 lautete «... unter bestimmten Umständen» statt «... auf Verlangen». Diese Wortwahl könnte auch die Antwort auf die allgemeine Frage ändern.

2. *Eine gute Wahl:* Wenn man «Familiengröße» als einen *Punktwert* behandelt – als quantitatives Merkmal von Familien –, kann Ihnen eine einfache Varianzanalyse die Wahrscheinlichkeit angeben, daß alle beobachteten Unterschiede auf Zufall beruhen. Wenn diese Wahrscheinlichkeit sehr klein ist, ist mindestens einer dieser Unterschiede statistisch signifikant.

Mögliche Mißverständnisse: Ein signifikanter F-Wert heißt nicht, daß sich jede Stichprobe von jeder anderen signifikant unterscheidet. Der F-Test gibt nur an, daß mindestens einer der festgestellten Unterschiede signifikant ist. Wenn der F-Test positiv ausfällt, dann muß man jeden Mittelwert mit jedem anderen Mittelwert vergleichen und jeden Unterschied getrennt von den anderen beurteilen.

3. Eine gute Wahl: Die zweifache Varianzanalyse ist dafür ein geeignetes Verfahren. Die Überblickstabelle der F-Werte sagt Ihnen, ob es eine Hauptwirkung der kirchlichen Bindung, des Bildungsstandes und/oder eine Wechselwirkung zwischen den beiden gibt.

Mögliche Mißverständnisse: In diesem speziellen Beispiel gibt es nur zwei Kategorien für jede Variable (kirchliche Bindung/keine kirchliche Bindung und hoher Bildungsstand/niedriger Bildungsstand). Immer wenn das der Fall ist, bestimmt der F-Wert für jede Variable die genaue Ursache jeder Differenz, die wir finden. Wenn sich etwa der F-Wert für die Kirchenbindung-Variable als signifikant erweist, wissen wir, daß der Unterschied zwischen der Gruppe, die wir mit «kirchliche Bindung» bezeichnet haben, und der Gruppe, die wir «keine kirchliche Bindung» nennen, besteht.

Wenn es jedoch mehr als zwei Kategorien für eine Variable gibt, bestimmt der F-Test die Ursache nicht genau. Wenn wir zum Beispiel unsere Kirchenbindung-Variable statt in zwei in drei Kategorien eingeteilt hätten («starke», «mittlere» und «schwache» kirchliche Bindung), würde ein signifikanter F-Wert nur bedeuten, daß es irgendwo innerhalb dieser Variable einen Unterschied gibt. Er würde uns nicht sagen, ob dieser Unterschied besteht 1. zwischen «stark» und «mittel», 2. zwischen «stark» und «schwach» oder 3. zwischen «mittel» und «schwach». Zur genaueren Bestimmung sind noch weitere Tests nötig.

Kapitel 11: Korrelation, Kausalität und Effektgröße
Allgemeine Bemerkungen zu einigen der möglichen Alternativen.
Wenn Variable X und Variable Y stark korreliert sind, kann

- X die Ursache für Y sein; oder vielleicht
- Y die Ursache für X sein; oder möglicherweise
- werden beide durch eine dritte Variable oder eine Reihe von Variablen verursacht; oder
- es ist sogar jede nur ein Einzelaspekt eines vielschichtigen, aber unteilbaren Ganzen.

Ein Anwendungsbeispiel für diese Alternativen.
In der Aufgabe zur Pädagogik kann
- ein positives Selbstbild soziale Verantwortung verursachen; oder vielleicht
- soziale Verantwortung der Grund für ein positives Selbstbild sein; oder möglicherweise
- werden beide durch eine dritte Variable oder eine Reihe von Variablen verursacht – vielleicht den sozio-ökonomischen Status der Mittelschicht, mit all der damit verbundenen Lebenserfahrung; oder
- ein positives Selbstbild und soziale Verantwortung sind bloß zwei von vielen Aspekten eines bestimmten Persönlichkeitstyps.

Eine Warnung aus Erfahrung. Wählen Sie unter diesen Alternativen aus, aber vertrauen Sie keiner von ihnen allzusehr, bis Sie sie mit irgendeiner Methode, aber nicht der Korrelation, geprüft haben. (Siehe zum Beispiel die Diskussion über Korrelations- versus experimentelle Studien auf den Seiten 146–148.)

Index

abhängige Variable, *siehe Variable*
Abweichung, 26, 49, 50, 56
    durchschnittliche, 37–39
    systematische, 104
    zufällige, 104
Abweichungs-IQ, 165
Abweichungswert, 38
Altersnormen, 56, 57
Anzahl der Beobachtungen
    in der Population (N), 17, 161
    in der Stichprobe (n), 17, 102, 103, 105
    Auswirkung auf den Standardfehler, 101
arithmetisches Mittel, *siehe Mittelwert*

Berechnungsformeln, 6
Beschreibung vs statistische Inferenz, 17, 89, 91, 93
Blockdiagramm, 14

Chi-Quadrat, 124, 127, 168
    Formel, 126

Definitionsformeln, 5
Deskription, *siehe Beschreibung vs statistische Inferenz*
Dezil, 52
Dichtemittel, *siehe Modus*
Differenzen
    zwischen Häufigkeiten (Chi-Quadrat), 124
    zwischen Mittelwerten, 114, 115, 118
    Streuung von, 111
    Verteilung von, 114
diskrete Variable, *siehe Variable*
Drehmoment (im Produktmoment), 65
Durchschnitt, 25

Effektgröße, 152, 153
Eichstichprobe, 53
Einflußgröße, 14, 15, 24
einseitiger Signifikanztest, 134, 168
einseitiger Test, 111, 117, 119, 120
Erwartungswerttabelle, 81, 85
    Genauigkeit der Vorhersage, 78
    Streudiagramm, 79
experimentelle vs Korrelationsuntersuchungen, 146, 157

F-Test (F-Wert), 128–130
    anschließende Tests, 116, 127, 134, 169
    Signifikanzniveau, 132
    und t-Test, 116, 127, 134, 169
F-Wert, 132–134, 136, 139, 140, 169
Fehler erster Art, 168
Fehler zweiter Art, 168
Fehlervarianz, 104, 169
Fläche, 43
Formeln, 5
Freiheitsgrade, 93, 94, 115, 166

Gauß-Kurve, *siehe Normalverteilungskurve*
Gesamtmittel in der Varianzanalyse, 130, 131, 133
Glockenkurve, *siehe Normalverteilungskurve*
Graphen, 8–12
Grundgesamtheit, *siehe Population*
Gruppenmittel, 131, 133
Gruppenmittelwert, 130
    Abweichungen vom Gesamtmittel, *siehe Gesamtmittel in der Varianzanalyse*
Gruppennorm, 48, 57
Gruppierung von Daten, 18–20, 24
Gültigkeit, *siehe Validität*

H_0, siehe Nullhypothese
Häufigkeit, 140
Häufigkeiten
    als Merkmalsausprägungen, 123
    beobachtete, 125, 126
    erwartete, 125, 126
    vs Meßwerte, 17
    Vergleich von (Chi-Quadrat), 124
Häufigkeitspolygon, 14, 15
Häufigkeitsverteilung (siehe auch
    Normalverteilungskurve), 2, 9,
    13, 14, 17, 18, 24, 65
    J-förmige, 24
    nach Klassenbildung (siehe auch
        Klassenintervall), 13
    linksschiefe, 22, 24, 31, 40, 41
    rechtsschiefe, 22, 24, 32, 41
    zweigipflige, 23, 24
Hauptwirkung, *siehe Varianzanalyse*
Histogramm, 14, 16
hypothetische Verteilung, *siehe*
    Stichprobenverteilung

Idealnorm, 48
individuelle Unterschiede, 48
Inferenz, *siehe statistische Inferenz*
Intelligenzalter (IA), 56, 165
Intelligenzquotient (IQ), 56
    Abweichungs-IQ, 165
    Verhältnis-IQ, 165
Intervall, *siehe Klassenintervall*
Intervallmitte, 20
IQ, 165
Irrtumswahrscheinlichkeit (siehe
    auch Signifikanzniveau), 95, 108,
    113, 116, 119

J-förmige Verteilung, 24
J-Kurve, 22, 23

Kausalität, Beziehung zur Korrelation, 145, 147
Klasse, *siehe Klassenintervall*
Klassenbildung, *siehe Häufigkeitsverteilung*

Klassenintervall, 13, 18, 20, 21, 24,
    150, 157
    genaue Grenzen, 13, 20
    Klassenmitte, 17, 22
Klassenmitte, *siehe Klassenintervall*
komplexe Versuchsanlagen, 134
Konfidenzintervall, *siehe*
    Vertrauensintervall
Kontrollgruppe, 107–109, 111, 112,
    116, 119
kontrollierte Variable, *siehe Variable*
Korrelation, 3, 59, 64, 65, 67–69,
    77, 103, 104, 147
    und Effektgröße, 145
    geradlinige vs gekrümmte
        Regression, 165
    und Kausalität, 145, 146, 152
    negative, 60, 62, 68, 70, 85
    positive, 60, 68, 70, 85
    Produktmoment-Korrelationskoeffizient (Pearsonsches r),
        28, 39, 62–65, 72, 73, 85, 148,
        152, 155, 156, 158, 165, 170
    Rangkorrelationskoeffizient
        (Spearmansches rho, ρ), 60,
        62, 165
    Richtungssinn, 60
    Richtungssinn vs Stärke, 61
    Stärke, 60
    standardisierte Werte, 72
Korrelationsdiagramm, *siehe*
    Streudiagramm
Korrelationskoeffizient r, 66
Korrelationsmatrix, 76, 86, 169
Korrelationsniveau
    Indikatoren für die
        Effektgröße, 155
Korrelationsuntersuchungen vs
    experimentelle Studien, 146, 157
kriteriumsorientierte Bewertung, 48
kumulative Prozentzahlen, 55, 81,
    164
Kurve, 14

Index

Lagemaß, 3
Lagemaße einer Stichprobe
  (siehe auch Mittelwert, Median, Modus), 25
Lebensalter (LA), 56, 165
linksschiefe Verteilung, 22, 24, 31, 40, 41

manipulierte Variable, *siehe Variable*
Maßkorrelationskoeffizient, *siehe Korrelation, Produktmoment-Korrelationskoeffizient*
Matrix, 77
Median, 28, 29, 31, 41, 43, 56, 163
  Interpolation bei seiner Berechnung, 163
  im Vergleich zum Mittelwert, 28, 29, 39
Meßergebnisse
  Interpretation von, 3, 47
  Zusammenhang zwischen, *siehe auch Lagemaß, Streuungsmaß*
Meßwert, 2, 3
  als Punkt auf einer Skala, 17
Messung, 163
  Genauigkeit (Zuverlässigkeit) vs Fehler, *siehe Stichprobenfehler*
  Einheitenskala, 163
  Intervallskala, 163
  Nominalskala, 163
  Ordinalskala, 163
  Skalen, 163
Mittelwert (arithmetisches Mittel, Mittel), 25–29, 31, 32, 37–39, 43, 49, 89, 90, 93, 96
  Formel, 97
  der Mittelwerte, 96
  der Population, 25, 96–98, 100
  der Stichprobe, 25, 95
  Standardfehler des, 97, 98, 100
Mittelwerte
  Stichprobenverteilung, 96, 97

mittleres Quadrat (MQ), *siehe Varianz*
Modalwert, *siehe Modus*
Modus, 30, 31, 42, 43

N, *siehe Anzahl der Beobachtungen in der Population*
n, *siehe Anzahl der Beobachtungen in der Stichprobe*
$n-1$ als Anzahl der Freiheitsgrade, 92, 93
negative Zahlen, 6, 8
Normalverteilung, 13, 14, 24, 39, 43, 44, 55, 71
  eingipflige, 71
Normalverteilungskurve (Normalverteilung, Gauß-Kurve, Glockenkurve), 13, 15, 16, 101, 164
Normen, 54, 55
normorientierte Bewertung, 48
Normtabelle, 52, 53
Nullhypothese, 108, 110–113, 116, 117, 119, 123, 125, 126, 129–132, 134, 167, 168

Parameter, 89–92, 96
Parametertest, 169
Pearsonsches *r*, *siehe Korrelation, Produktmoment-Korrelationskoeffizient*
Perzentil, *siehe Zentil*
Population (Grundgesamtheit), 4, 5, 16, 71
Produktmoment-Korrelationskoeffizient, *siehe Korrelation*
Punktdiagramm, *siehe Streudiagramm*
Punktwolke, *siehe Streudiagramm*

Quadrat, 6
Quadratwurzel, 6, 7
Quartil, 40, 52
Quartilsabstand, 40, 41, 43, 163

r, 64, 71, 74, 76, 79, 81, 82, 85
Randomisierung, 148, 169
Rangfolge, 30
Rangkorrelationskoeffizient, *siehe Korrelation*
Rechnen, 6
rechtsschiefe Verteilung, 22, 24, 32, 41
Regression, 65, 79, 86
   gekrümmte, 165
   geradlinige, 165
   von X auf Y und Y auf X, 73, 74
Regressionsgerade, 79
Regressionslinie, 65, 67, 68, 71, 75, 76, 79
Regressionslinien, 74
Reliabilität (Zuverlässigkeit), 4, 81, 86, 90, 95, 97, 103, 119, 120
   Koeffizient, 77, 82, 86, 103
   Korrelation, 105
   wiederholte Tests, 103
Restvarianz, 169
Rho (ρ)-Koeffizient, *siehe Korrelation, Rangkorrelationskoeffizient*
Rohdaten, 25

Scattergramm, *siehe Streudiagramm*
Schlußfolgerung, Genauigkeit der, 4, 5
Schuljahrgangsnormen, 56, 57
signifikant, 4
Signifikanz
   eines Unterschieds, 129
      zwischen zwei Mittelwerten, 107
   praktische, 152, 153
   statistische versus praktische, 118, 152
Signifikanzniveau, 116, 119, 120
   eines F-Wertes, 132
   zwischen Häufigkeiten (Chi-Quadrat), 126

Signifikanztest, 109, 114, 117, 119, 123–125, 127, 128, 170
   Mächtigkeit, 168
Skalen, *siehe Messung*
Spearmansches rho (ρ), *siehe Korrelation, Rangkorrelationskoeffizient*
Standard-Neun-Wert (Stanines), 164
Standardabweichung, 28, 35, 38–41, 43, 50–52, 55, 56, 93, 105, 164
   der Population, 38, 92
      wie aus der Stichprobe geschätzt, 92, 94
   Formel, 38
   der Stichprobe, 90–92
Standardfehler, 28, 39, 95, 98, 104, 118
   des Mittelwerts, 90, 95, 97, 98, 100, 105, 108–110, 112, 114
   der Differenz, 118, 167
   einer Mittelwertdifferenz, 110, 112, 114
standardisierte Werte, 49–52, 56, 73, 74, 76, 100, 115, 164
Standardisierung, 53
Standardisierungsstichprobe, 49
Stanines, *siehe Standard-Neun-Werte*
Statistiken, Beziehung zum Parameter, 89, 91, 96
statistische Inferenz vs Beschreibung, 4, 5, 17, 28, 93, 101
   Genauigkeit, 95, 103
Steigung, 67
stetige Variable, *siehe Variable*
Stichprobe, 3, 4, 16
Stichprobenfehler, 95, 103, 105, 109, 114, 119, 123, 140
Stichprobenmittel, 100, 112
   Streuung von, 90
Stichprobenverteilung, 95, 108, 110
Streudiagramm (Korrelationsdiagramm, Punktdiagramm, Punkt-

Index

wolke, Scattergramm), 65, 67–75, 79, 81, 85, 104
Streuungsmaß, 3
Streuung, 80, 81
  von Mittelwertdifferenzen, 107, 111
  von Stichprobenmitteln, 97
  einer hypothetischen Stichprobenverteilung, *siehe Stichprobenverteilung*
Streuungsanalyse, *siehe Varianzanalyse*
Streuungsmaß, 43, 49, 50

t-Test, siehe *t*-Wert
T-Werte, 51, 52, 163, 164
t-Wert, 114, 116, 127, 134, 169
Test der statistischen Signifikanz, 120

unabhängige Variable, *siehe Variable*
Unterschiede
  individuelle, 56
  zwischen Mittelwerten, 107

Validität (Gültigkeit), 81, 86
  äußere, 148
  innere, 148
Validitätskoeffizient, 82, 86
Variable
  abhängige, 126, 147, 157
  dichotomische, 149, 150
  diskrete, 17, 148
  kontrollierte, 147, 157, 169
  stetige, 17, 148, 150, 152, 157, 170
  unabhängige (manipulierte), 126, 127, 147, 157
Varianz (mittleres Quadrat), 39, 128, 133, 137
  der Population (geschätzt), 128, 130, 131, 133, 134

Fehler, 133, 139, 169
  innerhalb und zwischen Gruppen, 130
  Rest, 139
Varianzanalyse, 126, 134, 136, 137
  einfache, 127, 132, 134, 140
  Hauptwirkung, 136–138, 140
  Vierfeldertest, 135, 140
  Wechselwirkung, 135, 136, 138, 140
  zweifache, 135, 136, 138, 140
Variationsbreite, 42, 43, 163
Verhältnis-IQ, 165
Verläßlichkeitsniveau, 98, 100, 101, 103, 105
Versuchsgruppe, 107–109, 111, 112, 116, 119
Verteilungsende, 14
Vertrauensintervall, 98, 100, 101, 103, 105
Vierfeldertest, *siehe Varianzanalyse*

Wechselwirkung, *siehe Varianzanalyse*
wiederholte Versuche, 104

z, 114, 116, 118
  Formel, 113
z-Skala, 49
z-Wert, 51, , 109, 115, 163, 164
  Formel, 50
z-Test, 127
Zentil (Perzentil), 52–57, 164
Zentralwert, *siehe Median*
zielorientierte Bewertung, 48
Zufallsstichprobe, 3
Zusammenhang, *siehe Korrelation*
Zuverlässigkeit, *siehe Reliabilität*
zweigipflige Verteilung, 23, 24
zweiseitiger Signifikanztest, 120
zweiseitiger Test, 111, 117

200 Prozent von nichts

200 Prozent von nichts ist ein ebenso vergnüglicher wie lehrreicher Streifzug durch die verschiedensten Felder statistischer Falschaussagen. Ob Werbung, Kreditwesen, Verwaltung, Börse, Glücksspiel oder Politik – Dewdney führt unzählige Beispiele von Manipulationen vor und sagt, welche mathematischen Gesetze dahinterstecken. Mit einfachsten Mitteln der Schulmathematik zeigt er dem Leser, wie er sich gegen faule Tricks und Bauernfängerei in der Statistik wappnen kann. Ein mitreißendes Buch für alle, die sich nicht länger von scheinbar wahren Aussagen täuschen lassen wollen.

A. K. Dewdney
200 Prozent von nichts
Die geheimen Tricks der Statistik und andere Schwindeleien mit Zahlen
Aus dem Amerikanischen von Michael Zillgitt
204 Seiten, 15 sw-Abb.
Broschur
ISBN 3-7643-5021-0

In jeder Buchhandlung erhältlich

Skurriles von der logischsten aller Wissenschaften.

Der amerikanische Mathematiker Underwood Dudley stellt eine Sammlung von vergeblichen Versuchen vor, berühmte oder unlösbare Probleme zu lösen und gelöste zu widerlegen. Aus den Fehlern der anderen zu lernen, wird für den mathematisch interessierten Leser zum Vergnügen.

Underwood Dudley
Mathematik zwischen Wahn und Witz
Trugschlüsse, falsche Beweise und die Bedeutung der Zahl 57 für die amerikanische Geschichte
Aus dem Amerikanischen von Gisela Menzel
238 Seiten, Broschur
ISBN 3-7643-5145-4

In jeder Buchhandlung erhältlich

MIX
Papier aus verantwortungsvollen Quellen
Paper from responsible sources
FSC® C105338

If you have any concerns about our products,
you can contact us on
ProductSafety@springernature.com

In case Publisher is established outside the EU,
the EU authorized representative is:
Springer Nature Customer Service Center GmbH
Europaplatz 3, 69115 Heidelberg, Germany

Printed by Libri Plureos GmbH
in Hamburg, Germany